采煤机行走部粘滑摩擦动力学特性研究

王　鑫　白杨溪　陈洪月　著

应急管理出版社

·北　京·

内 容 提 要

本书依据构建的采煤机滑靴与导轨粘滑摩擦模型、行走部接触碰撞模型、采煤机整机动力学模型，深入研究了采煤机工作过程中接触表面粗糙度、煤粉粒度对行走部摩擦力的影响，不同工况下采煤机行走部力学特性，以及各种因素对采煤机滑靴振动的影响规律。

本书可作为从事采煤机设计方面的工程技术人员的参考用书，也可作为煤矿院校机械类专业研究生的教材和参考书。

前　言

煤炭是我国的基础资源和能源，是国民经济发展的重要保障，提高煤炭开采的安全和效率意义重大。采煤机作为重要的煤炭开采装备，其可靠性、稳定性直接决定了煤炭的开采效率。采煤机属于低速、重载设备，其支撑滑靴与导轨间的粘滑摩擦与碰撞冲击行为是引起滑靴和销排发生磨损、断裂失效的根本原因。为了提高采煤机械的工作性能，我们在国家自然基金《采煤机长距多级复合轮系粘-弹-流耦合动力学特性研究》和《多因素影响下采煤机滑靴与导轨间粘滑-碰撞行为机理研究》、辽宁省教育厅项目《采煤机截割部传动系统弹流润滑界面下力行为机理》以及辽宁工程技术大学学科创新团队资助项目（编号：LNTU20TD-02）的共同资助下，开展了采煤机行走部粘滑摩擦动力学特性相关研究，并为提高综采装备工作性能提供理论依据。

本书第 1 章由陈洪月、王鑫编写，第 2 章由王鑫编写，第 3 章由白杨溪编写，第 4 章由陈洪月、白杨溪、杨辛未编写，第 5 章由王鑫、王恩明编写，第 6 章由白杨溪、王鑫编写，第 7 章由王鑫、陈洪月编写，第 8 章由白杨溪、王鑫、陈洪岩编写。全书由王鑫统稿。

在本书的编著过程中，还得到了毛君、朴明波、李鹏飞、梁晓瑜、吕掌权、杨威、刘先阳、魏玉峰、胡雪兵、孙帅、李欣宇等同志的帮助，在此表示衷心的感谢。

由于作者水平有限，书中难免有不足之处，恳请广大读者批评指正。

作　者

2021年3月

目　　次

1 绪　　论

煤炭是我国的基础资源和能源，也是国民经济发展的重要保障，提高煤炭开采的安全和效率意义重大。专家预测煤炭作为主要能源在现阶段不会改变，并且需求量会稳步增长，为了保证煤炭产量的持续稳定增长，对采掘机械的性能提出了更高的要求。采煤机作为综采工作面中的关键开采设备，其性能直接关系到生产效率，而采煤机因故障停工则会造成非常大的经济损失。采煤机的截割部和行走部故障能够占到故障总数的 80%，行走部与截割部出现故障的概率大致相近，而行走部中滑靴失效是导致行走部故障频发的主要原因。

滑靴失效主要表现形式为严重磨损、断裂失效，探究其根本原因是由滑靴与导轨间的粘滑摩擦和接触碰撞等力学行为造成的，这里的导轨是指刮板输送机的铲煤板和销排。采煤机属于低速、重载类的采掘机械，滑靴与导轨接触面存在着非常大的法向压力，这就导致采煤机在行驶过程中滑靴与导轨间存在着较大的滑动摩擦力。滑靴与导轨之间的摩擦本质上是金属之间的摩擦，属于粘滑摩擦领域，滑靴与导轨间的摩擦会出现黏着效应、犁沟效应以及跃动现象；同时滑靴与导轨在有些状态下并非直接接触，刮板输送机的铲煤板和销排会存在着一定量的煤粉，因此就存在着滑靴、煤粉与导轨间的三体摩擦以及“填隙效应”等现象；此外，由于煤矿井下工况复杂、底板凹凸不平，这也将导致滑靴与导轨间产生冲击碰撞，缩短滑靴和导轨的使用寿命；采煤机滚筒在截割煤岩的过程中会受到交变载荷的作用，交变载荷会通过滚筒、摇臂、机身传递到采煤机滑靴，使之产生强烈的受迫振动，加剧滑靴与导轨间的摩擦与碰撞，导致滑靴的断裂失效。

本书以采煤机滑靴为研究对象，基于固体摩擦理论、接触理论以及三体摩擦理论研究滑靴—导轨间粘滑摩擦特性和滑靴—煤粉—导轨三者间的粘滑摩擦特性；同时研究了行走部驱动轮与销排的时变啮合特性，分析滑靴碰撞、销排间隙对驱动轮与销排间啮合特性的影响，并针对采煤机工况（正常、俯仰、侧倾、斜切）因素对驱动轮与销排间啮合特性进行了深入研究。研究成果可对提高采煤机滑靴及行走部的使用寿命提供理论支撑，具有很高的工程价值及理论意义。

1.1 采煤机滑靴粘滑摩擦机理研究现状

采煤机滑靴与导轨间摩擦由于含有一定量煤粉属于三体摩擦的范畴，目前单独针对采煤机与导轨间的摩擦研究较少，但对于三体摩擦，国内学者取得了一定的研究成果。刘骅利为了确定Q235钢和H13钢摩擦副间最优的摩擦性能，采用试验测试的方法在摩擦副间添加铁粉、铝粉、铜粉等金属材料进行分析研究。王伟等为了研究不同材料粉末润滑剂的润滑特性，以二硫化钼、石墨、聚四氟乙烯等材料作为研究对象进行多组对照试验。Iordanoff为了探索颗粒润滑机制，建立的类流体的颗粒动态模型，以此来模拟颗粒润滑过程以及反映润滑机制。Wornyoh等在研究三体摩擦问题时，考虑了固体表面粗糙度对摩擦系数的影响，构建了粗糙固体表面的摩擦力学模型。Horng等依据粘滑摩擦理论和弹性接触理论，考虑到三体接触摩擦时的黏着效应、犁沟效应以及颗粒变形等影响因素，构建了一个新的三体摩擦模型。朱桂庆等采用有限元与离散元相结合的方法，构建了基于剪切应变的颗粒第三体摩擦模型。Wang W等基于有限元与离散元相结合的方法构建了三体摩擦理论模型，并采用多尺度法对摩擦界面的摩擦行为进行深入研究。Meng F等为了研究摩擦系数对颗粒动态特性的影响，采用离散元法对三体摩擦模型进行仿真求解。Renouf等基于有限元与离散元相结合的方法，对三体摩擦模型进行仿真求解，得到了第一体的变形对第三体流变性能之间的耦合作用。周健等为了研究三体摩擦中的连续交界面与离散颗粒的接触作用，提出了基于离散元与有限差分相结合的计算方法。万柯等探究颗粒与连续体间的相互作用时，采用Cosserat连续体与离散元相结合的方法构建多尺度复合模型。Zhou L等为了解决求解三体摩擦时颗粒区域与连续区域相互作用力计算不收敛，开创性地采用自适应惩罚函数法并取得了良好的效果。Wellmann等构建了不计黏连力的颗粒物质多尺度三体摩擦模型。

对于粘滑摩擦的研究，国内外学者同样也做了大量研究工作。Lei Y J等从微观角度详细研究了粘滑摩擦的能量耗散机理。Capozza对粘滑摩擦进行了稳定性分析。刘丽兰等从宏观角度研究粘滑在固体摩擦间的诱发机理。J. D. Byerlee基于塑性力学相关理论，对固体粗糙表面间的粘滑现象进行了深入研究。Gao C构建机械系统的粘滑动力学模型，对机械系统的粘滑动力学特性进行了仿真分析。吴圣庄针对机床导轨的运动特点，建立了机床导轨摩擦粘滑动力学模型，并对机床导轨的粘滑特性进行了分析研究。刘丽兰等对机械系统中摩擦接触模型进行分类归纳，对每种模型的作用、特点及适用范围进行较详细的阐述。J. Awrejcewicz等建立了多种含有摩擦力的非线性动力学模型，并通过仿真分析得到不同摩擦力学模型的优劣。D. J. Segalman 等基于表面与界面结合理论和非线性接触理论，构建了固体表面粘滑振动迟滞非线性模型。Liu C S 等对利用分段函数来描述系统的粘滑运动，并通过仿真求解得到发生黏着运动的临界传动速度。Duan C 等基于凝聚光滑化方法以及分类讨论思想，详细研究了系统发生滑动摩擦时，从纯滑至粘滑状态的边界预测问题。杨绍普等通过探究考虑无黏性阻尼影响下粘滑运动模型的动态响应特性，采用分段求解方法，给出了 1/3 倍频下的系统响应特性曲线。M. Pascal 分析研究了两自由度振动系统下的干摩擦振子力学行为机理，对振动系统在粘滑阶段中所展现出的周期性转迁运动进行了深入的研究。K. Zimmermann 通过试验测试的研究方法系统研究了基于非平衡力作用下的机器人模型干摩擦驱动系统，并给出了最优控制策略。阎俊等基于摩擦学理论与微观动力学理论，构建了接合面多尺度影响下的粘滑摩擦振动微分方程，并采用中心差分法得到方程的数值解。

1.2 采煤机行走部时变啮合特性研究现状

采煤机行走部时变啮合特性主要是研究采煤机驱动轮、齿轨和刮板输送机销排间的传动特性。杜成林等以 MG2210 型采煤机齿轨轮和销排为研究对象，通过 Abaqus 进行有限元仿真，得到啮合处应变变化云图。黄康等为了解决微线段齿轮刚度计算问题，将人工神经网络引入计算公式中，并取得了良好的效果。张军等基于含参数的二次规划法对采煤机齿轨轮接触模型进行求解，同时采用有限元法对求解结果进行验证。成凤凤基于虚拟样机技术构建了采煤机齿轨轮与刮板输送机销排的三维模型，并通过运动学软件 ADAMS 仿真不同工况下的齿轨轮与销排的啮合情况，为齿轨轮与销排的结构优化提供依据。杨鑫通过 ADAMS 软件分析了采煤机齿轨轮的啮合特性，并为后续的结构优化提供理论支撑。范庆刚为了深入研究采煤机行走轮与销排间的啮合失效问题，通过虚拟仿真方法对啮合处进行了研究。史宏伟为了研究齿轨轮的啮合特性影响规律，采用 Pro/E 与 Abaqus 联合仿真的形式对齿轨轮与销排的啮合过程进行模拟。张鑫等为了深入研究齿轨轮断齿的原因，采用静力学与动力学相结合的方式，仿真出不同啮合位置的应力状态，确定了齿轨轮薄弱环节。马胜利等基于有限元仿真的方法，分别将国内齿轨轮与国外齿轨轮在啮合力、接触应力、弯曲应力以及载荷波动等性能上进行深入的分析对比。索蓓蓓深入研究采煤机齿轨轮的不同齿廓形状以及销轨不同节距情况的啮合特性，为齿轨轮的齿廓修形以及提高使用寿命提供了理论基础。赵轲为了研究不同工况下齿轨轮与销排的啮合特性，依据工况实际情况定义采煤机齿轨轮和刮板输送机销排的材料属性，利用 ANSYS Workbench 进行齿轨轮与销排的啮合仿真，研究结果为齿轨轮和销排的设计选材提供理论支撑。张永权等针对国产齿轨轮啮合出现啮合过程不平稳、使用寿命偏短等问题，采用 Abaqus 仿真软件对齿轨轮与销排进行模拟仿真，并得出了影响齿轨轮使用寿命的影响因素。梁景龙为了研究煤矿井下复杂工况环境下的齿轨轮与销排的啮合特性，采用 RecurDyn 软件对齿轨轮和销排进行运动仿真，得到了临界转速下啮合力曲线。周甲伟等基于显示动力学分析软件 LS_ DYNA 仿真分析了采煤机齿轨轮与销排啮合过程，并得到了齿轨轮的转速与啮合力影响规律。

Liu 等基于接触理论研究了齿轮接触表面的形状及曲率，并进行数值仿真模拟。Wu Y 等提出了一种动态接触有限元分析方法，该方法考虑了对啮合齿接触的变化、负载的弹性和接触变形以及滑动摩擦，为连续和弹性啮合齿轮传动的动态啮合特性分析提供了一种新的研究手段。Yao L 等为了得到更精确的齿轮啮合模型，引入根切和网格极限曲线，从而能够更好地表征齿轮啮合过程。Nalluveettil 等为了深入地研究齿轮的啮合特性，考虑到扭矩、压力角、轴角、齿轮厚度和齿面宽度等影响因素，通过试验研究与理论推导相结合的方式，得到了这些影响因素与齿轮啮合特性的关系。SubbaRao 等应用微分几何原理和共轭曲面理论对齿轮的齿面几何进行了数学建模，并将该模型应用于有限元分析以及 CNC 加工。Wang J 等为了研究齿轮副的啮合特性，基于有限元理论采用了自适应网格划分技术，以揭示从单齿接触区到双齿接触区的区域变化的啮合力行为机理。Zhou D 等为了研究采煤机齿轮传动系统的可靠性，构建采煤机齿轮传动系统的动力学方程，采用鞍点近似法评估采煤机齿轮传动系统的动态可靠性。Zhao L 等为了研究摇臂齿轮系统的热平衡过程，建立了采煤机摇臂系统的柔性虚拟样机耦合模型，利用有限元软件 ANSYS 对齿轮进行了温度—结构耦合分析。Chen J 等以采煤机齿轮传动系统为研究对象，建立了系统的非线性动力学模型，并采用 Runge-Kutta 方法对其进行了求解，结合非线性疲劳损伤理论，得到齿轮的动态可靠性。L Ling li 等通过有限元软件 Abaqus 对 MG2210-WD 型采煤机齿条、齿轨轮和销轨啮合运动进行了动态分析，以齿轮弯曲应力、接触应力和啮合稳定性为优化目标对齿轨轮和销轨进行拓扑优化。Li Z 等考虑了采煤机低速、重载等工况因素，构建采煤机齿轮传动系统的非线性数学模型，以此来表述齿轮传动系统的动态特性。

1.3 采煤机行走部动力学特性研究现状

采煤机行走部动力学特性问题是研究采煤机的热点问题之一，国内外很多专家学者针对此类问题开展研究，刘春生等为了研究采煤机行走部的力学特性，综合考虑采煤机运行参数、几何结构对采煤机行走部的影响，构建了采煤机行走部的动力学方程，分析了在随机载荷激励下的采煤机行走部动态特性。廉自生等基于柔性虚拟样机技术，构建了采煤机虚拟模型，并采用ADAMS运动学软件对其进行动力学仿真，仿真结果接近于工况实际。赵丽娟等针对薄煤层采煤机在截割含硫化铁结核过程中出现的机身振动剧烈、动态刚度不足等问题，采用Pro/E、Matlab、ADAMS和ANSYS进行联合系统仿真，确定采煤机的薄弱环节。李晓豁等考虑机身质量、刚度、滚筒转速以及滚筒载荷对于采煤机振动特性的影响，构建多因素影响下的采煤机动力学模型，并通过数值仿真方法得到系统动态响应特性。Liu Songyong等基于相似性准则构建采煤机截割煤壁的相似试验，并通过试验分析采煤机的振动特性以及截割性能。陈洪月等考虑滚筒载荷的随机性，采煤机整机模块化构建7自由度的采煤机整机动力学模型，基于龙格库塔算法对模型进行求解，并分析在随机载荷影响下系统的动态特性。张丹等为了研究输送机弯曲状态对采煤机行走轮啮合特性的影响，分别构建了无弯角、水平弯角和垂直弯角3种状态下采煤机行走轮与销排的接触模型，并通过ADAMS软件进行动力学仿真。毛清华等基于Morlet小波包采煤机振动信号进行解调分析，提取振动信号中的边频带的特征频谱，通过对特征频谱的分析准确定位采煤机故障位置。申建朝采用三维建模软件对采煤机滑靴的充型过程进行了模拟仿真，确定了充型速度对滑靴物理性质的影响。张东升等考虑采煤机滚筒在截割过程中受到刚性冲击对采煤机整机振动的影响，采用刚柔耦合相结合的方式构建采煤机动力学模型，通过数值仿真技术得到冲击对采煤机整机的振动影响规律。蒲志新等为解决采煤机进行接触仿真困难的难题，采用非线性理论和多体动力学理论相结合的方式构建采煤机行走部动力学模型，依据虚拟仿真技术对模型进行仿真及优化。曹艾芳依据现场工况经验，提出一种采煤机行走部滑靴强化设计方法，并通过试验验证了该方法的有效性。郝乐等为了研究在不同载荷作用下采煤机行走部导向滑靴的振动特性，采用虚拟样机技术构建了滑靴运动学模型，分析载荷作用对滑靴振动特性的影响。杨丽伟以MG650/1515型采煤机为研究对象，构建采煤机整机力学模型，得到解析公式并用有限元法对结果进行验证。

Liu S Y等搭建了采煤机振动试验台，并通过三个测量点对行走部进行测试，得出了采煤机行走部的振动规律。Chen H等为了解决刮板输送机销排与采煤机行走部寿命不匹配等难题，基于虚拟样机技术构建采煤机刚柔耦合仿真模型，仿真结果为采煤机结构优化提供了理论基础。Zhang D等依据采煤机行走机构的基本原理，采用UG与ADAMS相结合的方式对采煤机进行运动学仿真，并用仿真结果与实际情况做对比分析。Shu R等考虑到采煤机行走部牵引电动机固有机械特性的影响，建立了基于集总参数法的短程驱动系统机电动力学模型，并考虑了时变刚度、阻尼、电动机同步误差、制造偏心误差和齿轮传动误差，分析了采煤机行走部传动系统的响应特性。Lei S 等提出了一种基于概率神经网络（PNN）和果蝇优化算法（FOA）相结合的振动信号提取方法，通过该方法提取采煤机振动信号并取得了良好效果。Chen J 等建立了采煤机行走部齿轮副的三自由度非线性动力学模型，并进行了无量纲分析，使用了 Runge-Kutta 方法进行求解，分析了系统的运动特性，对于系统中产生的混沌运动采用周期性共振激励来控制不稳定运动。Tong H L 等基于接触动力学有限元理论，在 LS-DYNA 模块中进行采煤机车轮和销排非线性接触动力学分析，仿真结果表明啮合过程符合工程实际。Zhao L J 等为了研究采煤机的噪声和振动特性，构建基于联合仿真虚拟样机技术的采煤机动力学模型，并通过模型求解得到采煤机振动及噪声的分布规律。

1.4 采煤机滑靴与导轨间接触碰撞研究现状

目前，单独针对采煤机滑靴与导轨接触碰撞的研究较少，但对接触理论的研究相对较多，主要包括：Hertz 接触力模型、Kelvin-Voigt 接触力模型（K-V 模型）、Hunt-Crossley 接触力模型（H-C 模型）、Lankarani-Nikravesh 接触力模型（L-N 模型）以及 Flores 接触力模型。

1. Hertz 接触力模型

Hertz 接触力模型是由德国物理学家 Heinrich Rudolf Hertz 于 1882 年提出的，最初用来解决两个弹性球接触面间的压力分布问题，之后被推广到一般弹性体接触情况，其应用前提有 3 个假设：①两个接触体均为各向同性的线弹性结构，其接触面通常为圆形或椭圆形；②两个接触体均可被视为弹性半空间；③两个接触体接触时不考虑摩擦因素，即接触体间仅传递法相载荷，不传递切向载荷。针对两球之间互相接触问题，Hertz 接触力模型表达式如下：

压力分布 p：

$$p = p_0\left[1 - \left(\frac{r}{a}\right)^2\right]^{\frac{1}{2}} \tag{1-1}$$

接触半径 a：

$$a = \left(\frac{3PR}{4E^*}\right)^{\frac{1}{3}} \tag{1-2}$$

压入深度 δ：

$$\delta = \frac{a^2}{R} = \left(\frac{9P^2}{16RE^{*2}}\right)^{\frac{1}{3}} \tag{1-3}$$

最大压力 p_0：

$$p_0 = \left(\frac{6PE^{*2}}{\pi^3 R^2}\right)^{\frac{1}{3}} \tag{1-4}$$

式中 E^*——两个球体的等效弹性模量，$E^* = \frac{E_1 E_2}{E_2(1-v_1)+E_1(1-v_2)}$；

$E_1 E_2$——两个球体的弹性模量；

$v_1 v_2$——两个球体的泊松比。

2. Kelvin-Voigt 接触力模型

Kelvin-Voigt 接触力模型是在 Hertz 接触理论之上考虑到能量耗散问题，并将两个物体接触碰撞分为靠近过程和分离过程，对于分离过程引入了恢复系数用来描述其力学行为，则该模型的接触力表达式为

$$P = \begin{cases} K\delta & （靠近） \\ K\delta C_r & （分离） \end{cases} \tag{1-5}$$

式中 K——接触刚度，$K = \frac{4}{3E^*}\sqrt{\frac{R_1 R_2}{R_1+R_2}}$；

δ——压入深度；

C_r——恢复系数。

3. Hunt-Crossley 接触力模型

Hunt-Crossley 接触力模型是 Hunt 和 Crossley 于 1975 年提出的，它弥补了 Kelvin-Voigt 接触力模型没有考虑能量损失的缺陷。它可以描述两个物体接触碰撞过程中能量传递的物理本质，对于两个球体对心接触碰撞，其接触力的计算表达式为

$$P = K\delta^{\frac{3}{2}}\left[1 + \frac{3(1 - C_r)\dot{\delta}}{2v_0}\right] \tag{1-6}$$

式中 K——接触刚度，$K = \frac{4}{3E^*}\sqrt{\frac{R_1 R_2}{R_1+R_2}}$；

E^*——两个球体的等效弹性模量，$E^* = \frac{E_1 E_2}{E_2(1-v_1)+E_1(1-v_2)}$；

$R_1 R_2$——两个球体半径；

δ——压入深度；

C_r——恢复系数；

v_0——初始碰撞速度。

4. Lankarani-Nikravesh 接触力模型

Lankarani-Nikravesh 接触力模型提出于 20 世纪 90 年代，广泛用于描述多体系统的接触碰撞，该模型考虑了滞后阻尼的影响，将接触力划分成弹性力和阻尼力两部分，则 Lankarani-Nikravesh 接触力模型的接触力表达式为

$$P = K\delta^{\frac{3}{2}} + \xi\dot{\delta} = K\delta^{\frac{3}{2}}\left[1 + \frac{3(1 - C_r^2)\dot{\delta}}{4v_0}\right] \tag{1-7}$$

式中 K——接触刚度，$K=\frac{4}{3E^*}\sqrt{\frac{R_1R_2}{R_1+R_2}}$；

ξ——阻尼系数；

δ——压入深度；

C_r——恢复系数；

v_0——初始碰撞速度。

5. Flores 接触力模型

Flores 接触力模型是 2011 年提出的一种新模型，其本质是基于 Hertz 接触理论和滞后阻尼因子构建的，同 Hunt-Crossley 接触力模型一样，Flores 接触力模型也对接触碰撞过程中的能量损失进行描述，再考虑到接触碰撞模型的动量守恒，则该模型的接触力表达式为

$$P = K\delta^{\frac{3}{2}}\left[1 + \frac{8(1 - C_r)\dot{\delta}}{5C_rv_0}\right] \tag{1-8}$$

式中 K——接触刚度，$K=\frac{4}{3E^*}\sqrt{\frac{R_1R_2}{R_1+R_2}}$；

δ——压入深度；

C_r——恢复系数；

v_0——初始碰撞速度。

Roger 等考虑转动副之间的间隙影响，基于接触力学理论构建了一种含间隙的铰轴与轴承接触模型。Wang 在正向碰撞的理论研究基础之上，研究了切向碰撞接触力学模型 Stronge 通过试验研究发现两个物体在发生碰撞时能量耗散与应力波有关，当发生碰撞的两个物体尺寸和材料属性相差越大则能量耗散就越大；反之，当两个物体的材料属性和尺寸相差很小时则能量耗散可以忽略。Flores 等针对多种含有间隙运动机构的间隙进行了深入研究，构建了机构动力学方程，并对机构的磨损特性进行了详细分析。Varedi 等在总结其他学者的理论基础之上，对含间隙关节进行了更为深入的研究，取得了突破性进展。Muvengei 等基于非线

性动力学理论，构建了含间隙机构非线性动力学模型，并对机构的动力学相应特性进行了分析。Ma J 等鉴于传统接触理论对接触过程、模拟过程的不足，提出了基于离散元与高斯正交法相结合的方法来模拟接触过程，并取得了良好的效果。Soong 等创造性地将碰撞过程原有的三状态模型，通过增加一个过渡态扩展到四状态模型，使其适用性更为广泛。Liu C 等通过球副机构进行深入观察分析，提出了一种新的接触模型，该模型可以用于描述含有间隙的球副模型。Zhao Y 等为了解决含间隙的运动副接触与碰撞的描述问题，提出了一种含有变刚度系数的混合接触力模型。赵刚练等通过运行接触理论相关知识构建了含间隙的圆柱副模型，利用该模型建立两自由度含间隙机构动力学方程。Flores 等针对含间隙的机构在接触碰撞时能量转换过程，充分考虑能量耗散、初始碰撞速度等影响因素，构建出多因素影响下的间隙机构接触碰撞模型。杨芳等考虑阻尼系数的影响，以及单球碰撞为研究对象，构建单球碰撞的接触模型，通过对照试验法分析了不同阻尼系数影响下的碰撞耗散能的大小。唐斌斌等对系统在运动过程中发生的粘—滑—碰撞 3 个阶段分别制定相应判定标准以及阶段之间过渡态准则，并基于以上条件构建了含有间隙摩擦的两自由度碰撞振动系统动力学模型。陈洪月等基于刨煤机刨头与滑架体间的拓扑结构，构建刨煤机刨头与滑架间接触碰撞模型，并确定了刨煤机刨头与滑架体接触与分离判定条件。朱喜锋针对一类含有间隙的两自由度振动系统的碰撞力学行为进行了深入研究，并通过相图分析出系统的运动周期以及参数对运动规律的影响，揭示了系统碰撞振动的动力学特性。吴少培在原有的碰撞理论模型基础之上，构建了一类含间隙的运动副接触碰撞动力学模型，将碰撞过程划分成接触和分离两个过程，并给出了接触与分离的判定条件。Bauchau、Venanzi、尉立肖等基于接触力学理论给出了旋转副中的 4 种接触形式，并以此构建含间隙的三维接触模型，分析了间隙大小对机构运动精度的影响。张跃明等依据轴销和轴套的连接关系，以此拓展给出间隙转动副 11 种接触形式，并对每种接触形式的适用范围进行了分析。

2 滑靴与导轨粘滑摩擦模型构建

滑靴是采煤机行走部的主要部件，对采煤机起到支撑导向作用，而滑靴的使用寿命将关系整个采煤机的寿命。采煤机属于低速、重载型设备，滑靴与刮板输送机间存在着非常大的接触压力，并将刮板输送机中的铲煤板和销排视为导轨，则采煤机滑靴和导轨在重压下发生粘滑摩擦、碰撞，最终导致滑靴产生磨损以及断裂失效，因此本章将研究滑靴与导轨直接摩擦力学模型，滑靴、煤粉与导轨间三体摩擦力学模型以及表面粗糙度、煤粉粒度对滑靴摩擦力的影响，并以此来揭示采煤机滑靴与导轨粘滑摩擦的作用机理。

2.1 滑靴与导轨间直接摩擦力学模型

采煤机滑靴包括平滑靴和导向滑靴，平滑靴的主要材料为锻钢，例如42CrMo、40Cr、20CrNiMo 等牌号；导向滑靴的主要材料为铸钢，例如ZG35CrMoV、ZG35CrMnSi、ZG42CrMo 等牌号；刮板输送机销排和铲煤板分别采用 40Cr、Q235 等牌号钢材。采煤机滑靴与导轨（销排与铲煤板）间接触的摩擦本质上也是钢与钢之间的摩擦，属于固体摩擦理论中的塑性材料摩擦，其摩擦性质满足黏着摩擦理论。依据黏着摩擦理论观点，可将采煤机滑靴与导轨间的直接摩擦归为以下 3 个特点。

1. 摩擦表面处于塑性接触状态

滑靴与导轨之间的实际接触面积不等于表观接触面积，并且实际接触面积只占表观接触面积的一小部分，因为滑靴和导轨表面看起来很光滑，但实际上具有一定的粗糙度（表面凹凸不平），从表面微观形貌来看具有很多波峰、波谷。滑靴与导轨在外界载荷或自身重力的作用下相互接触时，首先接触的是滑靴与导轨接触表面的峰点，在这个阶段滑靴与导轨间为多点接触，由于接触面积小则峰点的接触应力非常大，随着外界载荷和自身重力的持续作用，滑靴与导轨中较软材质接触表面的峰点会从弹性变形发展到塑性屈服，这时候接触面积会逐步增大，当达到应力平衡时接触面积就会保持恒定，在这一阶段滑靴与导轨间为多区域面接触。因此，滑靴与导轨间的实际接触面与外界载荷、滑靴和导轨中较软材料屈服强度 σ_s 等因素有关，其表面接触状态示意图如图 2-1 所示。

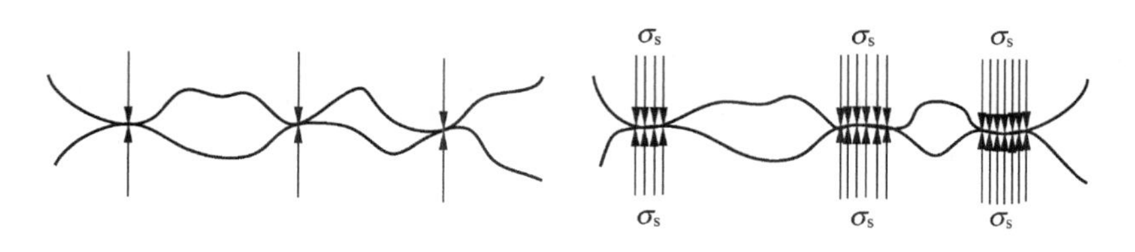

(a) 初始点接触阶段　　(b) 塑性接触阶段

图 2-1　表面接触状态示意图

2. 滑动摩擦时发生跃动现象

滑靴与导轨接触面积稳定时，滑靴与导轨间的接触面处于塑性状态，当滑靴与导轨间产生相对滑动时，接触面上的金属会产生塑性流动，接触面间会因摩擦而产生瞬时高温，致使接触面上的金属发生黏着现象，黏着节点具有很强的黏着力，阻碍滑靴与导轨的相对滑动。当滑靴与导轨间的驱动力大于黏着节点的黏结力时，黏着节点分离滑靴在导轨上继续滑动。从宏观角度看，滑靴在导轨上滑动的过程中出现跃动现象，从微观角度看是黏着节点的形成和分离周而复始的过程，同时滑靴与导轨间的滑动速度对跃动现象有一定的影响，即滑动速度越大，黏着时间越短，跃动现象越不明显。

3. 摩擦力为黏着效应和犁沟效应产生阻力之和

滑靴在导轨上滑动时，除了要克服黏着效应产生的黏着力，还要克服犁沟效应产生的犁沟力。所谓犁沟效应是指滑靴与导轨这对摩擦副中较硬材质在法向载荷的作用下会嵌入较软材质中，即较软材质峰点发生塑性变形产生塑性接触面。这时接触面分为两部分，分别为黏着面 S_a 和犁沟面 S_f，其示意图如图 2-2 所示。

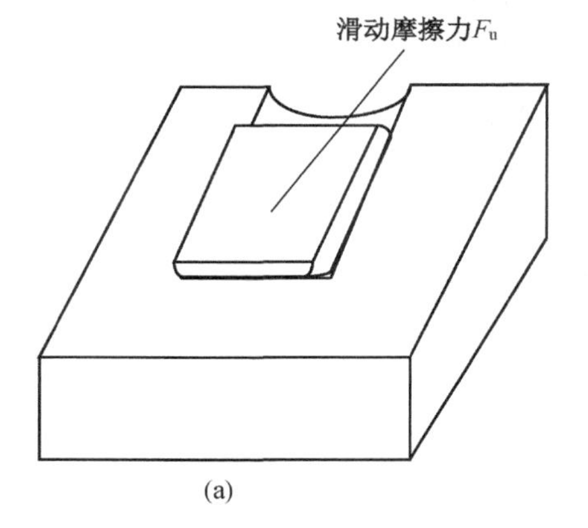

(a)

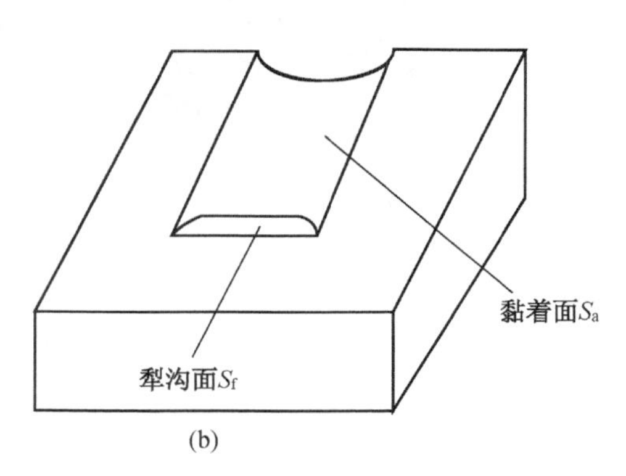

(b)

图 2-2　粘滑摩擦示意图

通过对图 2-2 观察可知，黏着面 S_a 为较软材质凹陷区域与较硬材质底部相接触的面积，而犁沟面 S_f 则为较软材质在滑动方向上的前部端面，在滑靴与导轨发生相对滑动时，两者之中较硬材质会推挤犁沟面前方的较软材质，而所克服的阻力就成为犁沟力，因此滑靴摩擦力为黏着力与犁沟力之和，其表达式可写为如下形式：

$$F_u = P_a + P_f = S_a \tau_b + S_f p_f \tag{2-1}$$

式中 P_a——黏着力，N；

P_f——犁沟力，N；

S_a——黏着面，m^2；

S_f——犁沟面，m^2；

τ_b——黏着节点的剪切强度，Pa；

p_f——单位面积上的犁沟力，Pa。

对于 p_f 的取值大小与较软材质的屈服极限 σ_s 呈正相关，同时在金属材质滑动摩擦时，$P_a >> P_f$，通常情况下 $F_u \approx P_a$。

2.1.1 导向滑靴与销排接触模型

导向滑靴与销排的装配模型如图 2-3 所示，导向滑靴与销排接触的 4 个面分别为：上端面 S_{gu}、下端面 S_{gb}、右端面 S_{gr} 以及左端面 S_{gl}；同样销排的 4 个面分别为：上端面 S_{su}、下端面 S_{sb}、右端面 S_{sr} 以及左端面 S_{sl}。在导向滑靴与销排接触时，假设导向滑靴与销排的各个接触都在水平情况下，由于导向滑靴与销排装

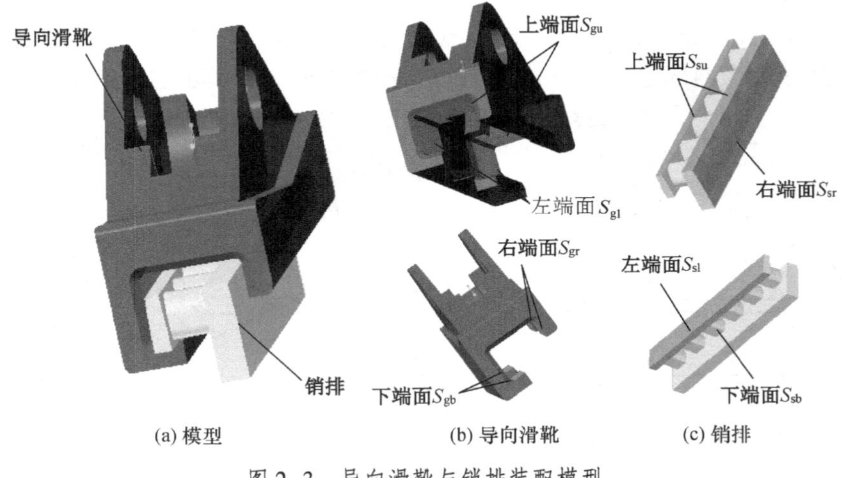

图 2-3 导向滑靴与销排装配模型

配存在间隙，则导向滑靴的上端面 S_{gu} 与销排的上端面 S_{su}、导向滑靴的下端面 S_{gb} 与销排的下端面 S_{sb}，在任意时刻这两组端面最多只有一组端面相接触，左右端面亦是如此，如果出现导向滑靴和销排的上下两组端面或者左右两组端面都接触现象，那就说明导向滑靴与销排间出现了歪斜。

图 2-4 为导向滑靴与销排的主要尺寸示意图，依据图 2-4 很容易得到导向滑靴与销排各个端面的表达式，导向滑靴上端面 $S_{gu}=2l_{g3}w_{g1}$，下端面 $S_{gb}=2l_{g2}w_{g2}$，右端面 $S_{gr}=h_{g2}l_{g1}$，左端面 $S_{gl}=h_{g1}l_{g1}$；销排上端面 $S_{su}=(w_{s1}+w_{s2})l_{s1}$，下端面 $S_{sb}=w_{s2}l_{s1}$，右端面 $S_{sr}=h_{s1}l_{s1}$，左端面 $S_{sl}=h_{s2}l_{s1}$。

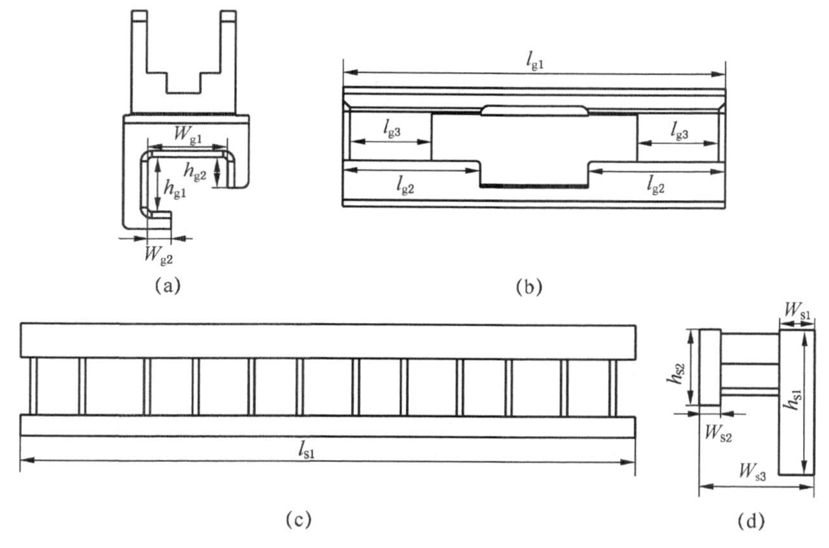

图 2-4 导向滑靴与销排的主要尺寸示意图

针对导向滑靴与销排接触情况比较复杂，可将导向滑靴与销排接触摩擦分成三大类进行研究：①导向滑靴与销排相互水平情况；②导向滑靴与销排偏斜情况；③导向滑靴过两个销排间隙情况。

1. 导向滑靴与销排相互水平情况

因导向滑靴与销排相互水平，则导向滑靴与销排接触情况相对简单，仅有左端面接触、右端面接触、下端面接触和上端面接触 4 种情况，如图 2-5 所示。

图 2-5 中导向滑靴与销排的 4 种接触形式均为面面接触，接触面面积为矩形，其接触面面积 S_{Δ} 的表达式为

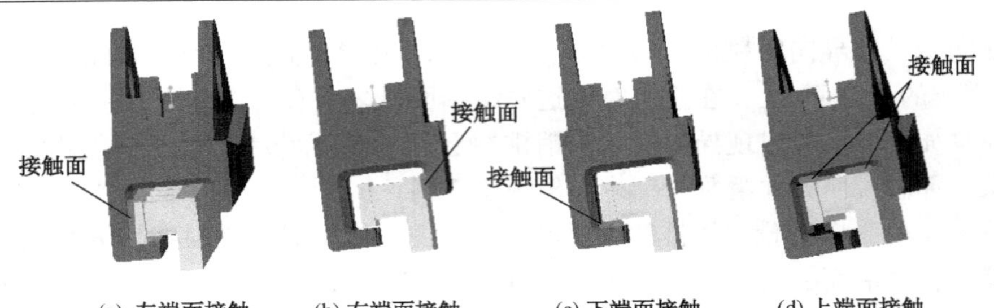

(a) 左端面接触　(b) 右端面接触　(c) 下端面接触　(d) 上端面接触

图 2-5　导向滑靴与销排相互水平的接触形式

$$\begin{cases}S_\Delta = S_{gl} \cap S_{sl} = h_{s2}l_{g1} \\ S_\Delta = S_{gr} \cap S_{sr} = h_{g2}l_{g1} \\ S_\Delta = S_{gb} \cap S_{sb} = 2l_{g2}w_{s2} \\ S_\Delta = S_{gu} \cap S_{su} = 2l_{g3}(w_{s1} + w_{s2})\end{cases} \tag{2-2}$$

2. 导向滑靴与销排偏斜情况

当采煤机在进行俯采、仰采、斜切进刀等工况下，导向滑靴与销排不会完全水平，会出现图 2-6 所示的俯仰、横摆、侧倾 3 种情况。

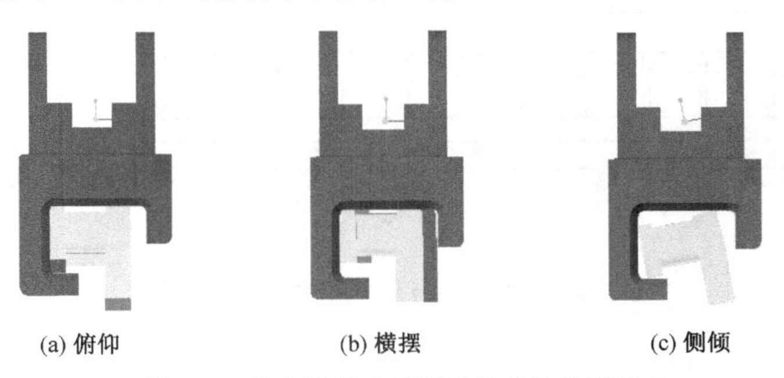

(a) 俯仰　(b) 横摆　(c) 侧倾

图 2-6　导向滑靴与销排偏斜的接触形式

图 2-6a 和图 2-6b 中导向滑靴与销排接触形式为面面接触，其接触面形状为平行四边形，而图 2-6c 中为线面接触，则接触面面积 S_Δ 的表达式为

$$\begin{cases}S_\Delta = S_{gl} \cap S_{sl} = h_{s2}l_{g1}\sec\alpha \\ S_\Delta = S_{gu} \cap S_{su} = (w_{s1} + w_{s2})l_{g1}\sec\gamma \\ S_\Delta = [(S_{gl} \cup S_{gb}) \cap S_{sl}] \cup (S_{gu} \cap S_{su}) = 2(l_{g2} + l_{g3}) + l_{g1}\end{cases} \tag{2-3}$$

式中　α——俯仰角，(°)；

　　γ——摆角，(°)。

3. 导向滑靴过两个销排间隙情况

当采煤机导向滑靴运动到两个销排之间时，导向滑靴与销排间的接触面积与前两种略微不同，由于销排与销排间存在一定间隙，因此接触面会减小，其接触形式如图 2-7 所示。

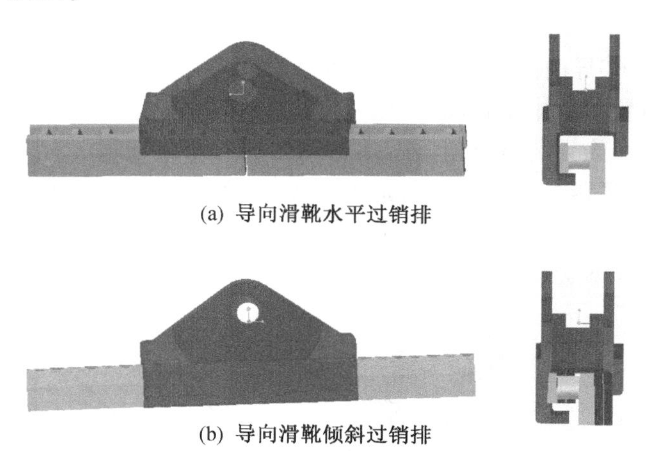

(a) 导向滑靴水平过销排

(b) 导向滑靴倾斜过销排

图 2-7 导向滑靴过两个销排间隙的接触形式

图 2-7a 所示为导向滑靴水平过销排情况，也包括左端面接触、右端面接触、下端面接触和上端面接触 4 种情形，其接触面面积 S_Δ 的表达式为

$$\begin{cases} S_\Delta = S_{gl} \cap S_{sl} = h_{s2}(l_{g1} - \delta) \\ S_\Delta = S_{gr} \cap S_{sr} = h_{g2}(l_{g1} - \delta) \\ S_\Delta = S_{gb} \cap S_{sb} \in [w_{s2}(2l_{g2} - \delta),\ 2l_{g2}w_{s2}] \\ S_\Delta = S_{gu} \cap S_{su} \in [2(w_{s1} + w_{s2})(l_{g3} - \delta),\ 2l_{g3}(w_{s1} + w_{s2})] \end{cases} \tag{2-4}$$

式中 δ——两个销排之间间隙，m。

图 2-7b 所示为导向滑靴倾斜过销排情况，也包括俯仰、横摆、侧倾 3 种状态，其接触面面积 S_Δ 的表达式为

$$\begin{cases} S_\Delta = S_{gl} \cap S_{sl} = h_{s2}(l_{g1} - \delta)\sec\alpha \\ S_\Delta = S_{gu} \cap S_{su} \in [(w_{s1} + w_{s2})(l_{g1} - \delta)\sec\beta,\ (w_{s1} + w_{s2})l_{g1}\sec\gamma] \\ S_\Delta = [(S_{gl} \cup S_{gb}) \cap S_{sl}] \cup (S_{gu} \cap S_{su}) = [2(l_{g2} + l_{g3}) + \\ \qquad l_{g1} - 3\delta,\ 2(l_{g2} + l_{g3}) + l_{g1} - \delta] \end{cases} \tag{2-5}$$

通过上述对导向滑靴与销排接触情况进行分析可得，导向滑靴与销排完全水平接触时，则导向滑靴与销排的接触方式为面面接触，接触面形状为矩形；当导

向滑靴与销排发生倾斜时，则导向滑靴与销排的接触形式除了面面接触之外还有线面接触，而面面接触的形状多为四边形，也可出现其他多边形的情况；导向滑靴过销排时，其与销排的接触方式与前两种情况大致相同，同样为面面接触或线面接触，仅接触面相应减小。因此在研究导向滑靴销排摩擦力学模型时，可分为3种典型情况进行研究：①导向滑靴与销排接触面为矩形；②导向滑靴与销排接触面为多边形；③导向滑靴与销排为线面接触。

1）导向滑靴与销排接触面为矩形

图2-8a所示为导向滑靴与销排接触面为矩形的一种情况，导向滑靴与销排仅在左端面发生接触，其他3个端面均不发生接触，由于销排固定在刮板输送机上，可视为销排固定不动，导向滑靴发生侧向滑移与销排接触的，其接触面受力情况如图2-8b所示。

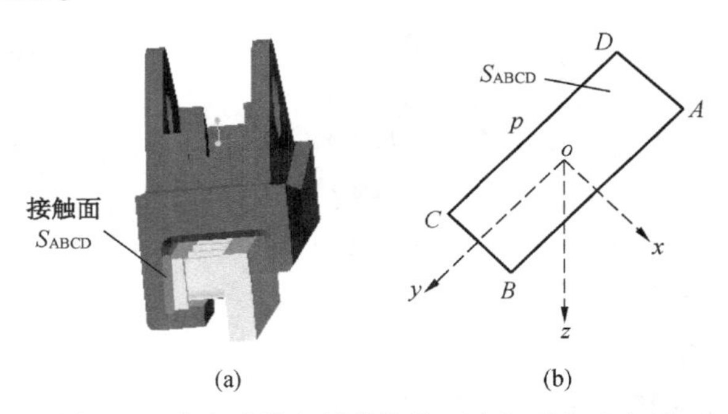

图2-8　导向滑靴与销排接触面为矩形的示意图

图2-8b中 S_{ABCD} 为导向滑靴与销排的接触面，其形状为矩形。A、B、C、D 分别为接触面4个边上的顶点，o 为接触面的中心点，AB、CD 长度为 l_{g1}，BC、AD 长度为 h_{s2}。假定接触面载荷呈均匀分布，其单位接触面积的载荷大小为 p。在接触载荷作用下导向滑靴与销排接触区域会发生相应的变形，依据黏着摩擦理论两个固体间发生摩擦时，硬度低固体先发生变形，通常情况下销排硬度要稍高于滑靴，因此导向滑靴的接触面上先发生微小的弹性变形，可视为在弹性空间中受作用面为矩形的均布载荷的作用。依据弹性力学理论知识可得到弹性半空间受法向集中载荷 F 作用下的位移量和应力表达式：

$$\begin{cases} u_{\rho} = \dfrac{(1+\nu_{g})F}{2\pi E_{g}R}\left[\dfrac{\rho z}{R^{2}} - \dfrac{(1-2\mu)\rho}{R+z}\right] \\ u_{z} = \dfrac{(1+\nu_{g})F}{2\pi E_{g}R}\left[2(1-\mu) + \dfrac{z^{2}}{R^{2}}\right] \end{cases} \tag{2-6}$$

$$
\begin{cases}
\sigma_\rho = \dfrac{F}{2\pi R^2}\left[\dfrac{(1-2\nu_g)R}{R+z} - \dfrac{3\rho^2 z}{R^3}\right] \\
\sigma_\varphi = \dfrac{(1-2\nu_g)F}{2\pi R^2}\left(\dfrac{z}{R} - \dfrac{R}{R+z}\right) \\
\sigma_z = -\dfrac{3Fz^3}{2\pi R^5} \\
\tau_{z\rho} = \tau_{\rho z} = -\dfrac{3F\rho z^2}{2\pi R^5}
\end{cases}
\tag{2-7}
$$

式中　E_g——导向滑靴材料的弹性模量，Pa；

ν_g——导向滑靴材料的泊松比；$\rho=\sqrt{x^2+y^2}$；$R=\sqrt{x^2+y^2+z^2}$；

u_ρ——径向位移量，m；

u_z——法向位移量，m；

σ_ρ——径向正应力，Pa；

σ_φ——周向正应力，Pa；

σ_z——法向正应力，Pa；

$\tau_{z\rho}$——切应力，Pa。

对于接触面为矩形且为均布载荷这类问题，可以在集中载荷的基础上采用积分方式进行计算，图 2-9a 中矩形 $ABCD$ 为导向滑靴与销排的接触面，P 点为导向滑靴面正下方任意一点，坐标为（x，y，z），P'点为 P 点在 xoy 平面内投影点，坐标为（x，y，0），且 $P'\in S_{ABCD}$。过 P'点分别作 AB、BC、CD、DA 的垂线，垂点分别为 h_1、h_2、h_3、h_4。通过垂线将矩形 $ABCD$ 划分成 8 个直角三角形，并对每一个三角形进行积分运算，再进行线性叠加得到总的位移量及应力。

图 2-9b 中 $S_{\triangle P'h_1A}$ 上均布载荷 p 对 P 点的作用下，使 P 点沿法向方向运动的位移量 $u_{z\triangle P'h_1A}$，结合式（2-6），则其表达式为

$$
\begin{aligned}
u_{z\triangle P'h_1A} &= \frac{1+\nu_g}{2\pi E_g}p\iint_{S_{\triangle AP'h_1}}\frac{1}{\sqrt{s^2+z^2}}\left[\frac{sz}{s^2+z^2} - \frac{(1-2\nu_g)s}{z+\sqrt{s^2+z^2}}\right]\mathrm{d}A \\
&= \frac{1+\nu_g}{2\pi E_g}p\int_0^{\varphi_1}\int_0^{\gamma_1}\frac{1}{\sqrt{s^2+z^2}}\left[\frac{sz}{s^2+z^2} - \frac{(1-2\nu_g)s}{z+\sqrt{s^2+z^2}}\right]s\mathrm{d}s\mathrm{d}\varphi
\end{aligned}
\tag{2-8}
$$

式中，$\gamma_1=\dfrac{|0.5l_{g1}+y|}{\cos\varphi_1}$；$\varphi_1=\arctan\left|\dfrac{0.5l_{g1}+y}{0.5h_{s2}-x}\right|$。

依据叠加原理，受接触面 S_{ABCD} 上均布载荷作用，P 点沿法向方向的总位移量 u_z 为

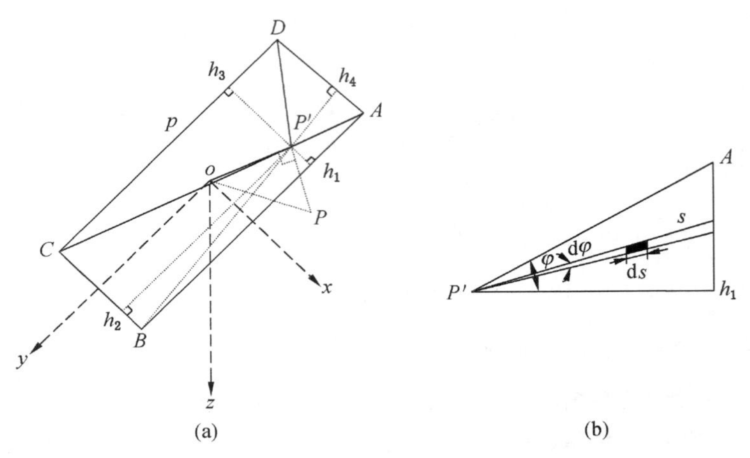

图 2-9　接触面为矩形的积分区域（$P' \in S_{ABCD}$）

$$
\begin{aligned}
u_z &= u_{z\triangle AP'h_1} + u_{z\triangle BP'h_1} + u_{z\triangle BP'h_2} + u_{z\triangle CP'h_2} + u_{z\triangle CP'h_3} + u_{z\triangle DP'h_3} + u_{z\triangle DP'h_4} + u_{z\triangle AP'h_4} \\
&= \frac{1+\nu_g}{2\pi E_g} p \Big[\iint_{S_{\triangle AP'h_1}} f(s,\ z)\mathrm{d}A + \iint_{S_{\triangle BP'h_1}} f(s,\ z)\mathrm{d}A + \iint_{S_{\triangle BP'h_2}} f(s,\ z)\mathrm{d}A + \iint_{S_{\triangle CP'h_2}} f(s,\ z)\mathrm{d}A + \\
&\quad \iint_{S_{\triangle CP'h_3}} f(s,\ z)\mathrm{d}A + \iint_{S_{\triangle DP'h_3}} f(s,\ z)\mathrm{d}A + \iint_{S_{\triangle DP'h_4}} f(s,\ z)\mathrm{d}A + \iint_{S_{\triangle AP'h_4}} f(s,\ z)\mathrm{d}A \Big] \\
&= \frac{1+\nu_g}{2\pi E_g} p \Big[\int_0^{\varphi_1}\int_0^{\gamma_1} f(s,\ z) s\mathrm{d}s\mathrm{d}\varphi + \int_0^{\varphi_2}\int_0^{\gamma_2} f(s,\ z) s\mathrm{d}s\mathrm{d}\varphi + \int_0^{\varphi_3}\int_0^{\gamma_3} f(s,\ z) s\mathrm{d}s\mathrm{d}\varphi + \\
&\quad \int_0^{\varphi_4}\int_0^{\gamma_4} f(s,\ z) s\mathrm{d}s\mathrm{d}\varphi + \int_0^{\varphi_5}\int_0^{\gamma_5} f(s,\ z) s\mathrm{d}s\mathrm{d}\varphi + \int_0^{\varphi_6}\int_0^{\gamma_6} f(s,\ z) s\mathrm{d}s\mathrm{d}\varphi + \\
&\quad \int_0^{\varphi_7}\int_0^{\gamma_7} f(s,\ z) s\mathrm{d}s\mathrm{d}\varphi + \int_0^{\varphi_8}\int_0^{\gamma_8} f(s,\ z) s\mathrm{d}s\mathrm{d}\varphi \Big]
\end{aligned} \tag{2-9}
$$

式中，$f(s,\ z) = \dfrac{1}{\sqrt{s^2+z^2}}\left[\dfrac{sz}{s^2+z^2} - \dfrac{(1-2\nu_g)s}{z+\sqrt{s^2+z^2}}\right]$；$\gamma_1 = \dfrac{|0.5l_{g1}+y|}{\cos\varphi_1}$；

$\varphi_1 = \arctan\left|\dfrac{0.5l_{g1}+y}{0.5h_{s2}-x}\right|$；$\gamma_2 = \dfrac{|0.5l_{g1}-y|}{\cos\varphi_2}$；$\varphi_2 = \arctan\left|\dfrac{0.5l_{g1}-y}{0.5h_{s2}-x}\right|$；

$\gamma_3 = \dfrac{|0.5h_{s2}-x|}{\cos\varphi_3}$；$\varphi_3 = \arctan\left|\dfrac{0.5h_{s2}-x}{0.5l_{g1}-y}\right|$；$\gamma_4 = \dfrac{|0.5h_{s2}+x|}{\cos\varphi_4}$；

$\varphi_4 = \arctan\left|\dfrac{0.5h_{s2}+x}{0.5l_{g1}-y}\right|$；$\gamma_5 = \dfrac{|0.5l_{g1}-y|}{\cos\varphi_5}$；$\varphi_5 = \arctan\left|\dfrac{0.5l_{g1}-y}{0.5h_{s2}+x}\right|$；

$$\gamma_6 = \frac{|0.5l_{g1} + y|}{\cos\varphi_6};\ \varphi_6 = \arctan\left|\frac{0.5l_{g1} + y}{0.5h_{s2} + x}\right|;\ \gamma_7 = \frac{|0.5h_{s2} + x|}{\cos\varphi_7};$$

$$\varphi_7 = \arctan\left|\frac{0.5h_{s2} + x}{0.5l_{g1} + y}\right|;\ \gamma_8 = \frac{|0.5h_{s2} - x|}{\cos\varphi_8};\ \varphi_8 = \arctan\left|\frac{0.5h_{s2} - x}{0.5l_{g1} + y}\right|。$$

图 2-10 中 Q 点为导向滑靴面外下方任意一点，坐标为（x，y，z），Q'点为 Q 点在 xoy 平面内投影点，坐标为（x，y，0），且 $Q' \notin S_{ABCD}$。过 Q'点分别作 AB、BC、CD、DA 的垂线，垂点分别为 h'_1、h'_2、h'_3、h'_4。同样通过垂线将矩形 $ABCD$ 划分成 8 个直角三角形。

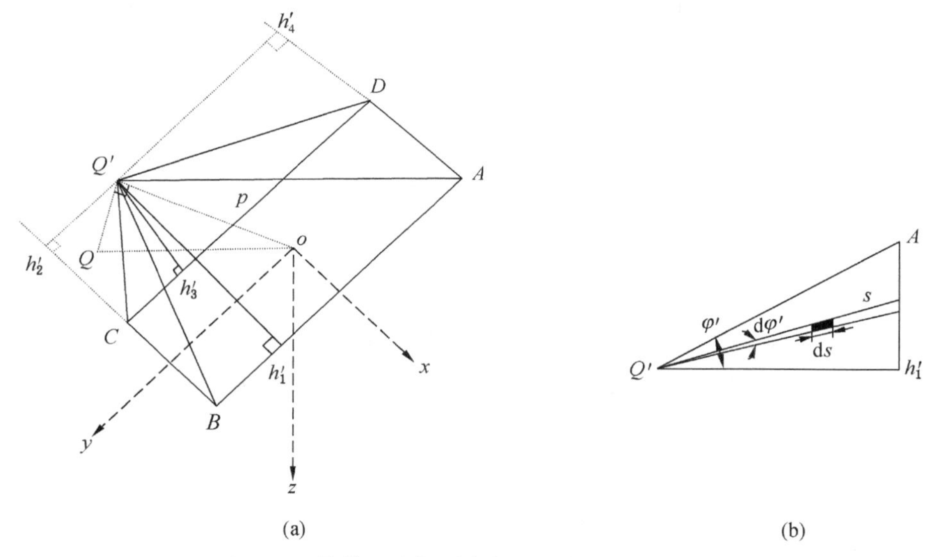

图 2-10 接触面为矩形的积分区域（$Q' \notin S_{ABCD}$）

依据叠加原理，受接触面 S_{ABCD} 上均布载荷作用，Q 点沿法向方向的总位移量 u_z 为

$$\begin{aligned}
u_z &= u_{z\triangle AQ'h'_1} + u_{z\triangle BQ'h'_1} + u_{z\triangle BQ'h_2} - u_{z\triangle CQ'h'_2} - u_{z\triangle CQ'h'_3} - u_{z\triangle DQ'h'_3} - u_{z\triangle DQ'h'_4} + u_{z\triangle AQ'h'_4} \\
&= \frac{1+\nu_g}{2\pi E_g}p\Big[\iint_{S_{\triangle AQ'h'_1}} f(s,z)\mathrm{d}A + \iint_{S_{\triangle BQ'h'_1}} f(s,z)\mathrm{d}A + \iint_{S_{\triangle BQ'h_2}} f(s,z)\mathrm{d}A - \iint_{S_{\triangle CQ'h'_2}} f(s,z)\mathrm{d}A - \\
&\quad \iint_{S_{\triangle CQ'h'_3}} f(s,z)\mathrm{d}A - \iint_{S_{\triangle DQ'h'_3}} f(s,z)\mathrm{d}A - \iint_{S_{\triangle DQ'h'_4}} f(s,z)\mathrm{d}A + \iint_{S_{\triangle AQ'h'_4}} f(s,z)\mathrm{d}A\Big] \\
&= \frac{1+\nu_g}{2\pi E_g}p\Big[\int_0^{\varphi'_1}\int_0^{\gamma'_1} f(s,z)s\mathrm{d}s\mathrm{d}\varphi' + \int_0^{\varphi'_2}\int_0^{\gamma'_2} f(s,z)s\mathrm{d}s\mathrm{d}\varphi' + \int_0^{\varphi'_3}\int_0^{\gamma'_3} f(s,z)s\mathrm{d}s\mathrm{d}\varphi' -
\end{aligned}$$

$$\int_0^{\varphi'_4}\int_0^{\gamma'_4} f(s, z)s\mathrm{d}s\mathrm{d}\varphi' - \int_0^{\varphi'_5}\int_0^{\gamma'_5} f(s, z)s\mathrm{d}s\mathrm{d}\varphi' - \int_0^{\varphi'_6}\int_0^{\gamma'_6} f(s, z)s\mathrm{d}s\mathrm{d}\varphi' -$$
$$\int_0^{\varphi'_7}\int_0^{\gamma'_7} f(s, z)s\mathrm{d}s\mathrm{d}\varphi' + \int_0^{\varphi'_8}\int_0^{\gamma'_8} f(s, z)\mathrm{d}A] \tag{2-10}$$

式中，$f(s, z) = \frac{1}{\sqrt{s^2+z^2}}\left[\frac{sz}{s^2+z^2} - \frac{(1-2\nu_g)s}{z+\sqrt{s^2+z^2}}\right]$；$\gamma'_1 = \frac{|0.5l_{g1}+y|}{\cos\varphi_1}$；

$\varphi'_1 = \arctan\left|\frac{0.5l_{g1}+y}{0.5h_{s2}-x}\right|$；$\gamma'_2 = \frac{|0.5l_{g1}-y|}{\cos\varphi_2}$；$\varphi'_2 = \arctan\left|\frac{0.5l_{g1}-y}{0.5h_{s2}-x}\right|$；

$\gamma'_3 = \frac{|0.5h_{s2}-x|}{\cos\varphi_3}$；$\varphi'_3 = \arctan\left|\frac{0.5h_{s2}-x}{0.5l_{g1}-y}\right|$；$\gamma'_4 = \frac{|0.5h_{s2}+x|}{\cos\varphi_4}$；

$\varphi'_4 = \arctan\left|\frac{0.5h_{s2}+x}{0.5l_{g1}-y}\right|$；$\gamma'_5 = \frac{|0.5l_{g1}-y|}{\cos\varphi_5}$；$\varphi'_5 = \arctan\left|\frac{0.5l_{g1}-y}{0.5h_{s2}+x}\right|$；

$\gamma'_6 = \frac{|0.5l_{g1}+y|}{\cos\varphi_6}$；$\varphi'_6 = \arctan\left|\frac{0.5l_{g1}+y}{0.5h_{s2}+x}\right|$；$\gamma'_7 = \frac{|0.5h_{s2}+x|}{\cos\varphi_7}$；

$\varphi'_7 = \arctan\left|\frac{0.5h_{s2}+x}{0.5l_{g1}+y}\right|$；$\gamma'_8 = \frac{|0.5h_{s2}-x|}{\cos\varphi_8}$；$\varphi'_8 = \arctan\left|\frac{0.5h_{s2}-x}{0.5l_{g1}+y}\right|$。

对于式（2-9）、式（2-10）无法求出解析解，仅通过数值求解方法进行求解。那么对于某些确定平面上可以求得解析表达式，例如在接触面 S_{ABCD} 的点可求得其法向位移，即 $z=0$，$(x, y) \in S_{ABCD}$：

$$u_z = \frac{1-\nu^2}{\pi E}p\iint_{S_{ABCD}} \frac{1}{s}\mathrm{d}A = \left(x+\frac{h_{s2}}{2}\right)\ln\left[\frac{\left(y+\frac{l_{g1}}{2}\right)+f_1}{\left(y-\frac{l_{g1}}{2}\right)+f_2}\right] + \left(y+\frac{l_{g1}}{2}\right)\ln\left[\frac{\left(x+\frac{h_{s2}}{2}\right)+f_1}{\left(x-\frac{h_{s2}}{2}\right)+f_4}\right] +$$
$$\left(x-\frac{h_{s2}}{2}\right)\ln\left[\frac{\left(y-\frac{l_{g1}}{2}\right)+f_3}{\left(y+\frac{l_{g1}}{2}\right)+f_4}\right] + \left(y-\frac{l_{g1}}{2}\right)\ln\left[\frac{\left(x-\frac{h_{s2}}{2}\right)+f_3}{\left(x+\frac{h_{s2}}{2}\right)+f_2}\right] \tag{2-11}$$

式中，$f_1 = \sqrt{\left(y+\frac{l_{g1}}{2}\right)^2 + \left(x+\frac{h_{s2}}{2}\right)^2}$；$f_2 = \sqrt{\left(y-\frac{l_{g1}}{2}\right)^2 + \left(x+\frac{h_{s2}}{2}\right)^2}$；

$f_3 = \sqrt{\left(y-\frac{l_{g1}}{2}\right)^2 + \left(x-\frac{h_{s2}}{2}\right)^2}$；$f_4 = \sqrt{\left(y+\frac{l_{g1}}{2}\right)^2 + \left(x-\frac{h_{s2}}{2}\right)^2}$。

假设导向滑靴相对于销排沿 y 轴正方向运动，则其所受的摩擦力沿 y 轴负方

向，犁沟面 S_f 为沿着 BC 边垂直 xoy 的平面，可表示为

$$S_f = \int_{-\frac{h_{s2}}{2}}^{\frac{h_{s2}}{2}} \int_0^{u_z(x,\ \frac{l_{g1}}{2})} \mathrm{d}y\mathrm{d}x = \frac{1 - \nu_g^2}{\pi E} p[l_{g1}^2 - l_{g1}C_1 - h_{s2}l_{g1}\ln l_{g1} - h_{s2}^2 \ln h_{s2} + h_{s2}l_{g1}\ln(h_{s2} + C_1) + h_{s2}^2\ln(l_{g1} + C_1) - \frac{1}{2}h_{s2}l_{g1}\ln(-2h_{s2} + 2C_1) + \frac{1}{2}h_{s2}l_{g1}\ln(2h_{s2} + 2C_1)] \tag{2-12}$$

式中，$C_1 = \sqrt{h_{s2}^2 + l_{g1}^2}$。

依据式（2-1），则导向滑靴所受到滑动摩擦力 F_u 的表达式为

$$F_u = S_{ABCD}\,\tau_b + S_f p_f = h_{s2}l_{g1}\,\tau_b + S_f p_f \tag{2-13}$$

式中 S_f——犁沟面，m^2；

τ_b——黏着节点的剪切强度，Pa；

p_f——单位面积上的犁沟力，Pa。

2）导向滑靴与销排接触面为多边形

图 2-11a 所示为导向滑靴与销排接触面为多边形的一种情况，导向滑靴与销排仅下端面发生接触，其他 3 个端面均不发生接触，由于销排固定在刮板输送机上，可视为销排固定不动，导向滑靴发生侧向滑移与销排接触。

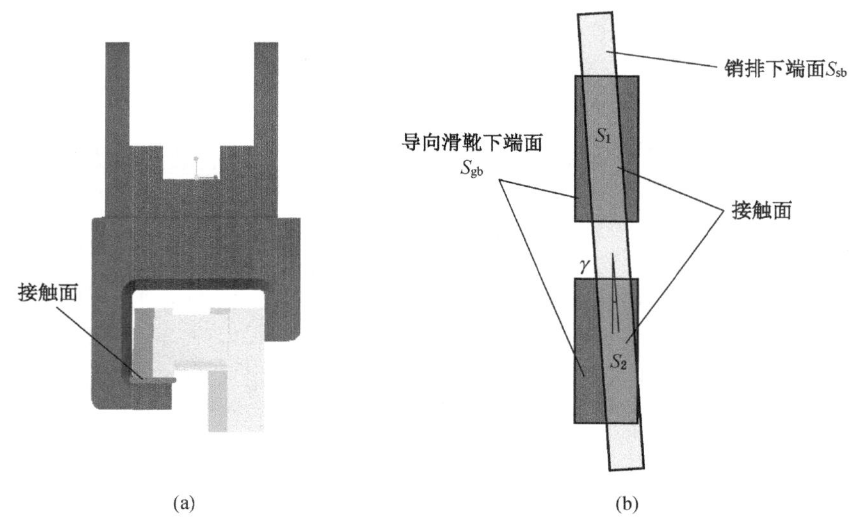

图 2-11 导向滑靴与销排接触面为多边形的示意图

图 2-11b 中深色区域为导向滑靴下端面，白色区域为销排下端面，灰色区域为导向滑靴与销排的接触面。接触面分为四边形 S_1 和五边形 S_2。

对于接触面为多边形且为均布载荷这类问题，研究方法与接触面为矩形方法类似，同样是将接触面划分成若干个直角三角形进行叠加求解，这里仅对五边形 S_2 进行研究。图 2-12 中 A、B、C、D、E 分别为五边形 S_2 的 5 个顶点，其坐标分别为 $A(a_1, b_1)$、$B(a_2, b_2)$、$C(a_3, b_3)$、$D(a_4, b_4)$、$E(a_5, b_5)$，P 点为导向滑靴面正下方任意一点，坐标为 (x, y, z)，P'点为 P 点在 xoy 平面内投影点，坐标为 $(x, y, 0)$，且 $P' \in S_{ABCDE}$。过 P'点分别作 AB、BC、CD、DE、EA 的垂线，垂点分别为 h_1、h_2、h_3、h_4、h_5。通过垂线将多边形 $ABCDE$ 划分成 10 个直角三角形。

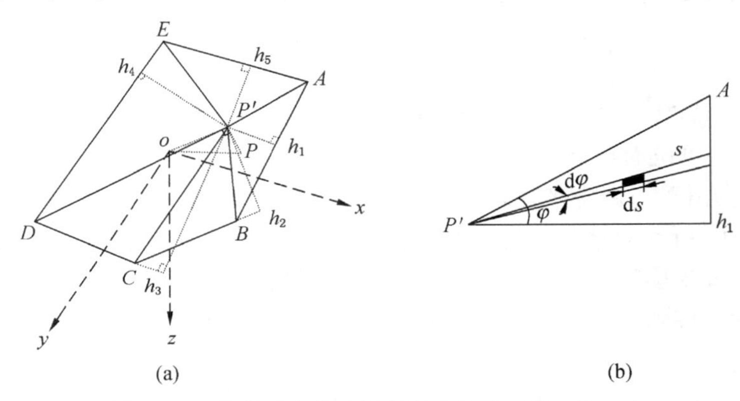

图 2-12　接触面为多边形的积分区域（$P' \in S_{ABCD}$）

依据叠加原理，受接触面 S_{ABCDE} 上均布载荷作用，P 点沿法向方向的总位移量 u_z 为

$$
\begin{aligned}
u_z &= u_{z\triangle AP'h_1} + u_{z\triangle BP'h_1} - u_{z\triangle BP'h_2} + u_{z\triangle CP'h_2} - u_{z\triangle CP'h_3} + u_{z\triangle DP'h_3} + u_{z\triangle DP'h_4} + u_{z\triangle EP'h_4} + u_{z\triangle EP'h_5} + u_{z\triangle AP'h_5} \\
&= \frac{1+\nu_g}{2\pi E_g} p \Big[\iint_{S_{\triangle AP'h_1}} f(s, z)\mathrm{d}A + \iint_{S_{\triangle BP'h_1}} f(s, z)\mathrm{d}A - \iint_{S_{\triangle BP'h_2}} f(s, z)\mathrm{d}A + \iint_{S_{\triangle CP'h_2}} f(s, z)\mathrm{d}A - \\
&\quad \iint_{S_{\triangle CP'h_3}} f(s, z)\mathrm{d}A + \iint_{S_{\triangle DP'h_3}} f(s, z)\mathrm{d}A + \iint_{S_{\triangle DP'h_4}} f(s, z)\mathrm{d}A + \iint_{S_{\triangle EP'h_4}} f(s, z)\mathrm{d}A + \\
&\quad \iint_{S_{\triangle EP'h_5}} f(s, z)\mathrm{d}A + \iint_{S_{\triangle AP'h_5}} f(s, z)\mathrm{d}A \Big] \\
&= \frac{1+\nu_g}{2\pi E_g} p \Big[\int_0^{\varphi_1}\int_0^{\gamma_1 \sec\varphi_1} f(s, z)s\mathrm{d}s\mathrm{d}\varphi + \int_0^{\varphi_2}\int_0^{\gamma_2 \sec\varphi_2} f(s, z)s\mathrm{d}s\mathrm{d}\varphi - \int_0^{\varphi_3}\int_0^{\gamma_3 \sec\varphi_3} f(s, z)s\mathrm{d}s\mathrm{d}\varphi + \\
&\quad \int_0^{\varphi_4}\int_0^{\gamma_4 \sec\varphi_4} f(s, z)s\mathrm{d}s\mathrm{d}\varphi - \int_0^{\varphi_5}\int_0^{\gamma_5 \sec\varphi_5} f(s, z)s\mathrm{d}s\mathrm{d}\varphi + \int_0^{\varphi_6}\int_0^{\gamma_6 \sec\varphi_6} f(s, z)s\mathrm{d}s\mathrm{d}\varphi + \\
&\quad \int_0^{\varphi_7}\int_0^{\gamma_7 \sec\varphi_7} f(s, z)s\mathrm{d}s\mathrm{d}\varphi + \int_0^{\varphi_8}\int_0^{\gamma_8 \sec\varphi_8} f(s, z)s\mathrm{d}s\mathrm{d}\varphi + \int_0^{\varphi_9}\int_0^{\gamma_9 \sec\varphi_9} f(s, z)s\mathrm{d}s\mathrm{d}\varphi +
\end{aligned}
$$

$$\int_{0}^{\varphi_{10}}\int_{0}^{\gamma_{10}\sec\varphi_{10}} f(s,\ z)s\mathrm{d}s\mathrm{d}\varphi] \tag{2-14}$$

式中，$f(s,\ z)=\frac{1}{\sqrt{s^2+z^2}}\left[\frac{sz}{s^2+z^2}-\frac{(1-2\nu_g)s}{z+\sqrt{s^2+z^2}}\right]$；

$$\gamma_i=\sqrt{\left|a\left\lceil\frac{i\%10+1}{2}\right\rceil-\zeta\left\lceil\frac{i\%10+1}{2}\right\rceil\right|^2+\left|b\left\lceil\frac{i\%10+1}{2}\right\rceil-\upsilon\left\lceil\frac{i\%10+1}{2}\right\rceil\right|^2},\ i=1\sim10;$$

$$\varphi_i=\arctan\sqrt{\frac{\left|a\left\lceil\frac{i\%10+1}{2}\right\rceil-\zeta\left\lceil\frac{i\%10+1}{2}\right\rceil\right|^2+\left|b\left\lceil\frac{i\%10+1}{2}\right\rceil-\upsilon\left\lceil\frac{i\%10+1}{2}\right\rceil\right|^2}{\left|x-\zeta\left\lceil\frac{i}{2}\right\rceil\right|^2+\left|y-\upsilon\left\lceil\frac{i}{2}\right\rceil\right|^2}},\ i=1\sim10;$$

$$\zeta_1=\frac{[(a_1-a_2)b_1-a_1(b_1-b_2)](b_2-b_1)+(a_2-a_1)[1+(a_1-a_2)x+(b_1-b_2)y]}{a_1^2-2a_1a_2+a_2^2+b_1^2-2b_1b_2+b_2^2};$$

$$\upsilon_1=-\frac{-b_1+a_1a_2b_1-a_2^2b_1+b_2-a_1^2b_2+a_1a_2b_2-(a_1b_1+a_2b_1+a_1b_2)x-(b_1-b_2)^2y}{a_1^2-2a_1a_2+a_2^2+b_1^2-2b_1b_2+b_2^2};$$

式中，⌈⌉表示向下取整,%表示取余；ζ_i、υ_i 具有轮换对称性，即将 ζ_1、υ_1 中 a_1、b_1、a_2、b_2 替换成 a_2、b_2、a_3、b_3 可得到 ζ_2、υ_2，依次类推，而 ζ_5、υ_5 则是将 ζ_4、υ_4 中 a_4、b_4、a_5、b_5 替换成 a_5、b_5、a_1、b_1。

图 2-13 中 Q 点为导向滑靴面外下方任意一点，坐标为（x，y，z），Q'点为 Q 点在 xoy 平面内投影点，坐标为（x，y，0），且 $Q'\notin S_{\mathrm{ABCDE}}$。过 Q'点分别作 AB、BC、CD、DE、EA 的垂线，垂点分别为 h_1、h_2、h_3、h_4、h_5。通过垂线将多边形 $ABCDE$ 划分成 10 个直角三角形。

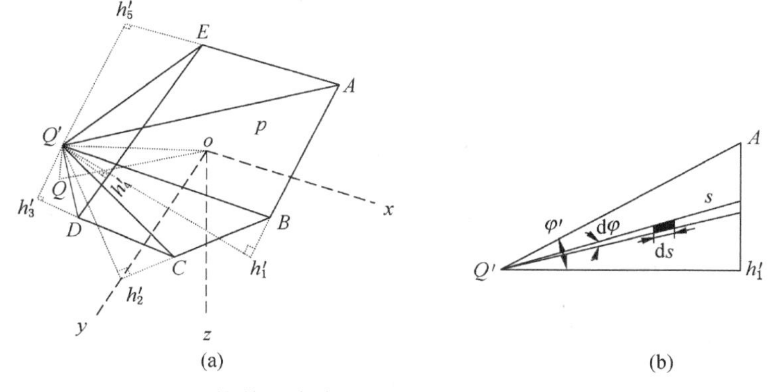

图 2-13　接触面为多边形的积分区域（$Q'\notin S_{\mathrm{ABCDE}}$）

依据叠加原理，受接触面 S_{ABCDE} 上均布载荷作用，Q 点沿法向方向的总位移量 u_z 为

$$u_z = u_{z\triangle AQ'h'_1} - u_{z\triangle BQ'h'_1} + u_{z\triangle BQ'h'_2} - u_{z\triangle CQ'h'_2} + u_{z\triangle CQ'h'_3} - u_{z\triangle DQ'h'_3} + u_{z\triangle DQ'h'_4} + u_{z\triangle EQ'h'_4} - u_{z\triangle EQ'h'_5} + u_{z\triangle AQ'h'_5}$$
$$= \frac{1+\nu_g}{2\pi E_g} p\Big[\iint_{S_{\triangle AQ'h'_1}} f(s,z)\mathrm{d}A - \iint_{S_{\triangle BQ'h'_1}} f(s,z)\mathrm{d}A + \iint_{S_{\triangle BQ'h'_2}} f(s,z)\mathrm{d}A - \iint_{S_{\triangle CQ'h'_2}} f(s,z)\mathrm{d}A + \iint_{S_{\triangle CQ'h'_3}} f(s,z)\mathrm{d}A - \iint_{S_{\triangle DQ'h'_3}} f(s,z)\mathrm{d}A + \iint_{S_{\triangle DQ'h'_4}} f(s,z)\mathrm{d}A + \iint_{S_{\triangle EQ'h'_4}} f(s,z)\mathrm{d}A - \iint_{S_{\triangle EQ'h'_5}} f(s,z)\mathrm{d}A + \iint_{S_{\triangle AQ'h'_5}} f(s,z)\mathrm{d}A\Big] \tag{2-15}$$

式（2-15）相对于式（2-14）仅是各个直角三角形作用位移量的正负号发生改变，其他不变，各个位移分量的符号判断方法可依据以下原则：如$\triangle AQ'B$这个三角形中过Q'作AB的垂线，垂点为h'_1，若$\angle Q'AB$为钝角，则$u_{\triangle AQ'h'_1}$为负值，反之$u_{\triangle AQ'h'_1}$为正值。

对于式（2-14）、式（2-15）同样无法求出解析解，仅通过数值求解方法进行求解。那么对于某些确定平面上可以求得解析表达式，例如在接触面S_{ABCDE}的点可求得其法向位移，即$z=0$，$(x, y) \in S_{ABCDE}$：

$$u_z = \frac{1-\nu^2}{\pi E} p\iint_{S_{ABCD}} \frac{1}{s}\mathrm{d}A = \frac{1-\nu^2}{\pi E} p\Big[\int_0^{\varphi'_1}\int_0^{\gamma'_1\sec\varphi'_1}\mathrm{d}s\mathrm{d}\varphi' + \int_0^{\varphi'_2}\int_0^{\gamma'_2\sec\varphi'_2}\mathrm{d}s\mathrm{d}\varphi' - \int_0^{\varphi'_3}\int_0^{\gamma'_3\sec\varphi'_3}\mathrm{d}s\mathrm{d}\varphi' + \int_0^{\varphi'_4}\int_0^{\gamma'_4\sec\varphi'_4}\mathrm{d}s\mathrm{d}\varphi' - \int_0^{\varphi'_5}\int_0^{\gamma'_5\sec\varphi'_5}\mathrm{d}s\mathrm{d}\varphi' + \int_0^{\varphi'_6}\int_0^{\gamma'_6\sec\varphi'_6}\mathrm{d}s\mathrm{d}\varphi' + \int_0^{\varphi'_7}\int_0^{\gamma'_7\sec\varphi'_7}\mathrm{d}s\mathrm{d}\varphi' + \int_0^{\varphi'_8}\int_0^{\gamma'_8\sec\varphi'_8}\mathrm{d}s\mathrm{d}\varphi' + \int_0^{\varphi'_9}\int_0^{\gamma'_9\sec\varphi'_9}\mathrm{d}s\mathrm{d}\varphi' + \int_0^{\varphi'_{10}}\int_0^{\gamma'_{10}\sec\varphi'_{10}}\mathrm{d}s\mathrm{d}\varphi'\Big]$$
$$= \frac{1-\nu^2}{\pi E} p\Big(\frac{\gamma'_1}{2}\ln\frac{1+\sin\varphi'_1}{1-\sin\varphi'_1} - \frac{\gamma'_2}{2}\ln\frac{1+\sin\varphi'_2}{1-\sin\varphi'_2} + \frac{\gamma'_3}{2}\ln\frac{1+\sin\varphi'_3}{1-\sin\varphi'_3} - \frac{\gamma'_4}{2}\ln\frac{1+\sin\varphi'_4}{1-\sin\varphi'_4} + \frac{\gamma'_5}{2}\ln\frac{1+\sin\varphi'_5}{1-\sin\varphi'_5} + \frac{\gamma'_6}{2}\ln\frac{1+\sin\varphi'_6}{1-\sin\varphi'_6} - \frac{\gamma'_7}{2}\ln\frac{1+\sin\varphi'_7}{1-\sin\varphi'_7} + \frac{\gamma'_8}{2}\ln\frac{1+\sin\varphi'_8}{1-\sin\varphi'_8} - \frac{\gamma'_9}{2}\ln\frac{1+\sin\varphi'_9}{1-\sin\varphi'_9} + \frac{\gamma'_{10}}{2}\ln\frac{1+\sin\varphi'_{10}}{1-\sin\varphi'_{10}}\Big) \tag{2-16}$$

式中，γ'_i、φ'_i的表达式同式（2-14）中γ_i、φ_i。

假设导向滑靴相对于销排沿y轴正方向运动，则其所受的摩擦力沿y轴负方向，犁沟面S_f为沿BC和CD边垂直于xoy的平面，可表示为

$$S_f = \int_{BC} u_z(x, y, 0)\mathrm{d}s + \int_{CD} u_z(x, y, 0)\mathrm{d}s \tag{2-17}$$

依据式（2-1），五边形接触面 S_2 上所受到滑动摩擦力 F_{uS_1} 的表达式为

$$F_{uS_1} = S_{ABCDE}\tau_b + S_f P_f = \sum_{i=1}^{10} \gamma_i^2 \varphi_i \tau_b + S_f P_f \tag{2-18}$$

式中，γ_i、φ_i 的意义同式（2-14）。

同理可计算得到四边形接触面 S_1 上摩擦力 F_{uS_2}，则导向滑靴所受到总滑动摩擦力 F_u 的表达式为

$$F_u = F_{uS_1} + F_{uS_2} \tag{2-19}$$

3）导向滑靴与销排为线面接触

图 2-14a 所示为导向滑靴与销排接触面为一条线的情况，导向滑靴上端面一条边与销排的上端面发生接触，其他位置均不与销排发生接触，由于销排固定在刮板输送机上，可视为销排固定不动，导向滑靴发生侧倾与销排接触。

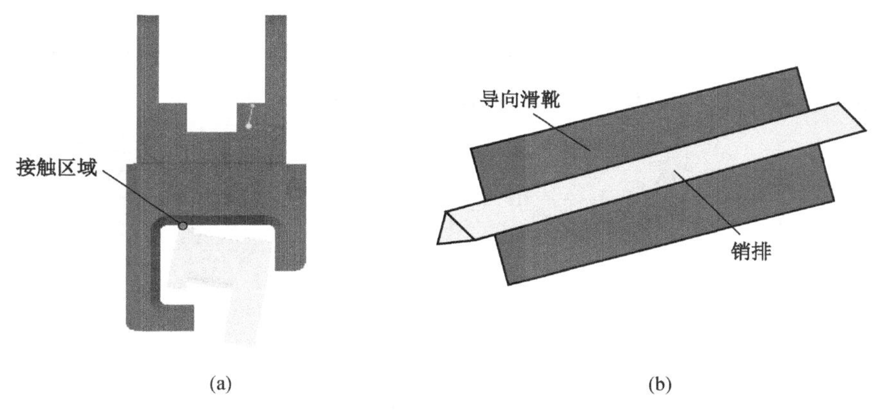

图 2-14　导向滑靴与销排为线面接触的示意图

图 2-14b 中深色区域为导向滑靴上端面，浅色区域为销排，导向滑靴与销排的接触区域为一条线，且接触线上的载荷呈均匀分布，那么导向滑靴与销排的接触模型可视为在弹性平面中受法向均布线载荷作用情况。

图 2-15a 中 xoz 平面为弹性空间，在 o 点沿 z 轴正方向作用集中载荷 F，在 o 点下方任意一点 $P(x, z)$ 的应力表达式为

$$\sigma_x = -\frac{2F}{\pi}\frac{x^2 z}{(x^2 + z^2)^2} \tag{2-20a}$$

$$\sigma_z = -\frac{2F}{\pi}\frac{z^3}{(x^2 + z^2)^2} \tag{2-20b}$$

$$\tau_{xz}=-\frac{2F}{\pi}\frac{xz^2}{(x^2+z^2)^2} \tag{2-20c}$$

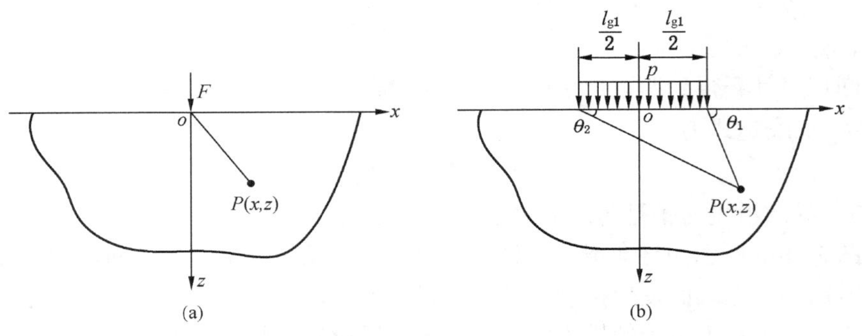

图 2-15　受力示意图

如图 2-15 所示，对于弹性平面中受法向均布线载荷作用模型，可参照弹性平面受法向集中载荷作用模型采用积分方法进行求解，即

$$\sigma_x=-\frac{2p}{\pi}\int_{-\frac{l_{g1}}{2}}^{\frac{l_{g1}}{2}}\frac{(x-s)^2z}{[(x-s)^2+z^2]^2}\mathrm{d}s=-\frac{p}{\pi}\left\{\arctan\left(\frac{\frac{l_{g1}}{2}-x}{z}\right)+\arctan\left(\frac{\frac{l_{g1}}{2}+x}{z}\right)-\frac{z\left(\frac{l_{g1}}{2}-x\right)}{\left[z^2+\left(\frac{l_{g1}}{2}-x\right)^2\right]}-\frac{z\left(\frac{l_{g1}}{2}+x\right)}{\left[z^2+\left(\frac{l_{g1}}{2}+x\right)^2\right]}\right\}$$

$$=-\frac{p}{2\pi}[2(\theta_1-\theta_2)-(\sin2\theta_1-\sin2\theta_2)] \tag{2-21a}$$

$$\sigma_z=-\frac{2p}{\pi}\int_{-\frac{l_{g1}}{2}}^{\frac{l_{g1}}{2}}\frac{z^3}{[(x-s)^2+z^2]^2}\mathrm{d}s=-\frac{p}{\pi}\left\{\arctan\left(\frac{\frac{l_{g1}}{2}-x}{z}\right)+\arctan\left(\frac{\frac{l_{g1}}{2}+x}{z}\right)+\frac{z\left(\frac{l_{g1}}{2}-x\right)}{\left[z^2+\left(\frac{l_{g1}}{2}-x\right)^2\right]}+\frac{z\left(\frac{l_{g1}}{2}+x\right)}{\left[z^2+\left(\frac{l_{g1}}{2}+x\right)^2\right]}\right\}$$

$$=-\frac{p}{2\pi}[2(\theta_1-\theta_2)+(\sin2\theta_1-\sin2\theta_2)] \tag{2-21b}$$

$$\tau_{xz} = -\frac{2p}{\pi}\int_{\frac{-l_{g1}}{2}}^{\frac{l_{g1}}{2}} \frac{(x-s)^2 z}{[(x-s)^2+z^2]^2}ds = -\frac{2p}{\pi}\frac{l_{g1}xz^2}{\left(\frac{l_{g1}^2}{2}-l_{g1}x+x^2+z^2\right)\left(\frac{l_{g1}^2}{2}+l_{g1}x+x^2+z^2\right)}$$

$$= -\frac{p}{2\pi}(\cos 2\theta_1 - \cos 2\theta_2) \tag{2-21c}$$

式中，$\theta_1 = \arctan\frac{x-\frac{l_{g1}}{2}}{z}$，$\theta_2 = \arctan\frac{x+\frac{l_{g1}}{2}}{z}$。

依据应力和应变的 Hooke 定律，则有 P 点沿 z 方向的 ε_z 表示为

$$\varepsilon_z = \frac{1}{E_g}[(1-\nu_g^2)\sigma_z - \nu_g(1+\nu_g)\sigma_x] \tag{2-22}$$

联立式（2-21）和式（2-22），求解在 $z=0$ 处沿 z 方向的 u_z 得

$$u_z = \int \varepsilon_z dz = -\frac{(1-\nu_g^2)p}{\pi E_g}\left[\left(x+\frac{l_{g1}}{2}\right)\ln\left(\frac{x+\frac{l_{g1}}{2}}{\frac{l_{g1}}{2}}\right)^2 - \left(x-\frac{l_{g1}}{2}\right)\ln\left(\frac{x-\frac{l_{g1}}{2}}{\frac{l_{g1}}{2}}\right)^2\right] + C_1 \tag{2-23}$$

式中　C_1——待定系数。

导向滑靴与销排接触时犁沟面 S_f 和黏着面 S_a 的计算表达式为

$$S_f = \frac{1}{2}\left(\frac{\int_{\frac{-l_{g1}}{2}}^{\frac{-l_{g1}}{2}} u_z dx}{l_{g1}}\right)^2 = \frac{(1-\nu_g^2)^2 p^2}{8\pi^2 E_g^2}[2l_{g1}^2(\ln 2 + \pi^2 - 2(\ln 2)^2 - 1)^2] \tag{2-24a}$$

$$S_a = 2\sqrt{2}\int_{\frac{-l_{g1}}{2}}^{\frac{-l_{g1}}{2}} u_z dx = \frac{\sqrt{2}(1-\nu_g^2)p}{\pi E_g} l_{g1}^2 [2\ln 2 + \pi^2 - 2(\ln 2)^2 - 1] \tag{2-24b}$$

导向滑靴与销排的摩擦力 F_u 为

$$F_u = P_a + P_f = S_a \tau_b + S_f p_f \tag{2-25}$$

式中　P_a——黏着力，N；

P_f——犁沟力，N；

τ_b——黏着节点的剪切强度，Pa；

p_f——单位面积上的犁沟力，Pa。

2.1.2　平滑靴与铲煤板接触模型

平滑靴与铲煤板的装配模型如图 2-16 所示，平滑靴与铲煤板接触的两个面

分别为：下端面 S_{pb}、侧端面 S_{ps}；同样铲煤板的两个面分别为：下端面 S_{cb}、侧端面 S_{cs}。在平滑靴与铲煤板接触时，假设平滑靴与铲煤板的各个接触都在水平情况下，平滑靴的下端面 S_{pb} 与铲煤板的下端面 S_{cb}、平滑靴的侧端面 S_{ps} 与铲煤板的侧端面 S_{cs}，这两组端面可同时发生接触。

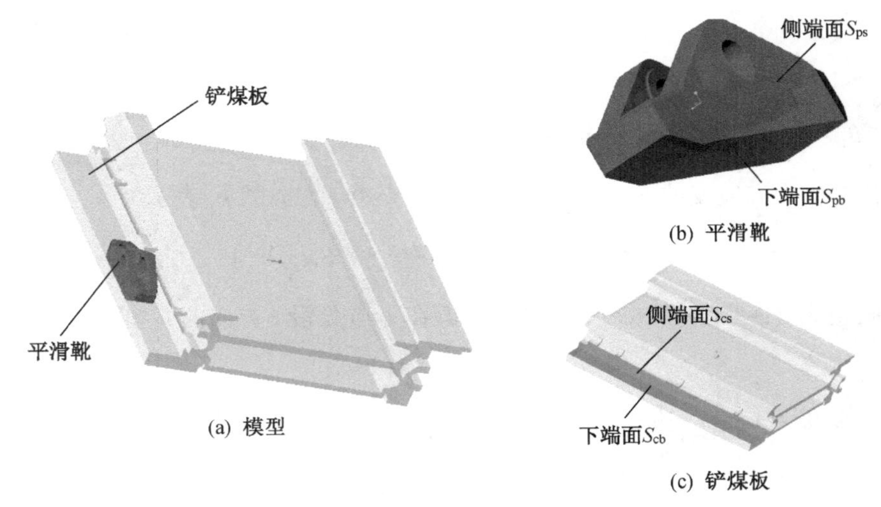

图 2-16　平滑靴与铲煤板装配模型

图 2-17 为平滑靴与铲煤板的主要尺寸示意图，依据图 2-17 很容易得到平滑靴与铲煤板各个端面的表达式：平滑靴下端面 $S_{pb}=(l_{p1}+2l_{p2})w_{p1}$，侧端面 $S_{ps}=(2h_{p1}-l_{p2}\sin\alpha)l_{p2}\cos\alpha+l_{p1}h_{p1}$；铲煤板下端面 $S_{cb}=w_{c1}l_{c1}$，侧端面 $S_{cs}=w_{c1}h_{c1}$。

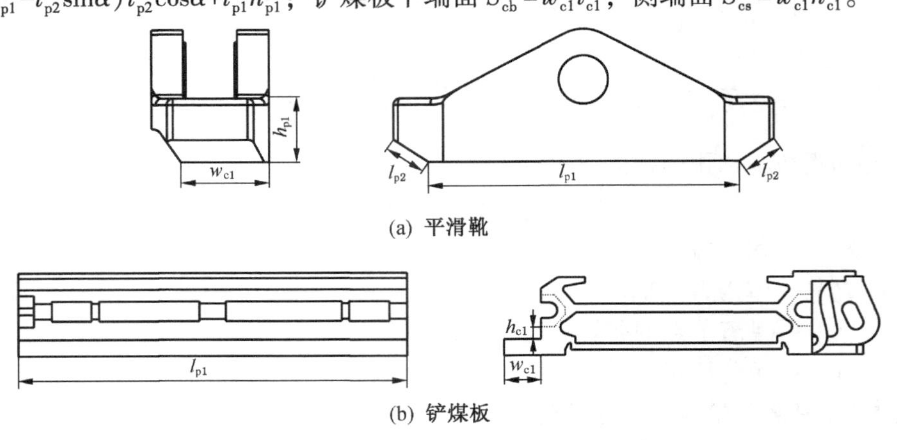

图 2-17　平滑靴与铲煤板的主要尺寸示意图

对于平滑靴与铲煤板接触摩擦相对导向滑靴与销排要简单的情况，本书同样采取分类讨论的形式来研究，现将平滑靴与铲煤板接触摩擦分成平滑靴与铲煤板相互水平情况、平滑靴与铲煤板偏斜情况、平滑靴过两个铲煤板间隙情况三大类。

1. 平滑靴与铲煤板相互水平情况

这里仅考虑平滑靴与单个铲煤板接触的情况，且平滑靴与铲煤板相互水平，则平滑靴与铲煤板接触情况相对简单，仅有下端面接触、侧端面接触这两种情况，如图 2-18 所示。

图 2-18 平滑靴与铲煤板相互水平接触形式

图 2-18 中平滑靴与铲煤板两种接触形式均为面面接触，接触面积为矩形或梯形，其接触面积 S_Δ 表达式为

$$\begin{cases} S_\Delta = S_{pb} \cap S_{cb} = l_{p1} w_{p1} \\ S_\Delta = S_{ps} \cap S_{cs} = (2h_{p1} - l_{p2}\sin\alpha) l_{p2}\cos\alpha + l_{p1} h_{p1} \end{cases} \tag{2-26}$$

2. 平滑靴与铲煤板偏斜情况

当采煤机在进行俯采、仰采、斜切进刀等工况下，平滑靴与铲煤板不会完全水平，会出现如图 2-19 所示的俯仰、横摆、侧倾 3 种情况。

图 2-19a 和图 2-19b 中平滑靴与铲煤板接触形式为面面接触或线面接触，其接触面形状为四边形或多边形，则接触面面积 S_Δ 表达式为

$$\begin{cases} S_\Delta = S_{pb} \cap S_{cb} \in [0,\ w_{p1} l_{p2}] \\ S_\Delta = S_{pb} \cap S_{cb} = w_{p1} l_{p1} \\ S_\Delta = S_{pb} \cap S_{cb} = l_{p1} \end{cases} \tag{2-27}$$

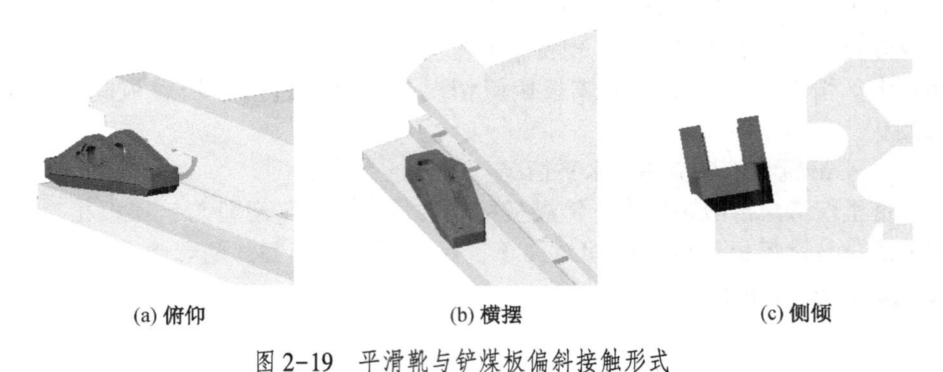

(a) 俯仰　　(b) 横摆　　(c) 侧倾

图 2-19　平滑靴与铲煤板偏斜接触形式

3. 平滑靴过两个铲煤板间隙情况

当采煤机平滑靴运动到两个铲煤板之间时，平滑靴与铲煤板间的接触面积与前两种略微不同，由于两个铲煤板间存在一定间隙，因此接触面会减小，其接触形式如图 2-20 所示。

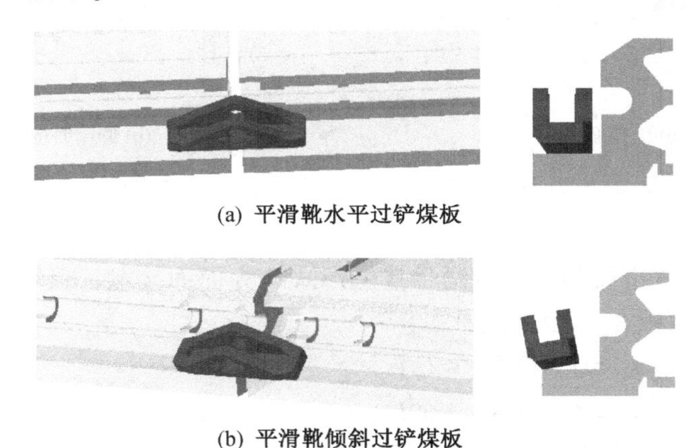

(a) 平滑靴水平过铲煤板

(b) 平滑靴倾斜过铲煤板

图 2-20　平滑靴过两个铲煤板间隙接触形式

图 2-20a 为平滑靴水平过销排情况，同平滑靴与铲煤板相互水平情况一样也包括两种情形，其接触面面积 S_{Δ} 的表达式为

$$\begin{cases} S_{\Delta} = S_{pb} \cap S_{cb} = (l_{p1} - \delta) w_{p1} \\ S_{\Delta} = S_{ps} \cap S_{cs} = (2h_{p1} - l_{p2}\sin\alpha) l_{p2}\cos\alpha + (l_{p1} - \delta) h_{p1} \end{cases} \tag{2-28}$$

式中　δ——两个销排之间间隙。

图 2-19b 所示为平滑靴倾斜过铲煤板情况，同平滑靴与铲煤板偏斜情况一样也包括俯仰、横摆、侧倾 3 种状态，其接触面面积 S_Δ 的表达式为

$$\begin{cases} S_\Delta = S_{pb} \cap S_{cb} \in [0,\ w_{p1}(l_{p2} - \delta)] \\ S_\Delta = S_{pb} \cap S_{cb} = w_{p1}(l_{p1} - \delta) \\ S_\Delta = S_{pb} \cap S_{cb} = l_{p1} - \delta \end{cases} \tag{2-29}$$

通过上述对平滑靴与铲煤板接触情况进行分析可得，平滑靴与铲煤板完全水平接触时，则平滑靴与铲煤板的接触方式为面面接触，接触面形状为矩形或梯形；当平滑靴与铲煤板发生倾斜时，则平滑靴与铲煤板的接触形式除了面面接触之外还有线面接触，而面面接触的形状为四边形，也可出现其他多边形的情况；平滑靴过铲煤板时，其与铲煤板的接触方式与前两种情况大致相同，同样为面面接触或线面接触，仅接触面相应减小。因此在研究平滑靴与铲煤板摩擦力学模型时，研究方法与导向滑靴和销排接触的摩擦力学模型完全一致，分为矩形、多边形以及线面接触，其计算公式仅在尺寸变量上有所区别，在理论模型上无本质区别。

2.2 滑靴、煤粉与导轨间三体摩擦力学模型

本节与 2.1 节不同的地方在于导向滑靴与销排间摩擦以及平滑靴与铲煤板间摩擦考虑了煤粉影响，煤粉对于滑靴与导轨间起到润滑作用，其润滑效果与煤粉的粒度和滑靴、导轨的粗糙度有关，当煤粉量较少时，煤粉在这里起到填隙效应，如图 2-21a 所示；当煤粉量增加到一定程度时，煤粉在这里起到了覆盖层效应，如图 2-21b 所示；随着采煤机不断地截割工作，散落在导轨与滑靴间的煤粉越来越多，此时煤粉既具有填隙效应又具有覆盖层效应，但填隙效应的效果要大于覆盖层效应，填隙效应本质上来说改变了接触表面的微观形貌，即改变了接触表面的粗糙度。

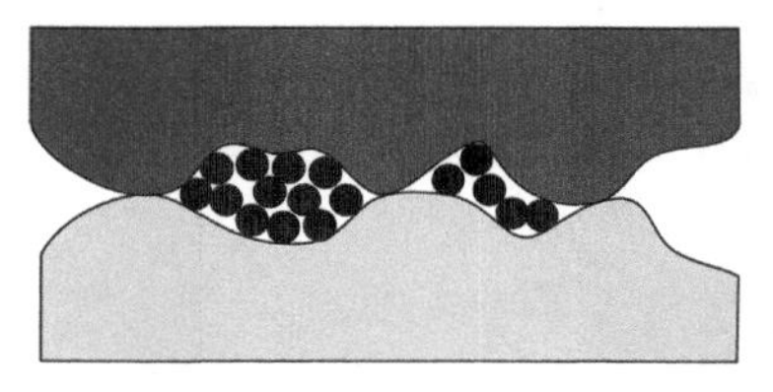

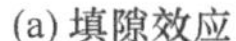

(a) 填隙效应

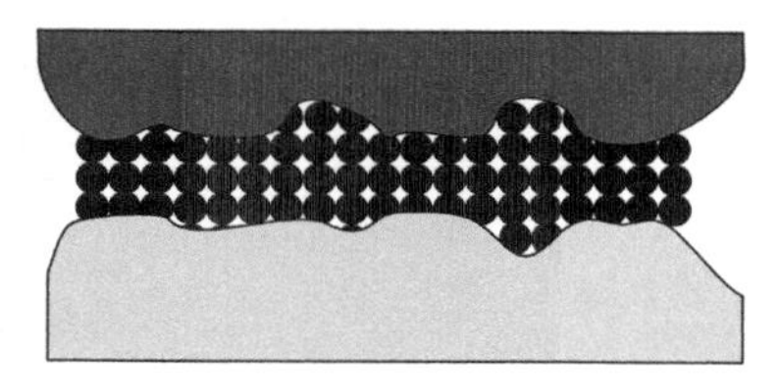

(b) 覆盖层效应

图 2-21 滑靴—煤粉—导轨间煤粉量多少的三体摩擦示意图

2.2.1 均匀大小煤粉颗粒的三体摩擦

通过 2.1 节分析滑靴与导轨的接触形式可知，无论是导向滑靴与销排接触，还是平滑靴与铲煤板接触，其接触形式均可归纳为面面接触和线面接触，其中面面接触分为接触面呈矩形和接触面呈五边形；本小节将着重考虑煤粉覆盖层效应影响，研究煤粉颗粒呈均匀大小时的滑靴—煤粉—导轨间的三体摩擦。

1. 接触面呈矩形

滑靴与导轨间接触面为四边形，考虑覆盖层效应、煤粉颗粒大小一致且均匀附着到导轨表面上，其示意图如图 2-22a 所示，将煤粉视为均匀大小的球形弹性离散颗粒；图 2-22b 为填隙效应下煤粉颗粒与滑靴、导轨接触示意图，单个煤粉颗粒大小相对于滑靴与导轨接触面很小，因此，可将滑靴、导轨视为弹性半空间，煤粉颗粒视为弹性小球。

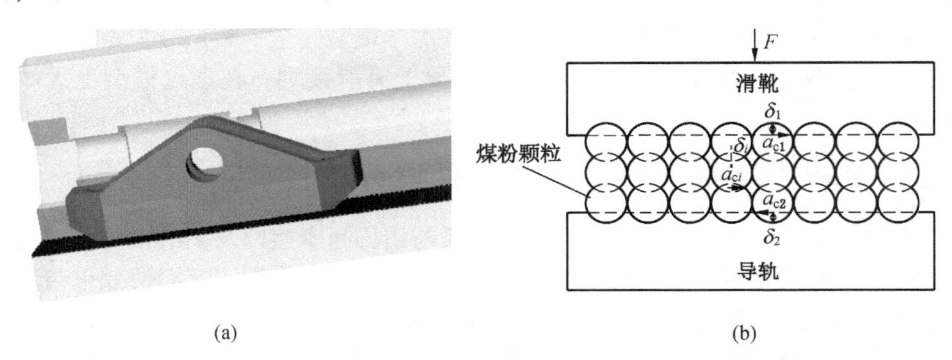

图 2-22　滑靴—煤粉—导轨间煤粉颗粒大小一致的三体接触示意图

依据 Hertz 接触理论，弹性小球与弹性半空间接触可以得到如下表达式：

$$\begin{cases} a_{c1} = \left(\dfrac{3\pi f_1 E_1^* r_c}{4}\right)^{\frac{1}{3}} \\ a_{ci} = \left(\dfrac{3\pi f_i E_c^* r_c}{4}\right)^{\frac{1}{3}} \\ a_{c2} = \left(\dfrac{3\pi f_2 E_2^* r_c}{4}\right)^{\frac{1}{3}} \end{cases} \tag{2-30}$$

式中　a_{c1}——滑靴与煤粉颗粒间的接触半径，m；

a_{ci}——煤粉颗粒与煤粉颗粒间的接触半径，m；

a_{c2}——导轨与煤粉颗粒间的接触半径，m；

E_1^*——滑靴与煤粉颗粒间的等效弹性模量，$E_1^*=\frac{1-\nu_c^2}{\pi E_c}+\frac{1-\nu_{ss}^2}{\pi E_{ss}}$，Pa

E_c——煤粉颗粒的弹性模量，Pa；

E_{ss}——滑靴的弹性模量，Pa；

ν_c——煤粉颗粒的泊松比；

ν_{ss}——滑靴的泊松比；

E_2^*——导轨与煤粉颗粒间的等效弹性模量，$E_2^*=\frac{1-\nu_c^2}{\pi E_c}+\frac{1-\nu_{gt}^2}{\pi E_{gt}}$，Pa；

E_c^*——煤粉颗粒的等效弹性模量，$E_c^*=\frac{1-\nu_c^2}{\pi E_c}$，Pa；

E_{gt}——导轨的弹性模量，Pa；

ν_{gt}——导轨的泊松比；

r_c——煤粉颗粒半径，m；

f_1——滑靴与煤粉颗粒间的作用力，N；

f_i——煤粉颗粒与煤粉颗粒间的作用力，N；

f_2——导轨与煤粉颗粒间的作用力，N。

$$\begin{cases}\delta_1=\left(\dfrac{9\pi^2 f_1^2 E_1^{*2}}{16r_c}\right)^{\frac{1}{3}}\\ \delta_i=\left(\dfrac{9\pi^2 f_i^2 E_c^{*2}}{2r_c}\right)^{\frac{1}{3}}\\ \delta_2=\left(\dfrac{9\pi^2 f_2^2 E_2^{*2}}{16r_c}\right)^{\frac{1}{3}}\end{cases}\tag{2-31}$$

式中 δ_1——滑靴与煤粉颗粒间的压陷深度，m；

δ_i——煤粉颗粒与煤粉颗粒间的压陷深度，m；

δ_2——导轨与煤粉颗粒间的压陷深度，m。

由于煤粉颗粒的弹性模量相对于滑靴、导轨的弹性模量很小，因此可对等效弹性模量进一步地简化，即

$$E^*=E_c^*\approx E_1^*\approx E_2^*=\frac{1-\nu_c^2}{\pi E_c}\tag{2-32}$$

对于煤粉颗粒与滑靴、导轨间的接触半径及压陷深度则可以简化为

$$\begin{cases} a_{\mathrm{c}} \approx a_{\mathrm{c1}} \approx a_{\mathrm{c2}} = \left(\dfrac{3\pi f E^{*} r_{\mathrm{c}}}{4}\right)^{\frac{1}{3}} \\ \delta \approx \delta_{1} \approx \delta_{2} = \left(\dfrac{9\pi^{2} f^{2} E^{2}}{16 r_{\mathrm{c}}}\right)^{\frac{1}{3}} \end{cases} \tag{2-33}$$

式中，$f=f_1=f_2=f_i=F$。

滑靴与导轨间铺满了煤粉颗粒（图 2-23），假设滑靴与导轨间的接触面呈矩形，其边长分别为 l_{a}、l_{b}，由于煤粉颗粒的尺寸要远小于滑靴与导轨间的接触面，且煤粉颗粒呈密集排布，此时可以忽略煤粉颗粒间的空隙，则在接触面间煤粉颗粒的个数可表示为

$$n = \frac{l_{\mathrm{a}} l_{\mathrm{b}}}{\pi r_{\mathrm{c}}^{2}} \tag{2-34}$$

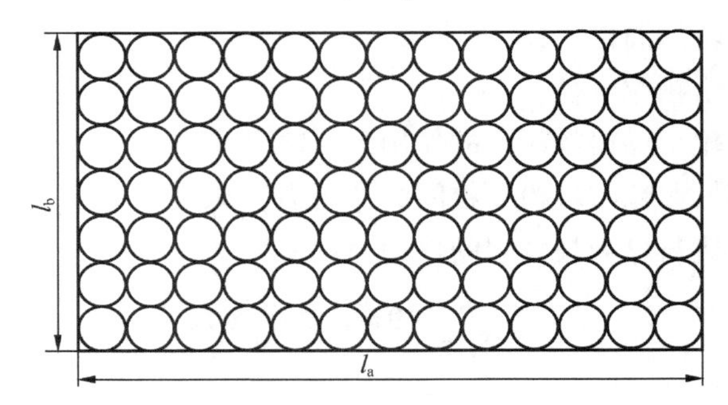

图 2-23　呈矩形接触面间的均匀煤粉颗粒

对于滑靴—煤粉—导轨间摩擦力可分为上端滑靴与煤粉接触摩擦，以及下端导轨与煤粉接触摩擦两部分，摩擦力的计算与黏着面和犁沟面有关，由于滑靴和导轨相对于煤粉颗粒变形较小，所以犁沟面很浅可以近似忽略，而黏着面的计算表达式为

$$S_{\mathrm{a}} = n\pi a_{\mathrm{c}}^{2} = \frac{l_{\mathrm{a}} l_{\mathrm{b}}}{r_{\mathrm{c}}^{2}} \left(\frac{3\pi f E^{*} r_{\mathrm{c}}}{4}\right)^{\frac{2}{3}} \tag{2-35}$$

则滑靴—煤粉—导轨间摩擦力的表达式为

$$F_{\mathrm{u}} = 2 S_{\mathrm{a}} \tau_{\mathrm{b}} = \frac{2 l_{\mathrm{a}} l_{\mathrm{b}}}{r_{\mathrm{c}}^{2}} \tau_{\mathrm{b}} \left(\frac{3\pi f E^{*} r_{\mathrm{c}}}{4}\right)^{\frac{2}{3}} \tag{2-36}$$

式中　τ_{b}——黏着节点的剪切强度，Pa。

2. 接触面呈五边形

接触面呈五边形求解滑靴—煤粉—导轨间的摩擦力与接触面呈四边形时的研究方法一致，均是先将煤粉视为均匀大小的弹性离散颗粒，其次研究单个煤粉颗粒与滑靴、导轨的接触力学模型，接着计算整个接触面内煤粉颗粒的数量，最后得出滑靴—煤粉—导轨间的摩擦力。接触面呈五边形与接触面呈四边形区别在于计算接触面内煤粉颗粒的公式不同，滑靴与导轨间铺满的煤粉颗粒如图 2-24 所示，其五边形接触面的面积表达式为

$$S_{\mathrm{ABCDE}}=\frac{1}{2}(l_{\mathrm{a}}h_{\mathrm{a}}+l_{\mathrm{b}}h_{\mathrm{b}}+l_{\mathrm{c}}h_{\mathrm{c}}+l_{\mathrm{d}}h_{\mathrm{d}}+l_{\mathrm{e}}h_{\mathrm{e}}) \tag{2-37}$$

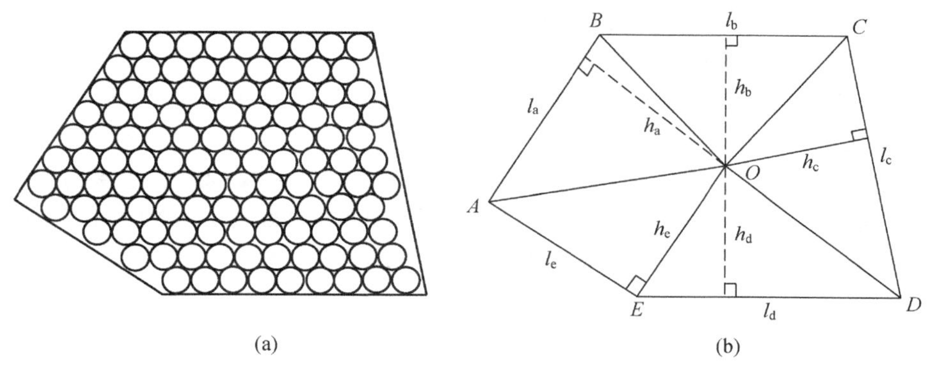

图 2-24　呈五边形接触面间的均匀煤粉颗粒

由于煤粉颗粒的尺寸要远小于滑靴与导轨间的接触面，且煤粉颗粒呈密集排布，此时可以忽略煤粉颗粒间的空隙，则在接触面间煤粉颗粒的个数可表示为

$$n=\frac{S_{\mathrm{ABCDE}}}{\pi r_{\mathrm{c}}^{2}}=\frac{l_{\mathrm{a}}h_{\mathrm{a}}+l_{\mathrm{b}}h_{\mathrm{b}}+l_{\mathrm{c}}h_{\mathrm{c}}+l_{\mathrm{d}}h_{\mathrm{d}}+l_{\mathrm{e}}h_{\mathrm{e}}}{2\pi r_{\mathrm{c}}^{2}} \tag{2-38}$$

对于滑靴—煤粉—导轨间摩擦力可分为上端滑靴与煤粉接触摩擦，以及下端导轨与煤粉接触摩擦两部分，摩擦力的计算与黏着面和犁沟面有关，由于滑靴和导轨相对于煤粉颗粒变形较小，所以犁沟面很浅可以近似忽略，而黏着面的计算表达式为

$$S_{\mathrm{a}}=n\pi a_{\mathrm{c}}^{2}=\frac{l_{\mathrm{a}}h_{\mathrm{a}}+l_{\mathrm{b}}h_{\mathrm{b}}+l_{\mathrm{c}}h_{\mathrm{c}}+l_{\mathrm{d}}h_{\mathrm{d}}+l_{\mathrm{e}}h_{\mathrm{e}}}{2r_{\mathrm{c}}^{2}}\left(\frac{3\pi fE^{*}r_{\mathrm{c}}}{4}\right)^{\frac{2}{3}} \tag{2-39}$$

则滑靴—煤粉—导轨间摩擦力的表达式为

$$F_{\mathrm{u}}=2S_{\mathrm{a}}\tau_{\mathrm{b}}=\frac{l_{\mathrm{a}}h_{\mathrm{a}}+l_{\mathrm{b}}h_{\mathrm{b}}+l_{\mathrm{c}}h_{\mathrm{c}}+l_{\mathrm{d}}h_{\mathrm{d}}+l_{\mathrm{e}}h_{\mathrm{e}}}{\pi r_{\mathrm{c}}^{2}}\tau_{\mathrm{b}}\left(\frac{3\pi fE^{*}r_{\mathrm{c}}}{4}\right)^{\frac{2}{3}} \tag{2-40}$$

式中　τ_b——黏着节点的剪切强度，Pa。

2.2.2　非均匀大小煤粉颗粒的三体摩擦

非均匀大小煤粉颗粒的三体摩擦与均匀大小煤粉颗粒的三体摩擦不同，由于煤粉颗粒的大小不一，其煤粉颗粒与滑靴、导轨的接触面积以及压陷深度也不一致，因此需要采用数理统计的方法对此类问题进行研究。假定煤粉颗粒大小服从正态分布，即

$$f(r_c)=\frac{1}{\sqrt{2\pi}\sigma}\exp\left[-\frac{(r_c-\bar{r}_c)^2}{2\sigma^2}\right] \tag{2-41}$$

式中　$\bar{r}_c$——煤粉颗粒半径均值，m；

σ——煤粉颗粒半径标准差。

对于滑靴与导轨的接触面积同样分为矩形和五边形两种情况进行讨论。

1. 接触面呈矩形

滑靴与导轨间的接触面充满大小不一的煤粉颗粒（图 2-25），且煤粉颗粒呈密集排布，同时煤粉颗粒大小远小于滑靴与导轨间接触面尺寸，此时可以忽略煤粉颗粒间的空隙，则在接触面间煤粉颗粒的个数可表示为

$$n=\frac{l_a l_b}{\pi r_c^2} \tag{2-42}$$

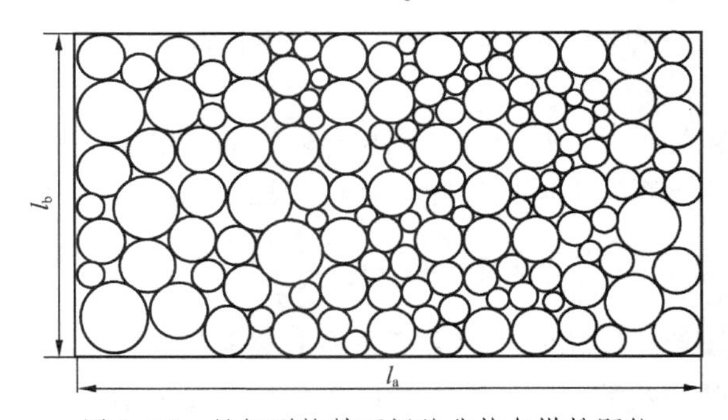

图 2-25　呈矩形接触面间的非均匀煤粉颗粒

由于 r_c 为随机变量，服从正态 N（$\bar{r}_c$，σ），而 n 可以通过 r_c 的初等变换得到，则其概率密度为

$$f(n)=\frac{1}{\sqrt{2\pi}\sigma}e^{-\frac{\left(\sqrt{\frac{l_a l_b}{n\pi}}-\bar{r}_c\right)^2}{2\sigma^2}} \tag{2-43}$$

滑靴与导轨间接触面为四边形，滑靴与导轨间的煤粉颗粒大小不一（图 2-

26)，在作用力 F 的作用下滑靴与导轨间的煤粉颗粒发生弹性变形，滑靴与导轨的间距变为 h_0，则煤粉与滑靴间的接触力和接触半径分别为

$$f = \frac{4}{3}\frac{\sqrt{r_c\left(r_c - \frac{h_0}{2}\right)^3}}{\pi E^*} \tag{2-44}$$

$$a_c = \left(\frac{3\pi f E^* r_c}{4}\right)^{\frac{1}{3}} \tag{2-45}$$

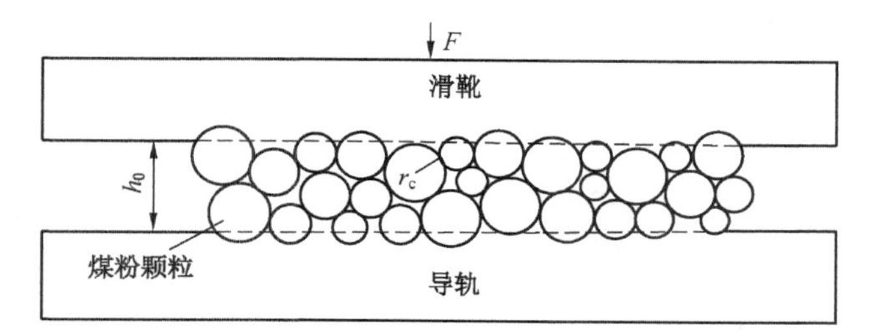

图 2-26 滑靴—煤粉—导轨间煤粉颗粒大小不一的三体接触示意图

当煤粉颗粒半径 $r_c > \frac{h_0}{2}$时，煤粉颗粒发生时弹性变形，而当 $r_c \leqslant \frac{h_0}{2}$时煤粉颗粒不发生变形，则发生弹性变形的煤粉颗粒期望为

$$\bar{n}_c = \int_0^{\frac{4l_a l_b}{\pi h_0^2}} \frac{n}{\sqrt{2\pi}\sigma} e^{-\frac{\left(\sqrt{\frac{l_a l_b}{n\pi}} - \bar{r}_c\right)^2}{2\sigma^2}} dn \tag{2-46}$$

作用力 F 可表示为

$$F = \sum_{i=1}^{\bar{n}_e} 2f_i \tag{2-47}$$

式中 f_i——第 i 个颗粒的接触力大小。

导轨—煤粉—滑靴间黏着面的表达式为

$$S_a = \bar{n}_c \pi a_c^2 = \bar{n}_c \pi \left(\frac{3\pi f E^* r_c}{4}\right)^{\frac{2}{3}} \tag{2-48}$$

则滑靴—煤粉—导轨间摩擦力的表达式为

$$F_u = 2S_a \tau_b = 2\bar{n}_c \pi \tau_b \left(\frac{3\pi f E^* r_c}{4}\right)^{\frac{2}{3}} \tag{2-49}$$

式中 τ_b——黏着节点的剪切强度，Pa。

2. 接触面呈五边形

图 2-27 所示为煤粉颗粒大小非均匀且接触面呈五边形时的情况，其研究方法同接触面呈四边形时一致，均是先将煤粉视为非均匀的弹性离散颗粒，其次研究单个煤粉颗粒与滑靴、导轨的接触力学模型，接着计算整个接触面内煤粉颗粒的数量，最后得出滑靴—煤粉—导轨间的摩擦力。接触面呈五边形与接触面呈四边形的区别在于计算接触面内煤粉颗粒的公式不同，滑靴与导轨间铺满了煤粉颗粒，其五边形接触面的面积表达式为

$$S_{\mathrm{ABCDE}}=\frac{1}{2}(l_{\mathrm{a}}h_{\mathrm{a}}+l_{\mathrm{b}}h_{\mathrm{b}}+l_{\mathrm{c}}h_{\mathrm{c}}+l_{\mathrm{d}}h_{\mathrm{d}}+l_{\mathrm{e}}h_{\mathrm{e}}) \tag{2-50}$$

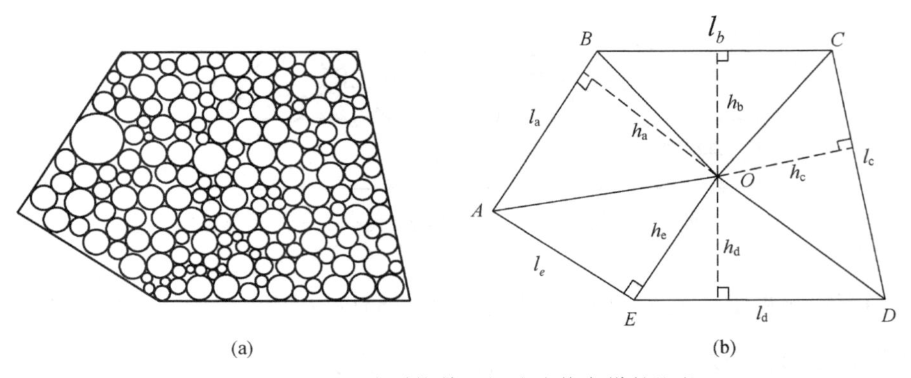

图 2-27　呈五边形接触面间的非均匀煤粉颗粒

由于煤粉颗粒的尺寸要远小于滑靴与导轨间的接触面，且煤粉颗粒呈密集排布，此时可以忽略煤粉颗粒间的空隙，则在接触面间煤粉颗粒的个数可表示为

$$n=\frac{S_{\mathrm{ABCDE}}}{\pi r_{\mathrm{c}}^{2}}=\frac{l_{\mathrm{a}}h_{\mathrm{a}}+l_{\mathrm{b}}h_{\mathrm{b}}+l_{\mathrm{c}}h_{\mathrm{c}}+l_{\mathrm{d}}h_{\mathrm{d}}+l_{\mathrm{e}}h_{\mathrm{e}}}{2\pi r_{\mathrm{c}}^{2}} \tag{2-51}$$

其中，n 为随机变量，其概率密度为

$$f(n)=\frac{1}{\sqrt{2\pi}\sigma}\mathrm{e}^{-\frac{\left(\sqrt{\frac{l_{a}h_{a}+l_{b}h_{b}+l_{c}h_{c}+l_{d}h_{d}+l_{e}h_{e}}{2n\pi}}-\bar{r}_{c}\right)^{2}}{2\sigma^{2}}} \tag{2-52}$$

发生弹性变形的煤粉颗粒期望为

$$\bar{n}_{\mathrm{c}}=\int_{0}^{\frac{2S^{*}}{\pi h_{0}^{2}}}\frac{n}{\sqrt{2\pi}\sigma}\mathrm{e}^{-\frac{\left(\sqrt{\frac{S^{*}}{2n\pi}}-\bar{r}_{c}\right)^{2}}{2\sigma^{2}}}\mathrm{d}n \tag{2-53}$$

对于滑靴—煤粉—导轨间摩擦力可分为上端滑靴与煤粉接触摩擦，以及下端

导轨与煤粉接触摩擦两部分，摩擦力的计算与黏着面和犁沟面有关，由于滑靴和导轨相对于煤粉颗粒变形较小，所以犁沟面很浅可以近似忽略，而黏着面的计算表达式为

$$S_a = \bar{n}_c \pi a_c^2 = \bar{n}_c \pi \left(\frac{3\pi f E^* r_c}{4} \right)^{\frac{2}{3}} \tag{2-54}$$

则滑靴—煤粉—导轨间摩擦力的表达式为

$$F_u = 2S_a \tau_b = 2\bar{n}_c \pi \tau_b \left(\frac{3\pi f E^* r_c}{4} \right)^{\frac{2}{3}} \tag{2-55}$$

式中　τ_b——黏着节点的剪切强度，Pa。

2.3　表面粗糙度对滑靴与导轨间摩擦力的影响

滑靴与导轨的接触面并非绝对光滑，其具有一定的粗糙度，即接触表面是由许多高度不同的微凸峰和凹谷组成。针对接触面的一维表面形貌特征可采用高斯分布函数进行描述，即

$$f(z) = \frac{1}{\sqrt{2\pi}\sigma} \exp\left[-\frac{(z - \bar{z}_c)^2}{2\sigma_z^2} \right] \tag{2-56}$$

式中　$\bar{z}_c$——接触表面轮廓高度的均值，m；

σ——接触表面轮廓高度的标准差。

接触面表面粗糙度 R_a 可表示为

$$R_a = E(z) = \int_{-\infty}^{+\infty} \frac{z}{\sqrt{2\pi}\sigma} \exp\left[-\frac{(z - \bar{z}_c)^2}{2\sigma_z^2} \right] dz = \bar{z}_c \tag{2-57}$$

对于滑靴与导轨间含有煤粉颗粒这类情况，当煤粉颗粒大小与滑靴和导轨间隙近似或小于间隙时，煤粉颗粒就起到填充效应，以减小接触表面轮廓高度的标准差（图 2-28）。

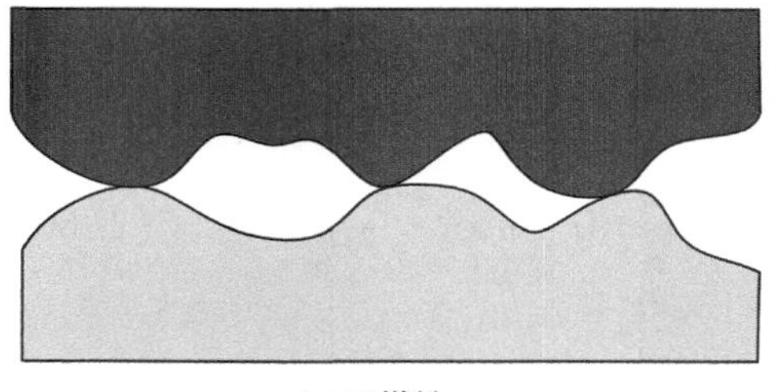

(a) 无煤粉

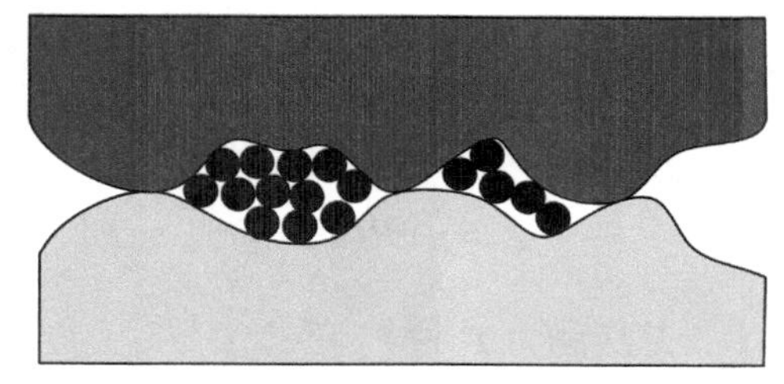

(b) 有煤粉

图 2-28　滑靴—煤粉—导轨间有无煤粉的三体摩擦示意图

由于粗糙度的影响，导轨与滑靴的接触并非整个接触面接触，而是接触面上的粗糙峰相接触，通常情况下粗糙峰顶的形状为椭圆体，由于椭圆体的接触区尺寸远小于本身曲率半径，可将粗糙峰近似视为球体，依据 Hertz 接触理论可得到以下关系：

$$\begin{cases}\delta_c = \left(\dfrac{9f^2}{16E'^2R}\right)^{\frac{1}{3}} \\ a_c = \left(\dfrac{3fR}{4E'}\right)^{\frac{1}{3}} \\ f = \dfrac{4}{3}E'R^{\frac{1}{2}}\delta_c^{\frac{3}{2}}\end{cases} \tag{2-58}$$

式中 δ_c——粗糙峰的压陷深度，m；

E'——滑靴与导轨间粗糙峰的等效弹性模量，$E'=\dfrac{1-\nu_{gt}^2}{\pi E_{gt}}+\dfrac{1-\nu_{ss}^2}{\pi E_{ss}}$，Pa；

E_{gt}——导轨的弹性模量，Pa；

E_{ss}——滑靴的弹性模量，Pa；

ν_{gt}——导轨的泊松比；

ν_{ss}——滑靴的泊松比；

R——粗糙峰的曲率半径，m；

a_c——接触半径，m；

f——接触载荷，N。

滑靴与导轨接触时，并非所有的粗糙峰都发生接触或弹性变形，只有粗糙峰高度 $z>h$ 的情况时（h 为滑靴与导轨接触面间隙均值），才会发生接触或弹性变形，当滑靴与导轨间的粗糙峰总数为 n，则参与接触的粗糙峰数量为

$$\bar{n} = n\int_{h}^{+\infty}\frac{1}{\sqrt{2\pi}\sigma}\exp\left[-\frac{(z-\bar{z}_c)^2}{2\sigma_z^2}\right]dz \tag{2-59}$$

实际接触面积 A 为

$$A = \bar{n}\pi R(z-h) = n\pi R\int_{h}^{+\infty}(z-h)f(z)\,dz = n\pi R\frac{\sigma e^{-\frac{(h-\bar{z}_c)^2}{2\sigma^2}}}{\sqrt{2\pi}} \tag{2-60}$$

总接触力 F 为

$$F = \frac{4}{3}\bar{n}E'R^{\frac{1}{2}}(z-h)^{\frac{3}{2}} = \frac{4}{3}nE'R^{\frac{1}{2}}\int_{h}^{+\infty}(z-h)^{\frac{3}{2}}f(z)\,dz$$

$$= \frac{\sqrt{h-\bar{z}_c}\, e^{-\frac{(h-\bar{z}_c)^2}{4\sigma^2}} \left\{ [\sigma^2 + (h-\bar{z}_c)^2] K_{\frac{1}{4}}\left[\frac{(h-\bar{z}_c)^2}{4\sigma^2}\right] - (h-\bar{z}_c)^2 K_{\frac{3}{4}}\left[\frac{(h-\bar{z}_c)^2}{4\sigma^2}\right] \right\}}{4\sqrt{\pi}\sigma} \tag{2-61}$$

式中，$K_{\frac{1}{4}}\left[\frac{(h-\bar{z}_c)^2}{4\sigma^2}\right]$和$K_{\frac{3}{4}}\left[\frac{(h-\bar{z}_c)^2}{4\sigma^2}\right]$均为第二类修正贝塞尔函数，表示为$K_n$（$z$），$n$，$z$为第二类修正贝塞尔函数对应参数，即$n \to \frac{1}{4}$，$\frac{3}{4}$；$z \to \frac{(h-z_c^2)}{4\sigma^2}$，$K_n$（$z$）$= \frac{\pi}{2}\frac{l_{-v}(z)-l_v(z)}{\sin n\pi}$，$l_v(z) = \left(\frac{z}{2}\right)^v \sum_{k=0}^{+\infty} \frac{\left(\frac{z^2}{4}\right)^k}{k!\ \Gamma(v+k+1)}$。

则滑靴—煤粉—导轨间摩擦力的表达式为

$$F_u = A\tau_b = n\pi R\tau_b \frac{\sigma e^{-\frac{(h-\bar{z}_c)^2}{2\sigma^2}}}{\sqrt{2\pi}} \tag{2-62}$$

式中　τ_b——黏着节点的剪切强度，Pa。

通过对式（2-62）分析可知，接触表面轮廓高度的标准差σ与摩擦力F_u呈正相关，标准差σ越大则摩擦力F_u越大，煤粉颗粒在填隙效应的影响可以减小接触表面轮廓高度的标准差σ，从而减小摩擦力F_u。

3 采煤机行走部振动模型

采煤机行走部主要包括驱动轮、导向滑靴、平滑靴等关键部件，研究采煤机行走部振动模型需要从这 3 个关键部件入手，因此本章将采煤机行走部振动模型划分成驱动轮啮合振动模型、导向滑靴与销排接触碰撞振动模型以及平滑靴与铲煤板接触碰撞振动模型 3 个方面进行构建。

3.1 驱动轮啮合振动模型构建

采煤机行走部结构示意图如图 3-1 所示，驱动轮在牵引电机的带动下，驱动齿轨轮在销排上运行。

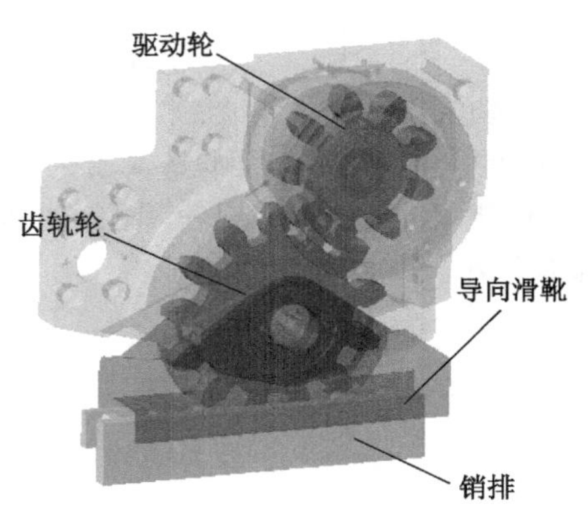

图 3-1 行走部结构示意图

3.1.1 不考虑轴承时驱动轮啮合振动模型构建

通过行走部传动系统的工作原理，可得到简化后的驱动轮啮合振动模型（图 3-2），图中 R_d、R_r 分别为驱动轮、齿轨轮的基圆半径，J_d、J_r 分别为驱动轮、齿轨轮的转动惯量，θ_d、θ_r 分别为驱动轮、齿轨轮的转角，k_{m1}、k_{m2} 分别为驱动轮—齿轨轮间的啮合刚度和齿轨轮—销排的啮合刚度，c_{m1}、c_{m2} 分别为驱动轮—齿轨轮间的阻尼系数和齿轨轮—销排的阻尼系数，T_d 为作用在齿轮上的驱动力矩，e_1、e_2 分别为驱动轮—齿轨轮间的传递误差和齿轨轮—销排间的传递误差，

F 为销排上的作用力，x_s 为销排的相对位移，m_s 为销排质量。

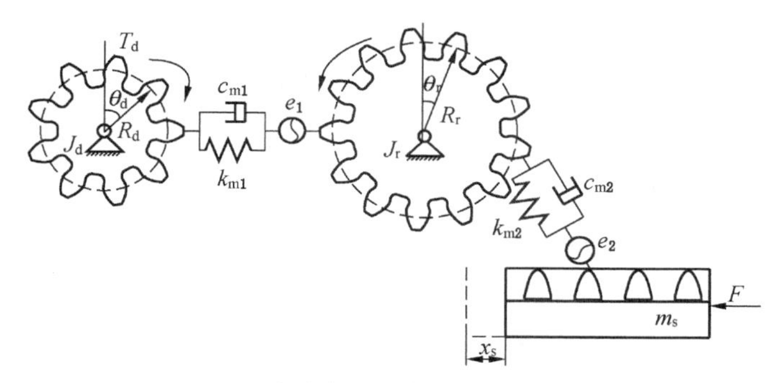

图 3-2　不考虑轴承时驱动轮啮合振动模型

驱动轮与销排啮合振动方程为

$$\begin{cases} J_d\ddot{\theta}_d + R_d k_{m1}(r_d\theta_d - r_r\theta_r - e) + R_d c_{m1}(r_d\dot{\theta}_d - r_r\dot{\theta}_r - \dot{e}) = T_d \\ J_r\ddot{\theta}_r + R_r k_{m2}(r_r\theta_r - x_s - e) + R_r c_{m2}(r_r\dot{\theta}_r - \dot{x}_r - \dot{e}) = 0 \\ m_s\ddot{x}_s - \cos\alpha_m \cdot k_{m2}(r_r\theta_r - x_s - e) + c_{m2}(r_r\dot{\theta}_r - \dot{x}_s - \dot{e}) = -F \end{cases} \tag{3-1}$$

式中　α_m——驱动轮的啮合角，rad。

驱动轮与齿轨轮的啮合接触时，两者之间的接触模型如图 3-3a 所示，驱动轮和齿轨轮接触区域呈弹性变形，且形变量很小。进而对接触模型做适当简化，由于接触区域相对驱动轮和齿轨轮的齿廓面很小，可将接触区域视为两个圆柱相互接触（图 3-3b），图中 R'_d、R'_r 分别为驱动轮、齿轨轮的曲率半径。

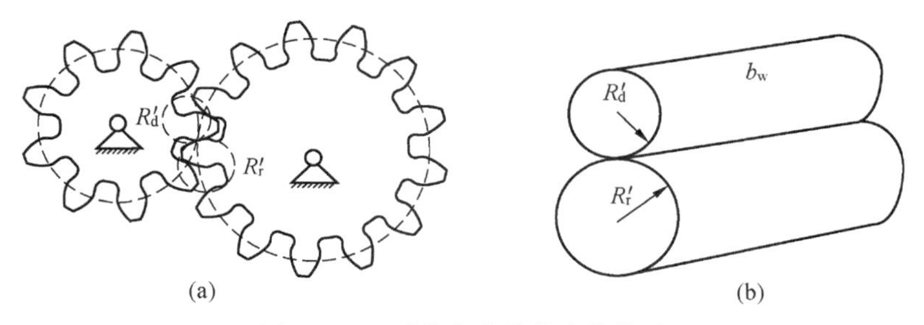

图 3-3　驱动轮与齿轨轮接触模型

由于驱动轮与齿轨轮两个齿廓接触面相互平行，两者在相互接触过程中发生弹性变形，其两者总变形量为 δ_{dr}，则驱动轮与齿轨轮的啮合力表达式为

$$F_{m1} = \frac{\pi}{4} E_1^* b_w \delta_{dr} \tag{3-2}$$

式中 E_{m1}^*——驱动轮与齿轨轮间的等效弹性模量，$E_{m1}^* = \frac{1-\nu_d^2}{E_d} + \frac{1-\nu_r^2}{E_r}$，Pa；

ν_d——驱动轮材料的泊松比；

ν_r——齿轨轮材料的泊松比；

E_d——驱动轮材料的弹性模量，Pa；

E_r——齿轨轮材料的弹性模量，Pa。

对于驱动轮与齿轨轮的接触压力可表示为

$$p_0 = \left(\frac{E_{m1}^* F_{m1}}{b_w R_{m1}'^*} \right)^{\frac{1}{2}} \tag{3-3}$$

式中 $R_{m1}'^*$——等效半径，$\frac{1}{R_{m1}'^*} = \frac{1}{R_d'} + \frac{1}{R_r'}$。

驱动轮与齿轨轮在啮合过程中，两者的总变形量 δ_{dr} 与其接触面的半弦长 a_{m1} 的关系如图 3-4 所示，其则表达式为

$$a_{m1} = \sqrt{R_{m1}'^* \delta_{dr}} \tag{3-4}$$

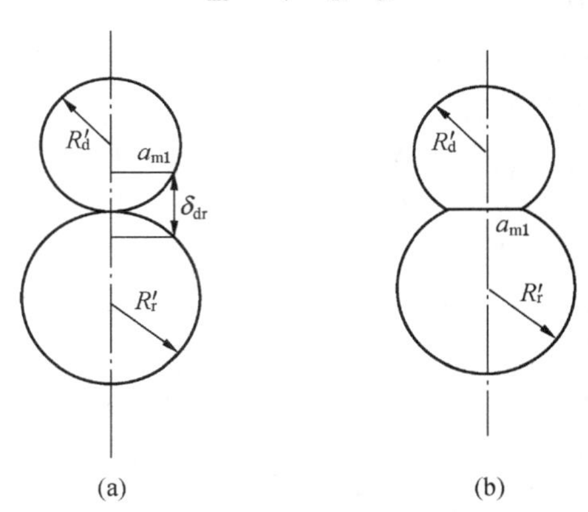

图 3-4 接触过程

依据 Hooke 定律，可得到齿轨轮与驱动轮间的接触刚度为

$$k_{m1} = \frac{F_{m1}}{\delta_{dr}} = \frac{\pi}{4} E_{m1}^* b_w \tag{3-5}$$

依据 H. H. Lin 等人对齿轮副阻尼的研究，可到 c_{m1} 的表达式为

$$c_{m1}=\zeta_{m1}\sqrt{\frac{k_{m1}}{\frac{1}{J_d}+\frac{1}{J_r}}} \tag{3-6}$$

式中　ζ_{m1}——阻尼比，通常取值为0.005~0.075。

同理也可得到齿轨轮与销排间的啮合刚度 k_{m2} 和啮合阻尼 c_{m2} 的表达式为

$$k_{m2}=\frac{F_{m2}}{\delta_{rs}}=\frac{\pi}{4}E_{m2}^{*}b_{w} \tag{3-7a}$$

$$c_{m2}=\zeta_{m2}\sqrt{\frac{k_{m2}}{\frac{1}{J_r}+\frac{1}{m_pR_r^2}}} \tag{3-7b}$$

式中　E_{m2}^{*}——销排与齿轨轮间的等效弹性模量，$E_{m2}^{*}=\frac{1-\nu_r^2}{E_r}+\frac{1-\nu_s^2}{E_s}$，Pa；

ν_r——齿轨轮材料的泊松比；

ν_s——销排材料的泊松比；

E_r——齿轨轮材料的弹性模量，Pa；

E_s——销排材料的弹性模量，Pa。

3.1.2　考虑轴承时驱动轮啮合振动模型构建

考虑轴承支撑作用对于驱动轮啮合振动的影响，增加驱动轮和齿轨轮沿径向方向的自由度 x_d、x_r 以及轴承的支撑刚度 k_d、k_r 和阻尼 c_d、c_r，建立含轴承支撑的驱动轮啮合振动模型如图3-5所示。

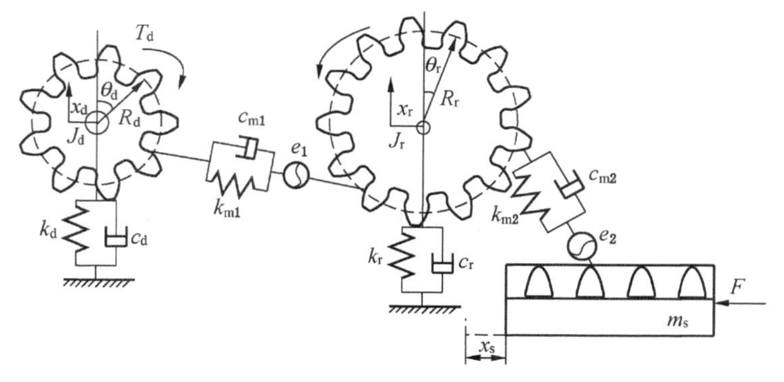

图3-5　考虑轴承时驱动轮啮合振动模型

考虑轴承时驱动轮啮合振动方程为

$$\begin{cases} m_d\ddot{x}_d + k_d x_d + c_d\dot{x}_d - k_{m1}(r_d\theta_d - r_r\theta_r - e - x_d) - c_{m1}(r_d\dot{\theta}_d - r_r\dot{\theta}_r - \dot{e} - \dot{x}_d) = 0 \\ m_r\ddot{x}_r + k_r x_r + c_r\dot{x}_r - k_{m2}(r_r\theta_r - x_s - e - x_r) - c_{m2}(r_r\dot{\theta}_r - \dot{x}_s - \dot{e} - \dot{x}_r) = 0 \\ J_d\ddot{\theta}_d + R_d k_{m1}(r_d\theta_d - r_r\theta_r - e - x_d) + R_d c_{m1}(r_d\dot{\theta}_d - r_r\dot{\theta}_r - \dot{e} - \dot{x}_d) = T_d \\ J_r\ddot{\theta}_r + R_r k_{m2}(r_r\theta_r - x_s - e - x_r) + R_r c_{m2}(r_r\dot{\theta}_r - \dot{x}_r - \dot{e} - \dot{x}_r) = 0 \\ m_s\ddot{x}_s - \cos\alpha_m \cdot k_{m2}(r_r\theta_r - x_s - e - x_r) + c_{m2}(r_r\dot{\theta}_r - \dot{x}_s - \dot{e} - \dot{x}_r) = -F \end{cases} \tag{3-8}$$

式中　m_d——驱动轮的质量，kg；

m_r——齿轨轮的质量，kg；

k_d——驱动轮轴承的支撑刚度，N/m；

k_r——齿轨轮轴承的支撑刚度，N/m；

c_d——驱动轮轴承阻尼，N·s/m。

c_r——齿轨轮轴承阻尼，N·s/m。

依据杨洋等人研究轴承支撑刚度的经验公式，可将 k_d、k_r 表示为

$$k_i = 0.1447 \times 10^5 l_i Q_i N_i \cos^{1.9}\gamma_i F_i^{0.1} \quad (i = d,\ r) \tag{3-9}$$

式中　l_i——滚子长度，m；

Q_i——径向载荷积分值；

N_i——滚子总个数，个；

γ_i——轴承接触角，rad；

F_i——轴承所受的径向载荷，N。

依据吴昊等人研究轴承阻尼的经验公式，可将 c_d、c_r 表示为

$$c_i = 1.52 \times 10^4 F_i^{0.195} \quad (i = d,\ r) \tag{3-10}$$

式中　F_i——轴承所受的径向载荷，N。

3.2　导向滑靴与销排接触碰撞振动模型构建

3.2.1　不考虑扭摆情况下振动模型

不考虑扭摆情况下的导向滑靴与销排接触碰撞振动模型，是指导向滑靴在振动过程中始终保持水平，轴线不发生偏转等现象。图 3-6a 为导向滑靴与销排的装配简图，图 3-6b～图 3-6d 分别为导向滑靴与销排在 xoy、yoz 以及 xoz 平面上的振动模型示意图。图中 m_s 为销排的质量，m_g 为导向滑靴的质量；在第 2.1 节中对导向滑靴各端面描述中提到导向滑靴的左端面与右端面是连续平面，因此在本模型中可分别采用一组刚度和阻尼来表示，即 k_{gx1}、c_{gx1} 分别为左端面的接触刚度与阻尼，k_{gx2}、c_{gx2} 分别为右端面的接触刚度与阻尼；对于导向滑靴上下两个端面并非连续平面而是由两个矩形面组成，因此采用两组刚度和阻尼来进行描述，

即 k_{gy11}、c_{gy11} 分别为上端面前半部分的刚度与阻尼，k_{gy12}、c_{gy12} 分别为上端面后半部分的刚度与阻尼，k_{gy21}、c_{gy21} 分别为下端面前半部分的刚度与阻尼，k_{gy22}、c_{gy22} 分别为下端面后半部分的刚度与阻尼；F_t 为导向滑靴受到的侧向力，F_N 为导向滑靴受到的垂直方向的作用力。在实际模型中，销排安装在刮板输送机上，则销排可视为固定不动。

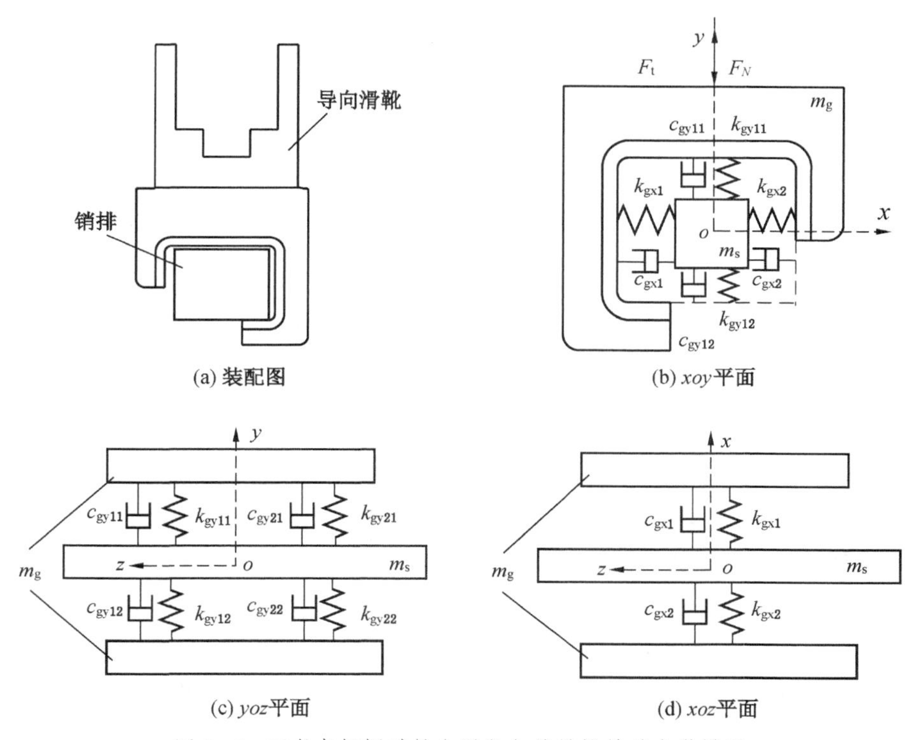

图 3-6 不考虑扭摆时导向滑靴与销排接触动力学模型

依据模型可得到导向滑靴在 x 方向上的振动方程为

$$m_g\ddot{x} + (k_{gx1} + k_{gx2})x + (c_{gy1} + c_{gy2})\dot{x} = -F_t \tag{3-11}$$

导向滑靴在 y 方向上的振动方程为

$$m_g\ddot{y} + (k_{gy11} + k_{gy12} + k_{gy21} + k_{gy22})y + (c_{gy11} + c_{gy12} + c_{gy21} + c_{gy22})\dot{y} = -F_N \tag{3-12}$$

考虑到工况实际情况下的导向滑靴与销排接触状态，需要对式（3-11）和式（3-12）进行修正，由于导向滑靴在外界载荷激励的作用下，沿着 x 方向和 y 方向做振动，在导向滑靴振动过程中，同一时刻仅与销排间发生单边接触，即导

向滑靴沿 y 方向振动时，导向滑靴的上下端面同时只有一个面与销排发生接触，同理导向滑靴沿 x 方向振动时，导向滑靴的左右端面同时只有一个面与销排接触。假设导向滑靴与销排在 x 方向的间隙为 δ_x，导向滑靴与销排在 y 方向的间隙为 δ_y，则其示意图如图 3-7 所示。

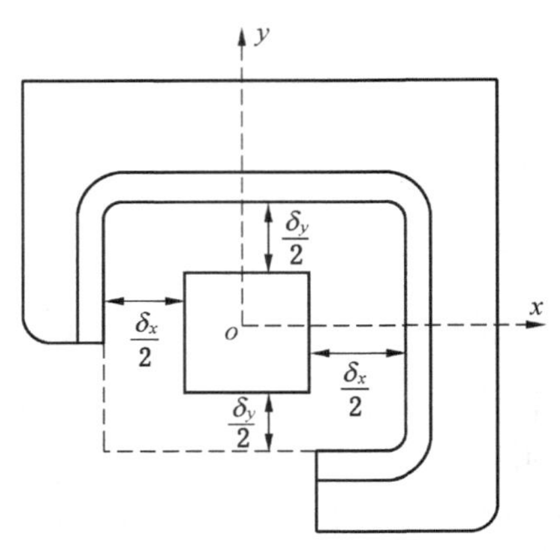

图 3-7　不考虑扭摆时导向滑靴与销排接触间隙示意图

通过图 3-7 可得到修正后的导向滑靴在 x 方向的振动方程为

$$m_g\ddot{x} + k_{gx1}f_1(x) + k_{gx2}f_3(x) + (c_{gx1} + c_{gx2})\dot{x} = -F_t \tag{3-13}$$

修正的导向滑靴在 y 方向的振动方程为

$$m_g\ddot{y} + (k_{gy11} + k_{gy21})f_2(y) + (k_{gy12} + k_{gy22})f_4(y) + (c_{gy11} + c_{gy12} + c_{gy21} + c_{gy22})\dot{y} = -F_N \tag{3-14}$$

式（3-13）和式（3-14）中的 $f_1(x)$、$f_3(x)$、$f_2(y)$ 和 $f_4(y)$ 为分段函数用来判别导向滑靴与销排是否接触，其表达式为

$$\begin{cases} f_1(x) = x + \dfrac{\delta_x}{2} & \left(x < -\dfrac{\delta_x}{2}\right) \\ f_1(x) = 0 & (\text{其他}) \end{cases} \tag{3-15a}$$

$$\begin{cases} f_2(y) = y - \dfrac{\delta_y}{2} & \left(y > \dfrac{\delta_y}{2}\right) \\ f_2(y) = 0 & (\text{其他}) \end{cases} \tag{3-15b}$$

$$\begin{cases} f_3(x) = x - \dfrac{\delta_x}{2} & \left(x > \dfrac{\delta_x}{2}\right) \\ f_3(x) = 0 & (\text{其他}) \end{cases} \tag{3-15c}$$

$$\begin{cases} f_4(y) = y + \dfrac{\delta_y}{2} & \left(y < -\dfrac{\delta_y}{2}\right) \\ f_4(y) = 0 & (\text{其他}) \end{cases} \tag{3-15d}$$

假定导向滑靴与销排振动过程中导向滑靴不发生偏转，即导向滑靴与销排始终保持水平，则销排与导向滑靴接触面的形状呈矩形（图 3-8）；假设销排与导向滑靴的接触力呈均匀分布，即销排与导向滑靴的接触压力为 p，可得到压陷深度 d 解析表达式为

$$d = \Phi p \frac{E^*}{\pi} \tag{3-16}$$

式中，E^* 为等效弹性模量，$E^* = \dfrac{1-\nu_d^2}{E_d} + \dfrac{1-\nu_p^2}{E_p}$；

$$\begin{aligned} \Phi = &(x+a)\ln\left\{\frac{y+b+[(y+b)^2+(x+a)^2]^{\frac{1}{2}}}{y-b+[(y-b)^2+(x+a)^2]^{\frac{1}{2}}}\right\} + \\ &(y+b)\ln\left\{\frac{x+a+[(y+b)^2+(x+a)^2]^{\frac{1}{2}}}{x-a+[(y+b)^2+(x-a)^2]^{\frac{1}{2}}}\right\} + \\ &(x-a)\ln\left\{\frac{y-b+[(y-b)^2+(x-a)^2]^{\frac{1}{2}}}{y+b+[(y+b)^2+(x-a)^2]^{\frac{1}{2}}}\right\} + \\ &(y-b)\ln\left\{\frac{x-a+[(y-b)^2+(x-a)^2]^{\frac{1}{2}}}{x+a+[(y-b)^2+(x+a)^2]^{\frac{1}{2}}}\right\} \end{aligned}$$

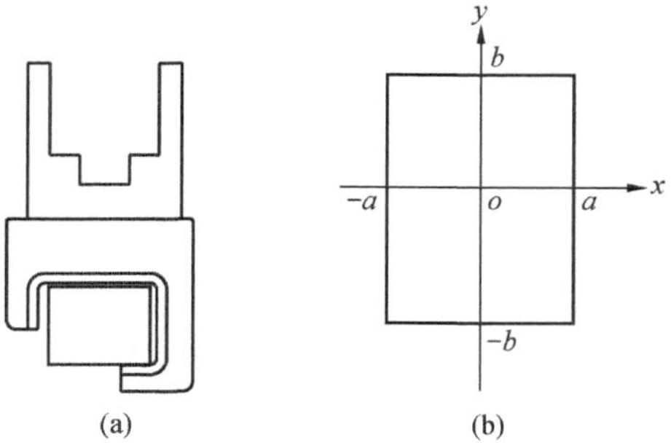

图 3-8　导向滑靴与销排接触面

接触面的平均压陷深度为

$$\bar{d}_i = pE^* \frac{\int_{S_i} \Phi \mathrm{d}A}{\pi S_i} = pE^* \frac{\int_{-b_i}^{b_i}\int_{-a_i}^{a_i} \Phi \mathrm{d}x\mathrm{d}y}{4ab\pi} \quad (i = 1 \sim 6) \tag{3-17}$$

式中，S_i 为导向滑靴与销排接触面面积；依据图 2-4，$a_1 \sim a_6$ 依次可以表示为 $w_{s1}+w_{s2}$、$w_{s1}+w_{s2}$、w_{s2}、w_{s2}、h_{s2}、h_{g2}；$b_1 \sim b_6$ 依次可以表示为 l_{g3}、l_{g3}、l_{g2}、l_{g2}、l_{g1}、l_{g1}。

导向滑靴与销排的接触刚度可表示为

$$k_i = \frac{\int_{S_i} p\mathrm{d}A}{\bar{d}_i} = \frac{16a_i^2 b_i^2 \pi}{E^* \int_{-b_i}^{b_i}\int_{-a_i}^{a_i} \Phi \mathrm{d}x\mathrm{d}y} \quad (i = 1 \sim 6) \tag{3-18}$$

式中，$k_1 \sim k_6$ 依次为 k_{gy11}、k_{gy21}、k_{gy12}、k_{gy22}、k_{gy1}、k_{gy2}。

式（3-17）和式（3-18）中，Φ 的原函数很难求解，因此对于 $\int_{-b}^{b}\int_{-a}^{a} \Phi \mathrm{d}x\mathrm{d}y$ 的求解可采用定步长复化辛普森积分法可得

$$\int_{-b}^{b}\int_{-a}^{a} \Phi \mathrm{d}x\mathrm{d}y = \int_{-b}^{b} g(y)\mathrm{d}y \approx \frac{h}{3}\Big\{g(-b) + g(b) + 2\sum_{i=1}^{n-1} g(-b+2ih) + 4\sum_{i=1}^{n} g[-b+(2i-1)h]\Big\} \tag{3-19}$$

式中，$h=\frac{b}{n}$，$y_i=-b+ih$，$i=0, 1, \cdots, 2n$，n 表示分段的份数。

$$g(-b+ih) \approx \frac{k}{3}\Big\{\Phi(-a, -b+ih) + \Phi(a, -b+ih) + 2\sum_{j=1}^{n-1} \Phi(-a+2jk, -b+ih) + 4\sum_{j=1}^{n-1} \Phi[-a+(2j-1)k, -b+ih]\Big\} \tag{3-20}$$

式中，$k=\frac{a}{m}$，$y_i=-a+ik$，$i=0, 1, \cdots, 2m$，m 表示分段的份数。

3.2.2 考虑扭摆情况下振动模型

考虑扭摆情况下的导向滑靴与销排接触碰撞振动模型，是指导向滑靴在振动过程中不始终保持水平，轴线会发生偏转，即出现一定的俯仰、侧倾以及横摆现象。图 3-9a 为导向滑靴与销排的装配简图，图 3-9b ~ 图 3-9d 分别为导向滑靴与销排在侧倾平面、俯仰平面以及横摆平面上的振动模型示意图。

图 3-9 中 m_s 为销排的质量，m_g 为导向滑靴的质量；θ_x、θ_y、θ_z 分为导向滑

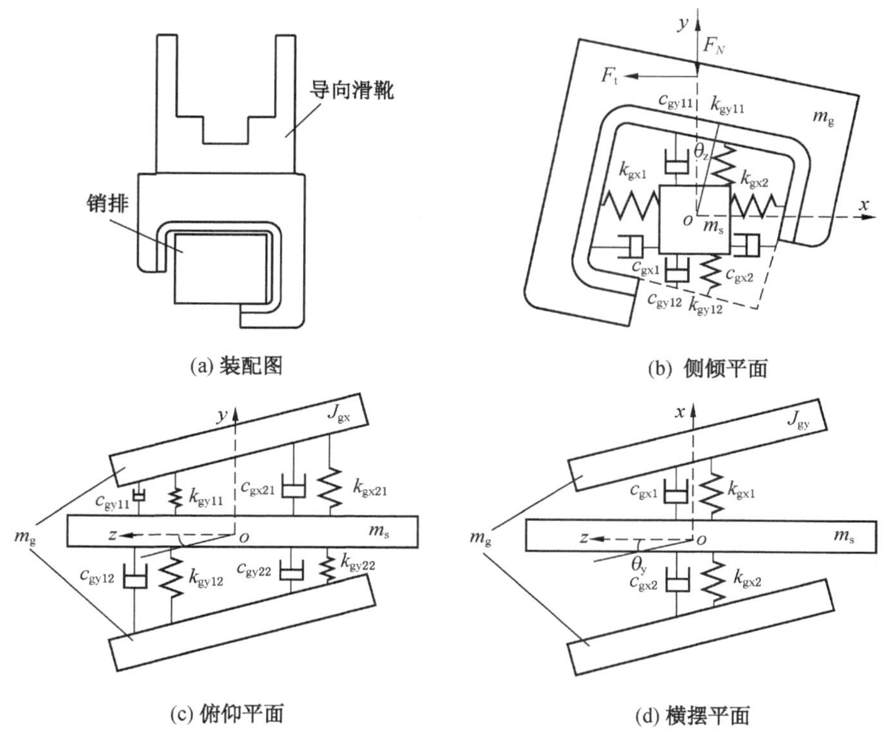

图 3-9 考虑扭摆时导向滑靴与销排接触动力学模型

靴相对于销排的俯仰角、摆角以及侧倾角；J_{gx}、J_{gy}、J_{gz} 分别为导向滑靴绕 x、y、z 平面的转动惯量；k_{gx1}、c_{gx1}、k_{gx2}、c_{gx2}、k_{gy11}、c_{gy11}、k_{gy21}、c_{gy21}、k_{gy22}、c_{gy22} 变量的物理意义同 3.2.1 节一致，F_t 为导向滑靴受到的侧向力，F_N 为导向滑靴受到的垂直方向的作用力。同样视为销排固定不动，可采用拉格朗日法建立模型的振动方程，其表达式为

$$\frac{\mathrm{d}}{\mathrm{d}t}\left(\frac{\partial T}{\partial \dot{q}_i}\right)-\frac{\partial T}{\partial q_i}+\frac{\partial U}{\partial q_i}+\frac{\partial D}{\partial q_i}=Q_i \tag{3-21}$$

式中 q——广义坐标；

Q_i——广义力；

T——动能；

U——势能；

D——耗散能。

在本模型中，$q_i = x$，y，θ_x，θ_y，θ_z。

系统的动能：

$$T = \frac{1}{2}m_g(\dot{x}^2 + \dot{y}^2) + \frac{1}{2}J_{gz}\dot{\theta}_z^2 + \frac{1}{2}J_{gy}\dot{\theta}_y^2 + \frac{1}{2}J_{gx}\dot{\theta}_x^2 \tag{3-22}$$

系统的势能：

$$U = \frac{1}{2}k_{gx1}\left(x + \frac{1}{2}h_{g1}\theta_z\right)^2 + \frac{1}{2}k_{gx2}\left(x - \frac{1}{2}h_{g2}\theta_z\right)^2 + \frac{1}{2}(k_{gy11} + k_{gy21})\left(y + \frac{1}{2}l_{g1}\theta_z\right)^2 + \frac{1}{2}(k_{gy12} + k_{gy22})\left(y - \frac{1}{2}l_{g1}\theta_z\right)^2 + \frac{1}{2}(k_{gy11} + k_{gy22})\left(y - \frac{1}{2}l_{g1}\theta_x\right)^2 + \frac{1}{2}(k_{gy21} + k_{gy12})\left(y + \frac{1}{2}l_{g1}\theta_x\right)^2 + \frac{1}{2}k_{gx1}\left(x - \frac{1}{2}l_{g1}\theta_y\right)^2 + \frac{1}{2}k_{gx2}\left(x + \frac{1}{2}l_{g1}\theta_y\right)^2 \tag{3-23}$$

系统的耗散能：

$$D = \frac{1}{2}c_{gx1}\left(\dot{x} + \frac{1}{2}h_{g1}\dot{\theta}_z\right)^2 + \frac{1}{2}c_{gx2}\left(\dot{x} - \frac{1}{2}h_{g2}\dot{\theta}_z\right)^2 + \frac{1}{2}(c_{gy11} + c_{gy21})\left(\dot{y} + \frac{1}{2}l_{g1}\dot{\theta}_z\right)^2 + \frac{1}{2}(c_{gy12} + c_{gy22})\left(\dot{y} - \frac{1}{2}l_{g1}\dot{\theta}_z\right)^2 + \frac{1}{2}(c_{gy11} + c_{gy22})\left(\dot{y} - \frac{1}{2}l_{g1}\dot{\theta}_x\right)^2 + \frac{1}{2}(c_{gy21} + c_{gy12})\left(\dot{y} + \frac{1}{2}l_{g1}\dot{\theta}_x\right)^2 + \frac{1}{2}k_{gx1}\left(\dot{x} - \frac{1}{2}l_{g1}\dot{\theta}_y\right)^2 + \frac{1}{2}c_{gx2}\left(\dot{x} + \frac{1}{2}l_{g1}\dot{\theta}_y\right)^2 \tag{3-24}$$

将式（3-22）~式（3-24）代入式（3-21）中得

$$m_g\ddot{x} + 2(k_{gx1} + k_{gx2})x + \frac{(k_{gx2} - k_{gx1})l_{g1}\theta_y}{2} + \frac{(k_{gx1}h_{g1} + k_{gx2}h_{g2})\theta_z}{2} + 2(c_{gx1} + c_{gx2})\dot{x} + \frac{(c_{gx2} - c_{gx1})l_{g1}\dot{\theta}_y}{2} + \frac{(c_{gx1}h_{g1} + c_{gx2}h_{g2})\dot{\theta}_z}{2} = -F_t \tag{3-25a}$$

$$m_g\ddot{y} + 2(k_{gy11} + k_{gy12} + k_{gy21} + k_{gy22})y + \frac{(k_{gy12}l_{g1} - k_{gy11}l_{g1} + k_{gy21}l_{g1} - k_{gy22}l_{g1})\theta_x}{2} + \frac{(k_{gy11} - k_{gy12} + k_{gy21} - k_{gy22})l_{g1}\theta_z}{2} + 2(c_{gy11} + c_{gy12} + c_{gy21} + c_{gy22})\dot{y} + \frac{(c_{gy12}l_{g1} - c_{gy11}l_{g1} + c_{gy21}l_{g1} - c_{gy22}l_{g1})\dot{\theta}_x}{2} + \frac{(c_{gy11} - c_{gy12} + c_{gy21} - c_{gy22})l_{g1}\dot{\theta}_z}{2} = -F_N \tag{3-25b}$$

$$J_{gx}\ddot{\theta}_x+\frac{(k_{gy12}l_{g1}-k_{gy11}l_{g1}+k_{gy21}l_{g1}-k_{gy22}l_{g1})y}{2}+$$
$$\frac{(k_{gy11}+k_{gy12}+k_{gy21}+k_{gy11})l_{g1}^2\theta_x}{4}+\frac{(c_{gy11}+c_{gy12}+c_{gy21}+c_{gy11})l_{g1}^2\dot{\theta}_x}{4}+$$
$$\frac{(c_{gy12}l_{g1}-c_{gy11}l_{g1}+c_{gy21}l_{g1}-c_{gy22}l_{g1})\dot{y}}{2}=0 \tag{3-25c}$$

$$J_{gy}\ddot{\theta}_y+\frac{(k_{gx2}-k_{gx1})l_{g1}x}{2}+\frac{(k_{gx1}+k_{gx2})l_{g1}^2\theta_y}{4}+$$
$$\frac{(c_{gx2}-c_{gx1})l_{g1}\dot{x}}{2}+\frac{(c_{gx1}+c_{gx2})l_{g1}^2\dot{\theta}_y}{4}=0 \tag{3-25d}$$

$$J_{gz}\ddot{\theta}_z+\frac{(k_{gx1}h_{g1}+k_{gx2}h_{g2})x}{2}+\frac{(k_{gy11}-k_{gy12}+k_{gy21}-k_{gy22})l_{g1}y}{2}+$$
$$\frac{k_{gx1}h_{g1}^2}{4}+\frac{k_{gx2}h_{g2}^2}{4}+\frac{(k_{gy11}+k_{gy12}+k_{gy21}+k_{gy22})l_{g1}\theta_z}{4}+$$
$$\frac{(c_{gx1}h_{g1}+c_{gx2}h_{g2})\ddot{x}}{2}+\frac{(c_{gy11}-c_{gy12}+c_{gy21}-c_{gy22})l_{g1}\dot{y}}{2}+$$
$$\frac{c_{gx1}h_{g1}^2}{4}+\frac{c_{gx2}h_{g2}^2}{4}+\frac{(c_{gy11}+c_{gy12}+c_{gy21}+c_{gy22})l_{g1}\theta_z}{4}=0 \tag{3-25e}$$

将式（3-25）转化成矩阵形式得

$$\boldsymbol{M}\ddot{\boldsymbol{q}}+\boldsymbol{K}\boldsymbol{q}+\boldsymbol{C}\boldsymbol{q}=\boldsymbol{Q} \tag{3-26}$$

式中，$\boldsymbol{M}=\begin{bmatrix} m_g & & & & \\ & m_g & & & \\ & & J_{gx} & & \\ & & & J_{gy} & \\ & & & & J_{gz} \end{bmatrix}$，$\boldsymbol{K}=\begin{bmatrix} K_{11} & 0 & 0 & K_{14} & K_{15} \\ 0 & K_{22} & K_{23} & 0 & K_{25} \\ 0 & K_{32} & K_{33} & 0 & 0 \\ K_{41} & 0 & 0 & K_{44} & 0 \\ K_{51} & K_{52} & 0 & 0 & K_{55} \end{bmatrix}$，

$\boldsymbol{C}=\begin{bmatrix} C_{11} & 0 & 0 & C_{14} & C_{15} \\ 0 & C_{22} & C_{23} & 0 & C_{25} \\ 0 & C_{32} & C_{33} & 0 & 0 \\ C_{41} & 0 & 0 & C_{44} & 0 \\ C_{51} & C_{52} & 0 & 0 & C_{55} \end{bmatrix}$，$\boldsymbol{Q}=[-F_t \quad -F_n \quad 0 \quad 0 \quad 0]$；

其中，$K_{11}=2(k_{gx1}+k_{gx2})$，$K_{14}=K_{41}=\dfrac{(k_{gx2}-k_{gx1})l_{g1}}{2}$，$K_{15}=K_{51}=\dfrac{k_{gx1}h_{g1}+k_{gx2}h_{g2}}{2}$；

$K_{22} = 2(k_{gy11} + k_{gy12} + k_{gy21} + k_{gy22})$，$K_{23} = K_{32} = \dfrac{(k_{gy12} - k_{gy11} + k_{gy21} - k_{gy22})l_{g1}}{2}$；

$K_{25} = K_{52} = \dfrac{(k_{gy11} - k_{gy12} + k_{gy21} - k_{gy22})l_{g1}}{2}$，$K_{33} = \dfrac{(k_{gy11} + k_{gy12} + k_{gy21} + k_{gy11})l_{g1}^2}{4}$；

$K_{44} = \dfrac{(k_{gx1} + k_{gx2})l_{g1}^2}{4}$，$K_{55} = \dfrac{k_{gx1}h_{g1}^2}{4} + \dfrac{k_{gx2}h_{g2}^2}{4} + \dfrac{(k_{gy11} + k_{gy12} + k_{gy21} + k_{gy22})l_{g1}}{4}$；

$C_{11} = 2(c_{gx1} + c_{gx2})$，$C_{14} = C_{41} = \dfrac{(c_{gx2} - c_{gx1})l_{g1}}{2}$，$C_{15} = C_{51} = \dfrac{c_{gx1}h_{g1} + c_{gx2}h_{g2}}{2}$；

$C_{22} = 2(c_{gy11} + c_{gy12} + c_{gy21} + c_{gy22})$，$C_{23} = C_{32} = \dfrac{(c_{gy12} - c_{gy11} + c_{gy21} - c_{gy22})l_{g1}}{2}$；

$C_{25} = C_{52} = \dfrac{(c_{gy11} - c_{gy12} + c_{gy21} - c_{gy22})l_{g1}}{2}$，$C_{33} = \dfrac{(c_{gy11} + c_{gy12} + c_{gy21} + c_{gy11})l_{g1}^2}{4}$；

$C_{44} = \dfrac{(c_{gx1} + c_{gx2})l_{g1}^2}{4}$，$C_{55} = \dfrac{c_{gx1}h_{g1}^2}{4} + \dfrac{c_{gx2}h_{g2}^2}{4} + \dfrac{(c_{gy11} + c_{gy12} + c_{gy21} + c_{gy22})l_{g1}}{4}$。

同理依据工况实际对式（3-26）进行修正，由于考虑到导向滑靴在振动过程中发生扭摆情况，除了沿着 x 方向和 y 方向做振动，发生绕 x、y、z 三轴的转动，因此导向滑靴在振动过程中，不仅会发生单边接触，也可发生双边接触；在不考虑扭摆的情况，导向滑靴与销排接触为面面接触且接触面为矩形，而考虑扭摆的情况下，导向滑靴与销排的接触可以是面面接触也可以是线面接触。除此之外，导向滑靴与销排之间存有一定量的间隙，即导向滑靴与销排在 x 方向的间隙为 δ_x，导向滑靴与销排在 y 方向的间隙为 δ_y，则其示意图如图 3-10 所示。

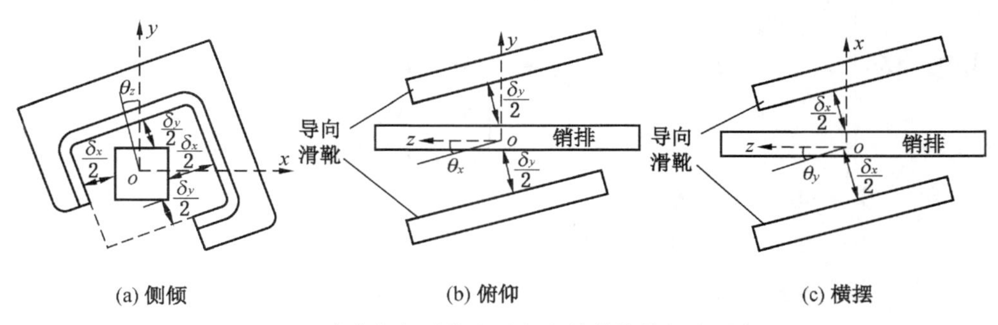

图 3-10　考虑扭摆时导向滑靴与销排接触间隙示意图

通过图 3-10 可得到修正后的导向滑靴振动方程为

$$\boldsymbol{M}\ddot{\boldsymbol{q}}+\boldsymbol{K}f(\boldsymbol{q})+\boldsymbol{C}\boldsymbol{q}=\boldsymbol{Q} \tag{3-27}$$

式中，$f(\boldsymbol{q})=[f(x),f(y),f(\theta_x),f(\theta_y),f(\theta_z)]$；$\boldsymbol{M}$、$\boldsymbol{K}$、$\boldsymbol{C}$、$\boldsymbol{Q}$ 系数同式（3-26）。

其中的$f(x)$、$f(y)$、$f(\theta_x)$、$f(\theta_y)$ 和$f(\theta_z)$ 为分段函数，是用来判别导向滑靴与销排是否接触，在判定接触面之前将销排简化成如图 3-11 所示的模型，参数尺寸如图 2-4 所示，则销排各个端点的坐标为：$A\left(-\frac{1}{2}w_{s3},\frac{1}{2}h_{s1},\frac{1}{2}l_{g1}\right)$、$B\left(\frac{1}{2}w_{s3},\frac{1}{2}h_{s1},\frac{1}{2}l_{g1}\right)$、$C\left(\frac{1}{2}w_{s3},-\frac{1}{2}h_{s1},\frac{1}{2}l_{g1}\right)$、$D\left(\frac{1}{2}w_{s3}-w_{s1},-\frac{1}{2}h_{s1},\frac{1}{2}l_{g1}\right)$、$E\left(-\frac{1}{2}w_{s3},\frac{1}{2}h_{s1}-h_{s2},\frac{1}{2}l_{g1}\right)$、$A'\left(-\frac{1}{2}w_{s3},\frac{1}{2}h_{s1},-\frac{1}{2}l_{g1}\right)$、$B'\left(\frac{1}{2}w_{s3},\frac{1}{2}h_{s1},-\frac{1}{2}l_{g1}\right)$、$C'\left(\frac{1}{2}w_{s3},-\frac{1}{2}h_{s1},-\frac{1}{2}l_{g1}\right)$、$D'\left(\frac{1}{2}w_{s3}-w_{s1},-\frac{1}{2}h_{s1},-\frac{1}{2}l_{g1}\right)$、$E'\left(-\frac{1}{2}w_{s3},\frac{1}{2}h_{s1}-h_{s2},-\frac{1}{2}l_{g1}\right)$。

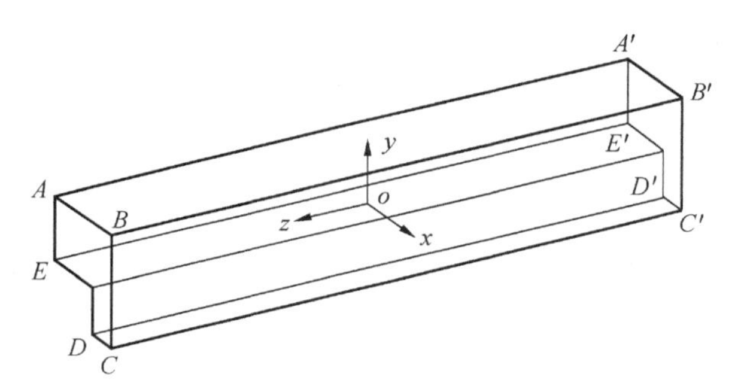

图 3-11　销排简化模型

当导向滑靴上端面与销排的上端面接触时，顶点 A、B、A'、B' 至少有一个或多个与导向滑靴上端面接触，则表达式为

$$\begin{cases} f(y)=y+\max(\gamma_{Ay},\gamma_{By},\gamma_{A'y},\gamma_{B'y})-\dfrac{\delta_y}{2} & \max(\gamma_{Ay},\gamma_{By},\gamma_{A'y},\gamma_{B'y})+y>\dfrac{\delta_y}{2} \\ 0 & \max(\gamma_{Ay},\gamma_{By},\gamma_{A'y},\gamma_{B'y})+y\leqslant\dfrac{\delta_y}{2} \end{cases} \tag{3-28a}$$

$$\begin{cases} f(\theta_x) = \theta_x & f(y) \neq 0 \\ f(\theta_x) = 0 & f(y) = 0 \end{cases} \tag{3-28b}$$

$$\begin{cases} f(\theta_z) = \theta_z & f(y) \neq 0 \\ f(\theta_z) = 0 & f(y) = 0 \end{cases} \tag{3-28c}$$

$$f(\theta_y) = \theta_y \tag{3-28d}$$

式中，$\gamma_{Ay} = \frac{1}{2}l_{g1}\lambda_1 - \frac{1}{2}w_{s3}\lambda_2$；$\gamma_{By} = \frac{1}{2}l_{g1}\lambda_1 + \frac{1}{2}w_{s3}\lambda_2$；$\gamma_{A'y} = -\frac{1}{2}l_{g1}\lambda_1 - \frac{1}{2}w_{s3}\lambda_2$；

$\gamma_{B'y} = -\frac{1}{2}l_{g1}\lambda_1 + \frac{1}{2}w_{s3}\lambda_2$；$\lambda_1 = \cos\theta_x\cos\theta_y - \cos\theta_z\sin\theta_x + \cos\theta_x\sin\theta_y\sin\theta_z$；

$\lambda_2 = \sin\theta_x\sin\theta_z + \cos\theta_x\cos\theta_z\sin\theta_y$。

$$\begin{cases} k_{gy11} = k_{gy21} = k_r & f(y) > 0 \& \theta_z = \theta_y = \theta_x = 0 \\ k_{gy11} = k_{gy21} = k_p & f(y) > 0 \& \theta_y \neq 0 \& \theta_z = \theta_x = 0 \\ k_{gy11} = k_{gy21} = k_l & f(y) > 0 \& \theta_z \neq 0 \mid f(y) > 0 \& \theta_x \neq 0 \end{cases} \tag{3-28e}$$

式中　k_r——接触面为矩形的接触的计算刚度；

k_p——接触面为多边形接触的计算刚度；

k_l——接触面为线面接触的计算刚度。

当导向滑靴下端面与销排的下端面接触时，顶点 C、D、C'、D' 至少有一个或多个与导向滑靴下端面接触，则表达式为

$$f(y) = \begin{cases} y + \max(\gamma_{Cy}, \gamma_{Dy}, \gamma_{C'y}, \gamma_{D'y}) + \frac{\delta_y}{2} & \max(\gamma_{Cy}, \gamma_{Dy}, \gamma_{C'y}, \gamma_{D'y}) + y < -\frac{\delta_y}{2} \\ 0 & \max(\gamma_{Cy}, \gamma_{Dy}, \gamma_{C'y}, \gamma_{D'y}) + y \geq -\frac{\delta_y}{2} \end{cases} \tag{3-29a}$$

$$\begin{cases} f(\theta_x) = \theta_x & f(y) \neq 0 \\ f(\theta_x) = 0 & f(y) = 0 \end{cases} \tag{3-29b}$$

$$\begin{cases} f(\theta_z) = \theta_z & f(y) \neq 0 \\ f(\theta_z) = 0 & f(y) = 0 \end{cases} \tag{3-29c}$$

$$f(\theta_y) = \theta_y \tag{3-29d}$$

式中，$\gamma_{Cy} = \frac{1}{2}l_{g1}\lambda_1 + \frac{1}{2}w_{s3}\lambda_2$；$\gamma_{Dy} = \frac{1}{2}l_{g1}\lambda_1 - \left(w_{s1} - \frac{1}{2}w_{s3}\right)\lambda_2$；

$\gamma_{C'y} = -\frac{1}{2}l_{g1}\lambda_1 + \frac{1}{2}w_{s3}\lambda_2$；$\gamma_{D'y} = -\frac{1}{2}l_{g1}\lambda_1 - \left(w_{s1} - \frac{1}{2}w_{s3}\right)\lambda_2$；

$\lambda_1 = \cos\theta_x\cos\theta_y - \cos\theta_z\sin\theta_x + \cos\theta_x\sin\theta_y\sin\theta_z$；

$\lambda_2 = \sin\theta_x\sin\theta_z + \cos\theta_x\cos\theta_z\sin\theta_y$。

$$\begin{cases} k_{gy12} = k_{gy22} = k_r & f(y) < 0 \& \theta_z = \theta_y = \theta_x = 0 \\ k_{gy12} = k_{gy22} = k_p & f(y) < 0 \& \theta_y \neq 0 \& \theta_z = \theta_x = 0 \\ k_{gy12} = k_{gy22} = k_l & f(y) < 0 \& \theta_z \neq 0 \mid f(y) < 0 \& \theta_x \neq 0 \end{cases} \tag{3-29e}$$

当导向滑靴左端面与销排的左端面接触时，顶点 A、E、A'、E' 至少有一个或多个与导向滑靴左端面接触，则其表达式为

$$\begin{cases} f(x) = x + \max(\gamma_{Ax}, \gamma_{Ex}, \gamma_{A'x}, \gamma_{E'x}) + \dfrac{\delta_x}{2} & \max(\gamma_{Ax}, \gamma_{Ex}, \gamma_{A'x}, \gamma_{E'x}) + x < -\dfrac{\delta_x}{2} \\ 0 & \max(\gamma_{Ax}, \gamma_{Ex}, \gamma_{A'x}, \gamma_{E'x}) + x \geqslant -\dfrac{\delta_x}{2} \end{cases} \tag{3-30a}$$

$$\begin{cases} f(\theta_y) = \theta_y & f(x) \neq 0 \\ f(\theta_y) = 0 & f(x) = 0 \end{cases} \tag{3-30b}$$

$$\begin{cases} f(\theta_z) = \theta_z & f(x) \neq 0 \\ f(\theta_z) = 0 & f(x) = 0 \end{cases} \tag{3-30c}$$

$$f(\theta_x) = \theta_x \tag{3-30d}$$

式中，$\gamma_{Ax} = -\frac{1}{2}l_{g1}\lambda_3 - \frac{1}{2}w_{s3}\lambda_4$；$\gamma_{Ex} = -\frac{1}{2}l_{g1}\lambda_3 - \frac{1}{2}w_{s3}\lambda_4$；$\gamma_{A'x} = \frac{1}{2}l_{g1}\lambda_1 - \frac{1}{2}w_{s3}\lambda_2$；

$\gamma_{E'x} = \frac{1}{2}l_{g1}\lambda_1 + \frac{1}{2}w_{s3}\lambda_2$；$\lambda_3 = \sin\theta_y - \cos\theta_y\sin\theta_z$；$\lambda_2 = \cos\theta_y\cos\theta_z$。

$$\begin{cases} k_{gx1} = k_r & f(x) < 0 \& \theta_z = \theta_y = \theta_x = 0 \\ k_{gx1} = k_p & f(x) < 0 \& \theta_x \neq 0 \& \theta_z = \theta_y = 0 \\ k_{gx1} = k_l & f(x) < 0 \& \theta_z \neq 0 \mid f(x) < 0 \& \theta_y \neq 0 \end{cases} \tag{3-30e}$$

当导向滑靴右端面与销排的右端面接触时，顶点 B、C、B'、C' 至少有一个或多个与导向滑靴右端面接触，则其表达式为

$$\begin{cases} f(x) = x + \max(\gamma_{Bx}, \gamma_{Cx}, \gamma_{B'x}, \gamma_{C'x}) - \dfrac{\delta_x}{2} & \max(\gamma_{Bx}, \gamma_{Cx}, \gamma_{B'x}, \gamma_{C'x}) + x > \dfrac{\delta_x}{2} \\ 0 & \max(\gamma_{Bx}, \gamma_{Cx}, \gamma_{B'x}, \gamma_{C'x}) + x \leqslant \dfrac{\delta_x}{2} \end{cases} \tag{3-31a}$$

$$\begin{cases} f(\theta_y) = \theta_y & f(x) \neq 0 \\ f(\theta_y) = 0 & f(x) = 0 \end{cases} \tag{3-31b}$$

$$\begin{cases} f(\theta_z)=\theta_z & f(x)\neq 0 \\ f(\theta_z)=0 & f(x)=0 \end{cases} \tag{3-31c}$$

$$f(\theta_x)=\theta_x \tag{3-31d}$$

式中，$\gamma_{Bx}=-\frac{1}{2}l_{g1}\lambda_3+\frac{1}{2}w_{s3}\lambda_4$；$\gamma_{Cx}=-\frac{1}{2}l_{g1}\lambda_3+\frac{1}{2}w_{s3}\lambda_4$；$\gamma_{B'x}=\frac{1}{2}l_{g1}\lambda_1+\frac{1}{2}w_{s3}\lambda_2$；$\gamma_{C'x}=\frac{1}{2}l_{g1}\lambda_1+\frac{1}{2}w_{s3}\lambda_2$；$\lambda_3=\sin\theta_y-\cos\theta_y\sin\theta_z$；$\lambda_2=\cos\theta_y\cos\theta_z$。

$$\begin{cases} k_{gx2}=k_r & f(x)>0\&\theta_z=\theta_y=\theta_x=0 \\ k_{gx2}=k_p & f(x)>0\&\theta_x\neq 0\&\theta_z=\theta_y=0 \\ k_{gx2}=k_l & f(x)>0\&\theta_z\neq 0 \mid f(x)>0\&\theta_y\neq 0 \end{cases} \tag{3-31e}$$

对于接触面为矩形，则接触面的平均压陷深度为

$$\bar{d}=\frac{\int_s u_z \mathrm{d}A}{S_{矩形}} \tag{3-32a}$$

式中，u_z 表达式参考式（2-11）。

导向滑靴与销排的接触刚度 k_r 可表示为

$$k_r=\frac{\int_{S_{矩形}} p\mathrm{d}A}{\bar{d}} \tag{3-32b}$$

式中　p——接触面单位载荷。

同理，接触面为多边形时，则接触面的平均压陷深度为

$$\bar{d}=\frac{\int_s u_z \mathrm{d}A}{S_{矩形}} \tag{3-33a}$$

式中，u_z 表达式参考式（2-16）。

导向滑靴与销排的接触刚度 k_p 可表示为

$$k_p=\frac{\int_{S_{矩形}} p\mathrm{d}A}{\bar{d}} \tag{3-33b}$$

接触面为线面接触时，则接触面的平均压陷深度为

$$\bar{d}=\frac{\int_L u_z \mathrm{d}s}{L} \tag{3-34a}$$

式中，u_z 表达式参考式（2-23）。

导向滑靴与销排的接触刚度 k_1 可表示为

$$k_1 = \frac{\int_{L} p\mathrm{d}s}{\bar{d}} \tag{3-34b}$$

3.3 平滑靴与铲煤板接触碰撞振动模型构建

3.3.1 不考虑扭摆情况下振动模型

在不考虑扭摆情况下，平滑靴与铲煤板接触动力学模型如图 3-12 所示，图中 m_c 为铲煤板的质量，m_p 为平滑靴的质量，F_N 为平滑靴受到的 y 方向的作用力，F_t 为平滑靴受到的 x 方向的作用力，k_{px}、c_{px} 为平滑靴与铲煤板在 x 方向上的刚度及阻尼，k_{py}、c_{py} 为平滑靴与铲煤板在 y 方向上的刚度及阻尼，系统在 x 方向上的振动方程为

$$m_p\ddot{x} + k_{py}x + c_{px}\dot{x} = - F_t \tag{3-35}$$

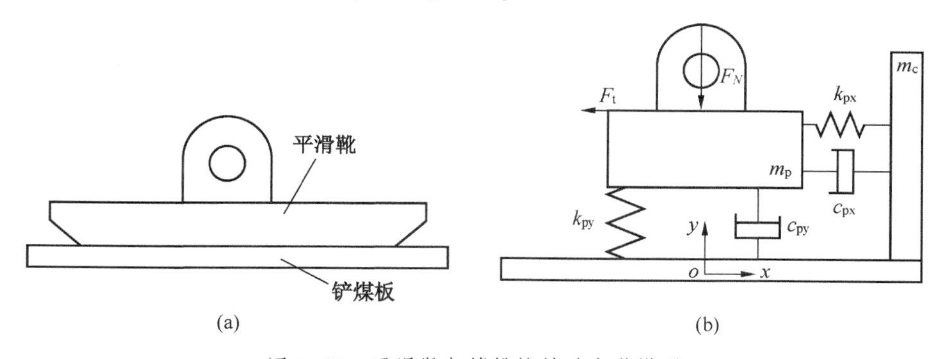

图 3-12 平滑靴与销排接触动力学模型

系统在 y 方向上的振动方程为

$$m_p\ddot{y} + k_{py}y + c_{py}\dot{y} = - F_N \tag{3-36}$$

同样依据实际情况对平滑靴与铲煤板接触问题进行修正，考虑 x 方向平滑靴与铲煤板间隙 δ_x 可将式（3-35）和式（3-36）改写成如下表达式：

$$m_p\ddot{x} + k_{px}f(x) + c_{px}x = - F_t \tag{3-37a}$$

$$m_p\ddot{y} + k_{py}f(y) + c_{py}\dot{y} = - F_N \tag{3-37b}$$

式中，f（x）、f（y）为分段函数，即

$$\begin{cases} f(x) = x - \dfrac{\delta_x}{2} & x > \dfrac{\delta_x}{2} \\ f(x) = 0 & \text{其他} \end{cases} \tag{3-38a}$$

$$\begin{cases} f(y) = 0 & y \geqslant 0 \\ f(y) = y & y < 0 \end{cases} \tag{3-38b}$$

对于 k_{py}、k_{px} 其求解方法与 3.2.1 节相同。

3.3.2 考虑扭摆情况下振动模型

考虑扭摆情况下的平滑靴与铲煤板接触碰撞振动模型，是指导向滑靴在振动过程中始终不保持水平，轴线会发生偏转，即出现一定的俯仰、侧倾以及横摆现象。平滑靴与铲煤板振动模型如图 3-13 所示。

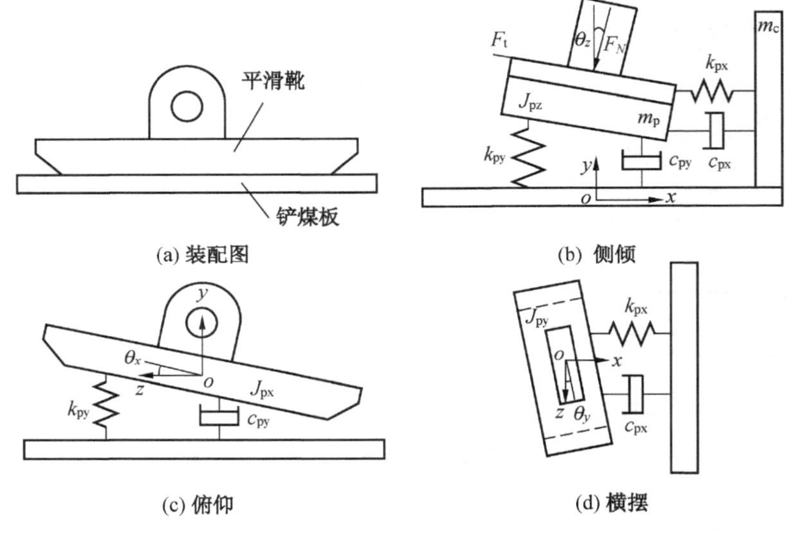

图 3-13 平滑靴与铲煤板振动模型

图 3-13 中 m_c 为铲煤板的质量，m_p 为平滑靴的质量，F_N 为平滑靴受到的 y 方向的作用力，F_t 为平滑靴受到的 x 方向的作用力，θ_x、θ_y、θ_z 分为平滑靴相对于铲煤板的俯仰角、摆角以及侧倾角；k_{px}、c_{px} 为平滑靴与铲煤板在 x 方向上的刚度及阻尼，k_{py}、c_{py} 为平滑靴与铲煤板在 y 方向上的刚度及阻尼，同样采用拉格朗日法建立系统的振动方程为

$$\frac{\mathrm{d}}{\mathrm{d}t}\left(\frac{\partial T}{\partial \dot{q}_i}\right) - \frac{\partial T}{\partial q_i} + \frac{\partial U}{\partial q_i} + \frac{\partial D}{\partial q_i} = Q_i \tag{3-39}$$

式中 q——广义坐标；

Q_i——广义力；

T——动能；

U——势能；

D——耗散能。

在本模型中，$q_i=x$，y，θ_x，θ_y，θ_z。

系统的动能为

$$T=\frac{1}{2}m_p(\dot{x}^2+\dot{y}^2)+\frac{1}{2}J_{pz}\dot{\theta}_z^2+\frac{1}{2}J_{py}\dot{\theta}_y^2+\frac{1}{2}J_{px}\dot{\theta}_x^2 \tag{3-40}$$

系统的势能为

$$U=\frac{1}{2}k_{px}\left(x-\frac{1}{2}h_{p1}\theta_z\right)^2+\frac{1}{2}k_{py}\left(y-\frac{1}{2}w_{p1}\theta_z\right)^2+\frac{1}{2}k_{py}\left(y-\frac{1}{2}l_{p1}\theta_x\right)^2+\frac{1}{2}k_{px}\left(x-\frac{1}{2}l_{p1}\theta_y\right)^2 \tag{3-41}$$

系统的耗散能为

$$D=\frac{1}{2}c_{px}\left(\dot{x}-\frac{1}{2}h_{p1}\dot{\theta}_z\right)^2+\frac{1}{2}c_{py}\left(\dot{y}-\frac{1}{2}w_{p1}\dot{\theta}_z\right)^2+\frac{1}{2}c_{py}\left(\dot{y}-\frac{1}{2}l_{p1}\dot{\theta}_x\right)^2+\frac{1}{2}c_{px}\left(\dot{x}-\frac{1}{2}l_{p1}\dot{\theta}_y\right)^2 \tag{3-42}$$

将式（3-40）~式（3-42）代入式（3-39）中得

$$m_p\ddot{x}+2k_{px}x+2c_{px}\dot{x}-\frac{c_{px}h_{p1}\dot{\theta}_z}{2}-\frac{c_{px}l_{p1}\dot{\theta}_y}{2}-\frac{k_{px}h_{p1}\theta_z}{2}-\frac{k_{px}l_{p1}\theta_y}{2}=-F_t \tag{3-43a}$$

$$m_p\ddot{y}+2k_{py}y+2c_{py}\dot{y}-\frac{c_{py}l_{p1}\dot{\theta}_x}{2}-\frac{c_{py}w_{p1}\dot{\theta}_z}{2}-\frac{k_{py}w_{p1}\theta_x}{2}-\frac{k_{py}w_{p1}\theta_z}{2}=-F_n \tag{3-43b}$$

$$J_{px}\ddot{\theta}_x+\frac{k_{py}l_{p1}^2\theta_x}{4}+\frac{c_{py}l_{p1}^2\dot{\theta}_x}{4}-\frac{k_{py}l_{p1}y}{2}-\frac{c_{py}l_{p1}\dot{y}}{2}=0 \tag{3-43c}$$

$$J_{py}\ddot{\theta}_y+\frac{k_{px}l_{p1}^2\theta_y}{4}+\frac{c_{px}l_{p1}^2\dot{\theta}_y}{4}-\frac{k_{px}l_{p1}x}{2}-\frac{c_{px}l_{p1}\dot{x}}{2}=0 \tag{3-43d}$$

$$J_{pz}\ddot{\theta}_z-\frac{k_{px}h_{p1}x}{2}-\frac{k_{py}w_{p1}y}{2}+\frac{(k_{px}h_{p1}^2+k_{py}w_{p1}^2)\theta_z}{4}-\frac{c_{px}h_{p1}\dot{x}}{2}-\frac{c_{py}w_{p1}\dot{y}}{2}+\frac{(c_{px}h_{p1}^2+c_{py}w_{p1}^2)\dot{\theta}_z}{4}=0 \tag{3-43e}$$

将式（3-43）转化成矩阵形式得

$$M\ddot{q}+Kq+Cq=Q \tag{3-44}$$

式中，$M=\begin{bmatrix} m_p & & & & \\ & m_p & & & \\ & & J_{px} & & \\ & & & J_{py} & \\ & & & & J_{pz} \end{bmatrix}$，$Q=[-F_t \quad -F_n \quad 0 \quad 0 \quad 0]$；

$$K=\begin{bmatrix} 2k_{px} & 0 & 0 & -\frac{k_{px}l_{p1}}{2} & -\frac{k_{px}h_{p1}}{2} \\ 0 & 2k_{py} & -\frac{k_{py}l_{p1}}{2} & 0 & -\frac{k_{py}w_{p1}}{2} \\ 0 & -\frac{k_{py}l_{p1}}{2} & \frac{k_{py}l_{p1}^2}{4} & 0 & 0 \\ -\frac{k_{px}l_{p1}}{2} & 0 & 0 & \frac{k_{px}l_{p1}^2}{4} & 0 \\ -\frac{k_{px}h_{p1}}{2} & -\frac{k_{py}w_{p1}}{2} & 0 & 0 & \frac{k_{px}h_{p1}^2+k_{py}w_{p1}^2}{4} \end{bmatrix};$$

$$C=\begin{bmatrix} 2c_{px} & 0 & 0 & -\frac{c_{px}l_{p1}}{2} & -\frac{c_{px}h_{p1}}{2} \\ 0 & 2c_{py} & -\frac{c_{py}l_{p1}}{2} & 0 & -\frac{c_{py}w_{p1}}{2} \\ 0 & -\frac{c_{py}l_{p1}}{2} & \frac{c_{py}l_{p1}^2}{4} & 0 & 0 \\ -\frac{c_{px}l_{p1}}{2} & 0 & 0 & \frac{c_{px}l_{p1}^2}{4} & 0 \\ -\frac{c_{px}h_{p1}}{2} & -\frac{c_{py}w_{p1}}{2} & 0 & 0 & \frac{c_{px}h_{p1}^2+c_{py}w_{p1}^2}{4} \end{bmatrix}。$$

同样依据实际情况对平滑靴与铲煤板接触问题进行修正，由于考虑到平滑靴在振动过程中发生的扭摆情况，除了沿着 x 方向和 y 方向做振动，发生绕 x、y、z 三轴的转动，考虑 x 方向平滑靴与铲煤板间隙 δ_x，得到修正后的导向滑靴振动方程为

$$M\ddot{q}+Kf(q)+Cq=Q \tag{3-45}$$

式中，$f(q)=[f(x), f(y), f(\theta_x), f(\theta_y), f(\theta_z)]$；$M$、$K$、$C$、$Q$ 系数同

式（3-44）。其中的$f(x)$、$f(y)$、$f(\theta_x)$、$f(\theta_y)$ 和$f(\theta_z)$ 为分段函数，是用来判别平滑靴与铲煤板是否接触，在判定接触面之前将平滑靴简化成如图 3-14 所示的模型，参数尺寸如图 2-17 所示，则平滑靴各个端点的坐标为：$A\left(-\frac{1}{2}w_{p1},\ \frac{1}{2}h_{p1},\ l_{p2}\sin\alpha+\frac{1}{2}l_{p1}\right)$、$B\left(\frac{1}{2}w_{p1},\ \frac{1}{2}h_{p1},\ l_{p2}\sin\alpha+\frac{1}{2}l_{p1}\right)$、$C\left(\frac{1}{2}w_{p1},\ -\frac{1}{2}h_{p1},\ l_{p2}\sin\alpha+\frac{1}{2}l_{p1}\right)$、$D\left(-\frac{1}{2}w_{p1},\ -\frac{1}{2}h_{p1},\ l_{p2}\sin\alpha+\frac{1}{2}l_{p1}\right)$、$A'\left(-\frac{1}{2}w_{p1},\ \frac{1}{2}h_{p1},\ -l_{p2}\sin\alpha-\frac{1}{2}l_{p1}\right)$、$B'\left(\frac{1}{2}w_{p1},\ \frac{1}{2}h_{p1},\ -l_{p2}\sin\alpha-\frac{1}{2}l_{p1}\right)$、$C'\left(\frac{1}{2}w_{p1},\ -\frac{1}{2}h_{p1},\ -l_{p2}\sin\alpha-\frac{1}{2}l_{p1}\right)$、$D'\left(-\frac{1}{2}w_{p1},\ \frac{1}{2}h_{p1},\ -l_{p2}\sin\alpha-\frac{1}{2}l_{p1}\right)$。

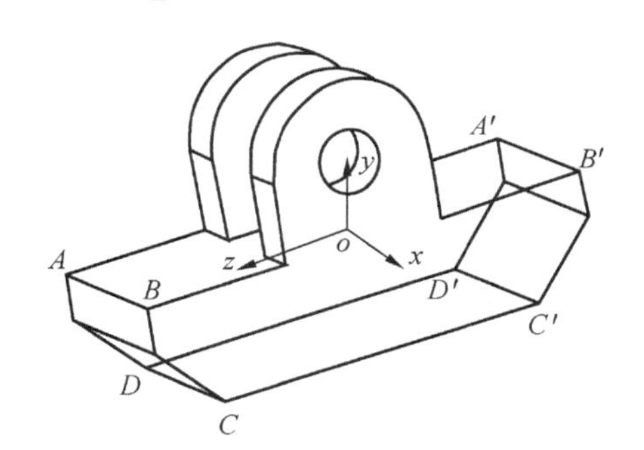

图 3-14 平滑靴简化模型

当平滑靴下端面与铲煤板的下端面接触时，顶点 C、D、C'、D'至少有一个或多个与平滑靴下端面接触，则表达式为

$$\begin{cases} f(y)=\max(\gamma_{Cy},\ \gamma_{Dy},\ \gamma_{C'y},\ \gamma_{D'y})+0 & \max(\gamma_{Cy},\ \gamma_{Dy},\ \gamma_{C'y},\ \gamma_{D'y})<0 \\ 0 & \max(\gamma_{Cy},\ \gamma_{Dy},\ \gamma_{C'y},\ \gamma_{D'y})\geqslant 0 \end{cases} \tag{3-46a}$$

$$\begin{cases} f(\theta_x)=\theta_x & f(y)\neq 0 \\ f(\theta_x)=0 & f(y)=0 \end{cases} \tag{3-46b}$$

$$\begin{cases} f(\theta_z)=\theta_z & f(y)\neq 0 \\ f(\theta_z)=0 & f(y)=0 \end{cases} \tag{3-46c}$$

$$f(\theta_y)=\theta_y \tag{3-46d}$$

式中，$\gamma_{Cy}=\left(\frac{1}{2}l_{p1}+l_{p2}\sin\alpha\right)\lambda_1+\frac{1}{2}w_{p1}\lambda_2$；$\gamma_{Dy}=\left(\frac{1}{2}l_{p1}+l_{p2}\sin\alpha\right)\lambda_1-\frac{1}{2}w_{p1}\lambda_2$；

$\gamma_{C'y}=-\left(\frac{1}{2}l_{p1}+l_{p2}\sin\alpha\right)\lambda_1+\frac{1}{2}w_{p1}\lambda_2$；$\gamma_{D'y}=-\left(\frac{1}{2}l_{p1}+l_{p2}\sin\alpha\right)\lambda_1-\frac{1}{2}w_{p1}\lambda_2$；

$\lambda_1=\cos\theta_x\cos\theta_y-\cos\theta_z\sin\theta_x+\cos\theta_x\sin\theta_y\sin\theta_z$；$\lambda_2=\sin\theta_x\sin\theta_z+\cos\theta_x\cos\theta_z\sin\theta_y$。

$$\begin{cases}k_{py}=k_{gy}=k_r & f(y)<0\&\theta_z=\theta_y=\theta_x=0\\ k_{py}=k_{py}=k_p & f(y)<0\&\theta_y\neq 0\&\theta_z=\theta_x=0\\ k_{py}=k_{py}=k_l & f(y)<0\&\theta_z\neq 0\mid f(y)<0\&\theta_x\neq 0\end{cases}\tag{3-46e}$$

当平滑靴右端面与铲煤板的右端面接触时，顶点 B、C、B'、C' 至少有一个或多个与平滑靴右端面接触，则表达式为

$$\begin{cases}f(x)=x+\max(\gamma_{Bx},\gamma_{Cx},\gamma_{B'x},\gamma_{C'x})-\frac{\delta_x}{2} & \max(\gamma_{Bx},\gamma_{Cx},\gamma_{B'x},\gamma_{C'x})+x>\frac{\delta_x}{2}\\ 0 & \max(\gamma_{Bx},\gamma_{Cx},\gamma_{B'x},\gamma_{C'x})+x\leqslant\frac{\delta_x}{2}\end{cases}\tag{3-47a}$$

$$\begin{cases}f(\theta_y)=\theta_y & f(x)\neq 0\\ f(\theta_y)=0 & f(x)=0\end{cases}\tag{3-47b}$$

$$\begin{cases}f(\theta_z)=\theta_z & f(x)\neq 0\\ f(\theta_z)=0 & f(x)=0\end{cases}\tag{3-47c}$$

$$f(\theta_x)=\theta_x\tag{3-47d}$$

式中，$\gamma_{Bx}=-\left(\frac{l_{p1}}{2}+l_{p2}\sin\alpha\right)\lambda_3+\frac{1}{2}w_{p1}\lambda_4$；$\gamma_{Cx}=-\left(\frac{l_{p1}}{2}+l_{p2}\sin\alpha\right)\lambda_3+\frac{1}{2}w_{p1}\lambda_4$；$\gamma_{B'x}=\left(\frac{l_{p1}}{2}+l_{p2}\sin\alpha\right)\lambda_3+\frac{1}{2}w_{p1}\lambda_4$；$\gamma_{C'x}=\left(\frac{l_{p1}}{2}+l_{p2}\sin\alpha\right)\lambda_3+\frac{1}{2}w_{p1}\lambda_4$；$\gamma_{B'x}=\frac{1}{2}l_{g1}\lambda_1+\frac{1}{2}w_{s3}\lambda_2$；$\gamma_{C'x}=\frac{1}{2}l_{g1}\lambda_1+\frac{1}{2}w_{s3}\lambda_2$；$\lambda_3=\sin\theta_y-\cos\theta_y\sin\theta_z$；$\lambda_2=\cos\theta_y\cos\theta_z$。

$$\begin{cases}k_{px}=k_r & f(x)>0\&\theta_z=\theta_y=\theta_x=0\\ k_{px}=k_p & f(x)>0\&\theta_x\neq 0\&\theta_z=\theta_y=0\\ k_{px}=k_l & f(x)>0\&\theta_z\neq 0\mid f(x)>0\&\theta_y\neq 0\end{cases}\tag{3-47e}$$

式中，k_r、k_p、k_l 的求解同 3.2.2 节。

4 驱动轮与销排（含间隙）接触碰撞特性分析

矿井井下工作环境恶劣，存在很多不确定因素，井下工作时由于安装精度及摩擦磨损都会对刮板输送机产生很大影响，这会导致销排与销排之间存在错位。而驱动轮是采煤机行走部的关键结构，在采煤机生产工作中起到了承担采煤机移动的重要任务，驱动轮通过与刮板输送机上的销排啮合来完成工作，是采煤机行走动力的来源。然而销排之间产生的间隙将会导致驱动轮在牵引采煤机时，驱动轮与销排间产生接触碰撞。所以驱动轮具有工作时间长、低速重载并伴随着较大冲击载荷等特点，长此以往，驱动轮与销轨啮合部分会出现轮齿疲劳断裂、轮齿变形、出现裂纹等现象。由于承载着采煤机大量的重力和驱动轮与销排啮合产生的反方向的牵引力，如果驱动轮失效无法工作，便会带来很大的维修难度，这将严重影响矿井采煤效率，并且产生很大的经济损失，所以驱动轮、导向滑靴与销排（含间隙）接触碰撞动力学仿真分析非常有必要。

4.1 驱动轮与销排啮合动力学模型建立

4.1.1 销排二维描述

根据采煤机行走部实际接触状况，绘制采煤机销排接触间隙简化模型，删除其余零件尺寸，模拟销排在 3 种不同工况下的间隙情况，如图 4-1 所示。

4.1.2 前处理设置

MG500/1130-WD 型采煤机是一种大功率、采用交流电牵引的采煤机，针对

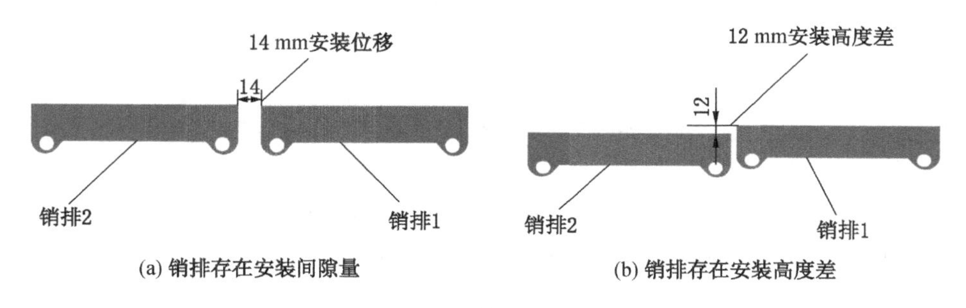

(a) 销排存在安装间隙量　　(b) 销排存在安装高度差

(c) 销排存在安装夹角误差

图 4-1　不同工况下销排简化三维模型

我国目前国内需求研制，用于厚度为 2.0~5.0 m，煤层倾角小于 45°的煤层。为了节省仿真过程中所需时间，提高工作效率，要结合驱动轮与销排啮合实际生产工作中的力学特性建立的简化三维模型，以及忽略小圆角、存在安装缝隙的刮板输送机。由于 ANSYS Workbench 软件在绘制图形中的不便捷，此外应用 Pro/E 对采煤机行走部的主要机构进行三维模型建立，主要包括刮板输送机、销排与驱动轮、导向滑靴等装置。建模完成后对模型进行虚拟装配并利用 Pro/E 的分析功能对装配好的模型进行静态干涉检测，无干涉后将装配好的模型保存为“.igs”格式，这样可以为之后将模型导入 ANSYS Workbench 中，为联合仿真做准备（图 4-2）。

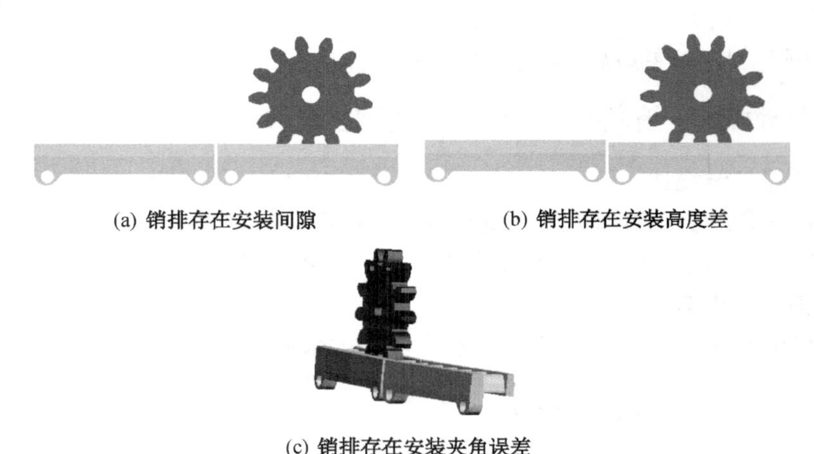

(a) 销排存在安装间隙　　(b) 销排存在安装高度差

(c) 销排存在安装夹角误差

图 4-2　驱动轮与销排啮合三维模型图

采煤机中的行走部达到行走目的是由驱动轮与刮板输送机中部槽里面的销排啮合完成的，在进行动力学仿真分析前需要将之前建好的模型导入 ANSYS Workbench 中，利用 ANSYS Workbench 与 Pro/E 的特殊接口将模型导入该有限元分析软件中。鼠标左击 Pro/E 工具栏中的“ANSYS Workbench 17.0”，该有限元分析软件会自动生成 A 项目，左击选择“Analysis Systems”中的“Transient Structural”模块拖拽到“Project Schematic”界面中虚线框内，完成项目的全部添加，将各项目之间建立数据共享。

采煤机工作环境极其恶劣，行走部承载了整机的重量，所以非常容易损坏，为了更加贴近实际生产工作情况以得到更加真实的仿真数据，所以在仿真所需参数选择上本书尽可能地接近实际各材料的物理参数（表 4-1）。这里销排与驱动轮均采用非线性塑性各向异性硬化材料。双击项目“Transient Structural”中的“Geometry”进入“DesignModeler”，点击“Generate”生成导入的三维模型。

表 4-1　销排和驱动轮仿真的基本参数

名称	材料属性	弹性模量/Pa	抗拉强度/MPa	泊松比	屈服强度/MPa
销排	42CrMo	2.02×10^{11}	1080	0.3	930
驱动轮	18Cr2Ni4WA	2.02×10^{11}	1270	0.3	970

在动力学仿真分析中，对于模型网格的划分非常重要，是仿真中不可或缺的重要步骤。网格划分的质量会对分析的速度、精度以及收敛度产生直接影响。所以在对驱动轮与销排网格划分时充分考虑其工作时的状态，尤其对主要接触受力位置的掌握，这些都将直接影响到分析结果。为了缩短仿真时间，对销排与驱动轮的局部区域进行网格细致划分，如图 4-3 所示。

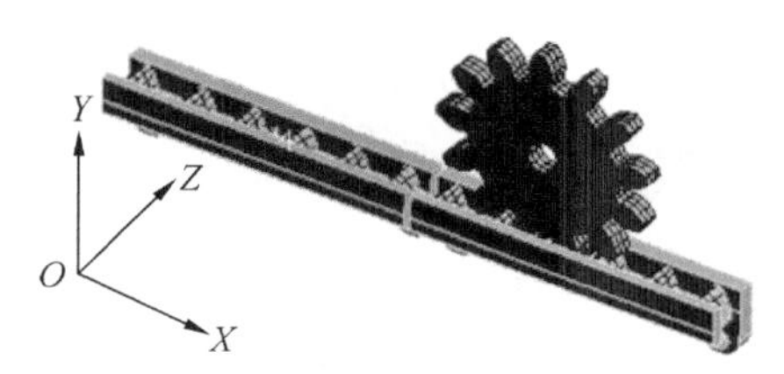

图 4-3　驱动轮与销排三维网格划分模型图

4.1.3　施加载荷、初始条件与约束

动力学分析的最大特点之一，是载荷随时间的变化而变化。本小节根据驱动轮实际工况下行走时与销排销齿啮合的运动状态以及运行轨迹，将试验测得的数据添加到驱动轮轴孔处。采用面与面接触的接触方式，对驱动轮和销排施加载荷与约束。选择驱动轮的轮齿与销排的销齿建立接触对，这里驱动轮与销排为

Flexible。对驱动轮进行位移约束，*X* 方向设置为 Free，*Y*、*Z* 方向上均设置为 Fixed，绕 *Z* 轴旋转。具体设置方法见表 4-2。

表 4-2　驱动轮与销排接触面设置

接触名称	接触面—目标面	接触类型	接触方式	动摩擦系数	静摩擦系数
接触区域 1	驱动轮与销排 1	摩擦接触	面—面接触	0.15	0.3
接触区域 2	驱动轮与销排 2	摩擦接触	面—面接触	0.15	0.3

在仿真模块“Transient Structural”下，对驱动轮与销排施加载荷与约束，驱动轮施加初始转速为 0.35rad/s。设置 Friction Coefficient 为 0.2。

4.2　驱动轮与销排动力学仿真分析

4.2.1　正常工况下驱动轮与销排啮合动力学仿真分析

采煤机驱动轮与刮板输送机销排啮合可看作齿轮齿条啮合，驱动轮在自身转动的同时沿销排发生水平运动。基于采煤机井下工作强度大、环境复杂，驱动轮在工作中与销排时常发生接触碰撞。本小节研究了驱动轮与销齿啮合周期完整的过程，分为 3 个阶段进行分析，分别是轮齿与销齿初始接触时驱动轮所受应力应变大小、驱动轮与销排销齿稳定啮合时驱动轮所受应力应变情况以及后期轮齿退出啮合时驱动轮所受接触应力变化。图 4-4 所示为销排在与驱动轮、导向滑靴发生碰撞时销齿接触应力大小及分布情况，为了更直观地查看销排受力，这里将导向滑靴、驱动轮隐藏。

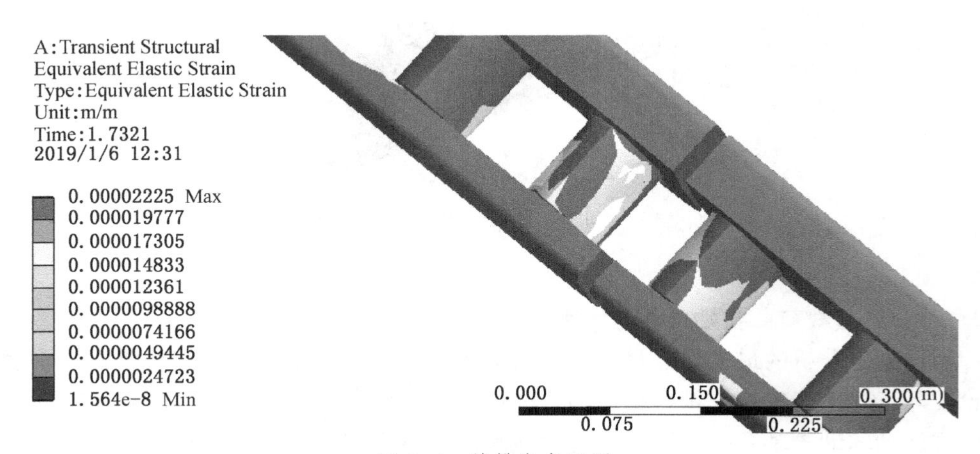

图 4-4　销排应变云图

由图 4-4 可知，导向滑靴、驱动轮在试验载荷下与销排发生碰撞（这里选取了销排在整个仿真分析过程中所受最大应变时刻），此时出现最大接触应变位置在销排间隙两边的销齿齿面上，最大应变量为 1.0256×10^{-6}m，相对驱动轮变形量较小（这里主要研究驱动轮具体应力应变大小及分布情况）。

在正常工况下，当 $t=1.1$ s 时，驱动轮与销排处于初始啮合状态，此时两个轮齿与销齿有接触，所以两个轮齿区域均有云图出现，属于双啮合状态（图 4-5、图 4-6）。由于销排的销齿间距离相对较大，所以驱动轮在与销齿啮合时受到冲击载荷非常大，导致应力主要集中在驱动轮齿根以及与销齿啮合面等区域。此时最大应变量为 1.2984×10^{-6} m，最大应力为 1.9968×10^{8} Pa。

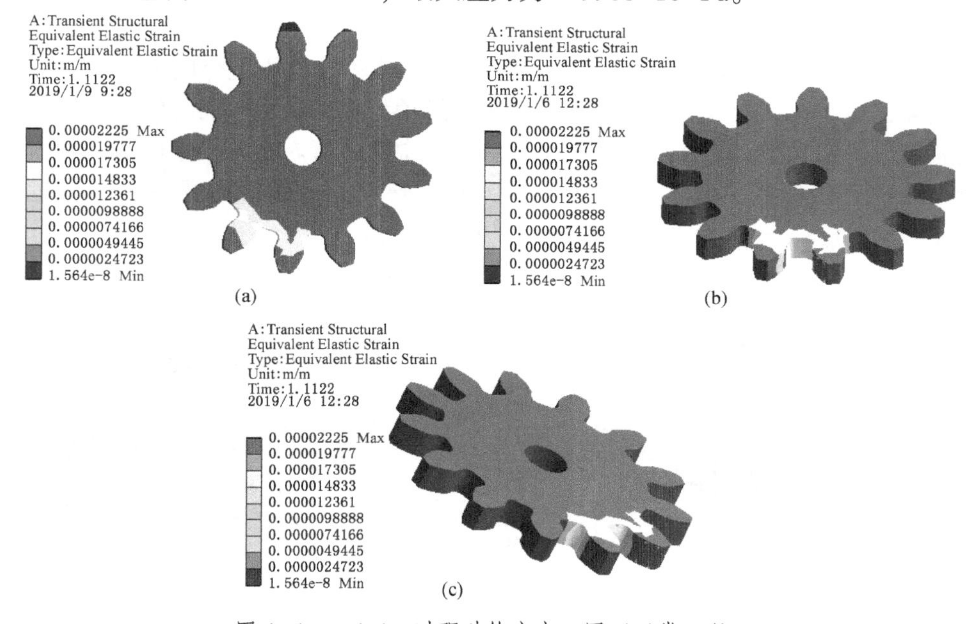

图 4-5 $t=1.1$ s 时驱动轮应变云图（正常工况）

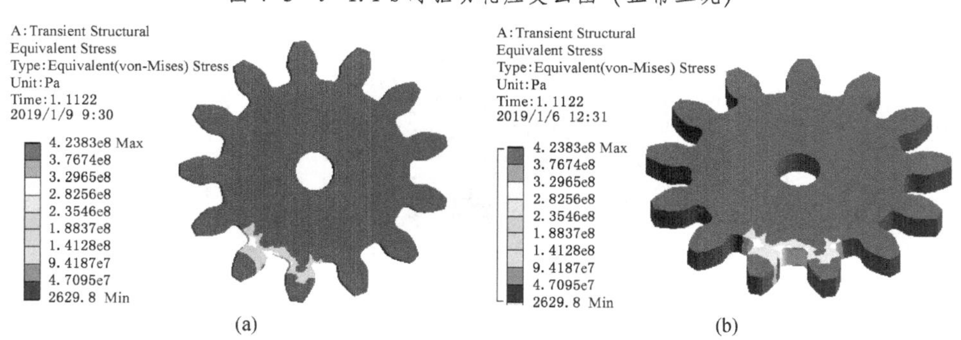

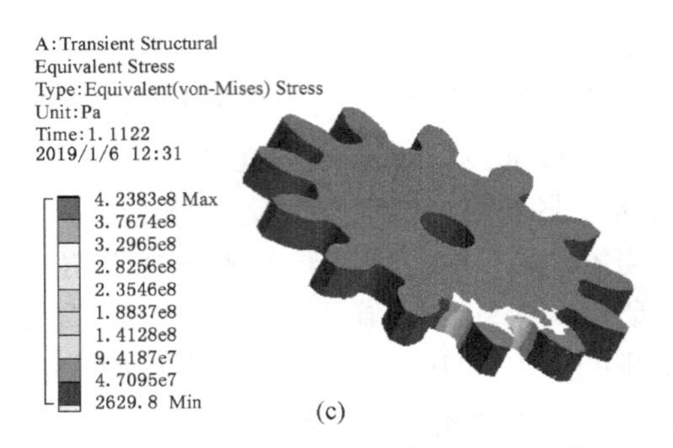

图 4-6 t=1.1 s 时驱动轮应力云图（正常工况）

如图 4-7、图 4-8 所示，当 t=1.7s 时，驱动轮与销排完全啮合，上一对轮齿逐渐退出啮合，但并未完全退出，仍与销排销齿存在接触，而与销排完全啮合的轮齿应力明显增大，并且达到整个啮合过程中的峰值。应力集中区域为轮齿的齿根处，齿根处受力最大，并呈现带状形式分布。驱动轮出现最大应变量为 1.6587×10^{-6} m，最大应力为 2.9546×10^{8} Pa。

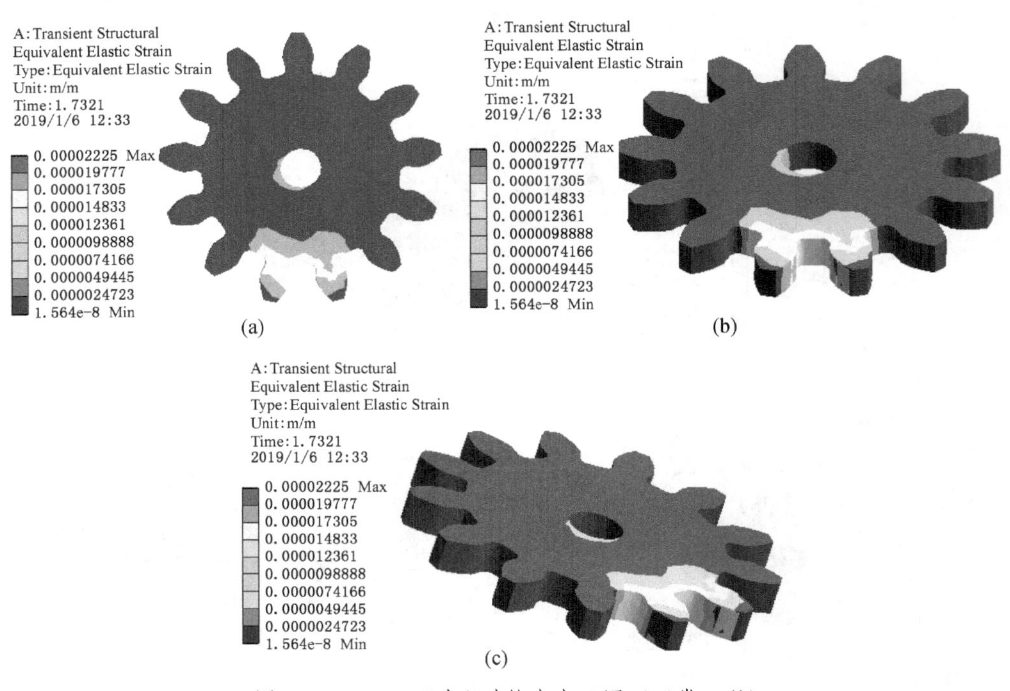

图 4-7 t=1.7 s 时驱动轮应变云图（正常工况）

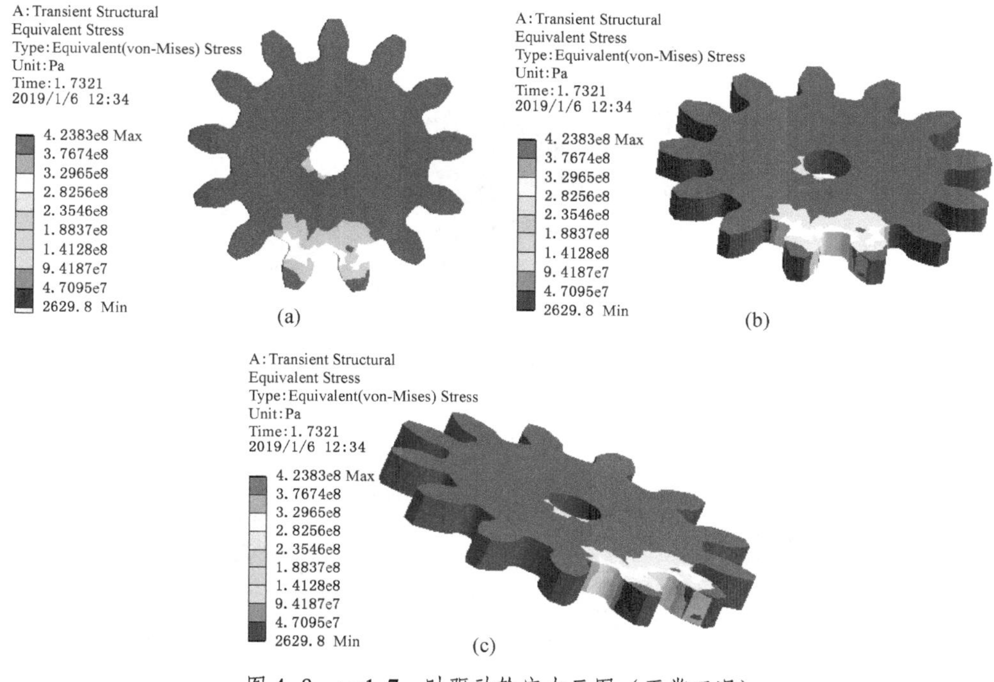

图 4-8 t=1.7 s 时驱动轮应力云图（正常工况）

在驱动轮退出啮合过程中，当 t=2.0 s 时（图 4-9、图 4-10），驱动轮逐渐退出与销排的啮合，在 1.7 s 与销排销齿完全啮合的轮齿未完全退出啮合，并且新一轮轮齿开始了啮合，驱动轮轮齿齿根处接触应力渐小，应力集中区域在轮齿齿根两侧，轮齿与销排接触的位置逐渐移向齿根处，所以应力主要集中位置在接近齿根的区域。在仿真后期轮齿最大接触应变量为 1.4185×10^{-6} m，最大应力为 2.7859×10^{8} Pa。

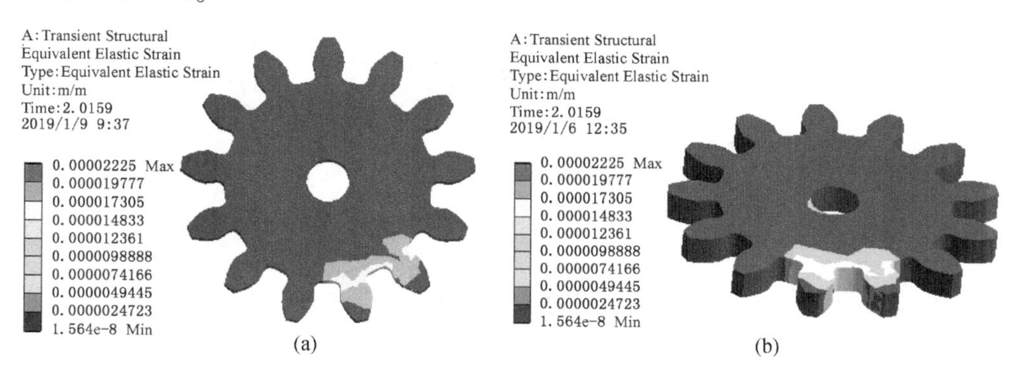

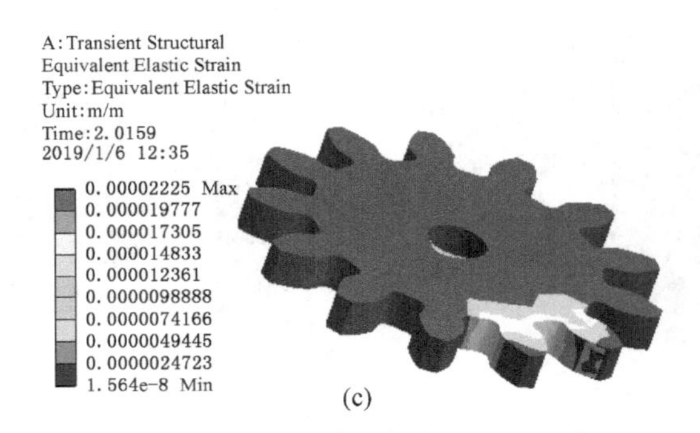

(c)

图 4-9 t=2.0 s 时驱动轮应变云图（正常工况）

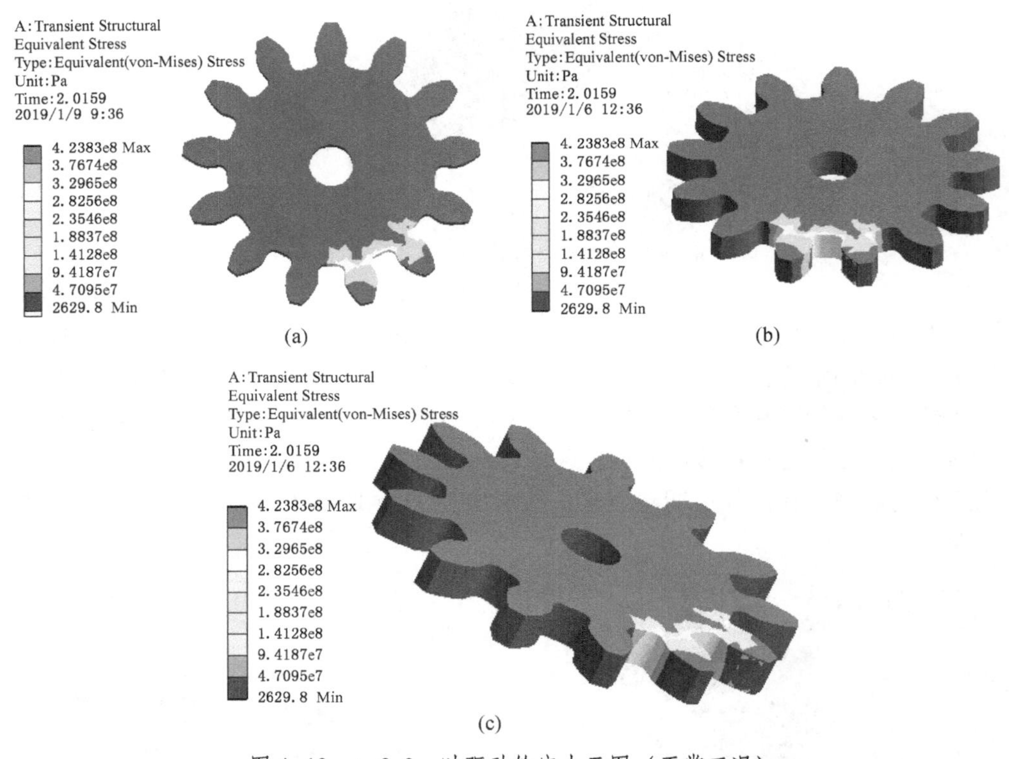

(a) (b)

(c)

图 4-10 t=2.0 s 时驱动轮应力云图（正常工况）

4.2.2 相邻销排安装间隙对驱动轮与销排接触特性的影响

采煤机的行走部驱动轮与销排在啮合时属于线啮合，根据驱动轮与销排真实的工作状态，考虑到由于在实际工况下以及在安装过程中产生的误差，会导致相邻销排产生间隙。本小节考虑在实际工况下销排水平方向存在 14 mm 间隙量时驱动轮与销排进行动力学碰撞分析，从而获取 3 种不同时刻驱动轮通过含间隙销排时所受应力以及发生的应变情况。分别是驱动轮与销排接触的初始啮合应力应变云图、稳定啮合应力应变云图和退出啮合阶段驱动轮与销排接触的应力应变云图。

图 4-11、图 4-12 为在 1.8 s 截取的运动时刻为驱动轮与销排间隙初始啮合状态，此时驱动轮有一轮齿在销排间隙中，另一轮齿还处于和销排齿挤压中，此时的驱动轮与销排相当于双齿啮合，由于销排间隙的存在导致驱动轮在通过销排间隙时和在正常与销排啮合时发生剧烈碰撞，同时采煤机的重力以及牵引阻力作用在驱动轮上面，导致此时应力主要集中在驱动轮齿根以及啮合齿面区域。由应力应变云图可看出在仿真初期驱动轮所受最大应力应变出现在轮齿的齿根位置，此时的最大应变量为 1.7984×10^{-5} m，最大应力为 3.2218×10^{8} Pa。随着啮合的进行，驱动轮与销排啮合时驱动轮所受应力持续增大。

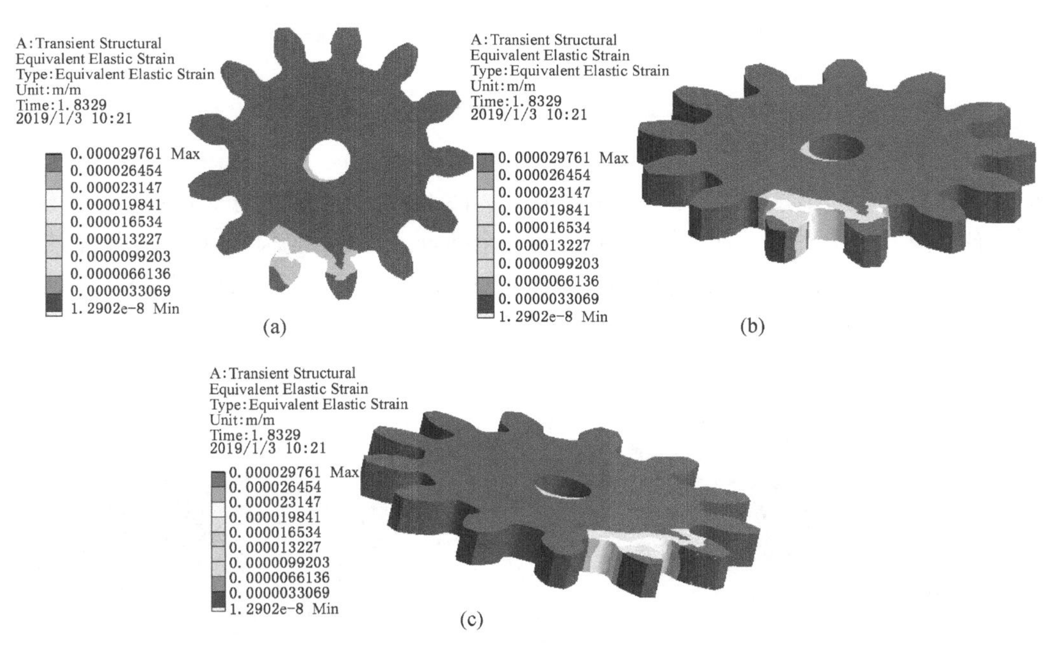

图 4-11　t=1.8 s 时驱动轮应变云图（安装间隙）

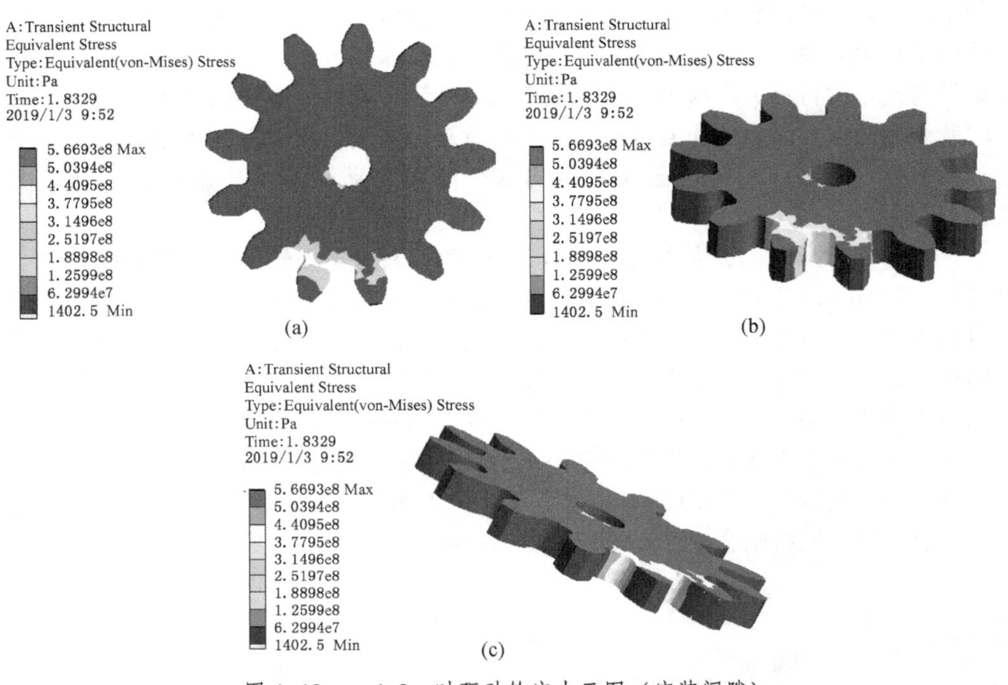

图 4-12 $t=1.8$ s 时驱动轮应力云图（安装间隙）

在驱动轮与销排啮合 1.9 s 时（图 4-13、图 4-14），此时相对于 1.8 s，驱动轮的轮齿向下运动，第一个轮齿与销排间隙完全啮合，后面的轮齿也有向下运动的趋势并挤压销排齿，由于与销排的销齿在初期便有接触，所以在接触中期时轮齿的啮合区域受到的应力明显增大，应力应变颜色变化更为明显，当驱动轮与销排啮合达

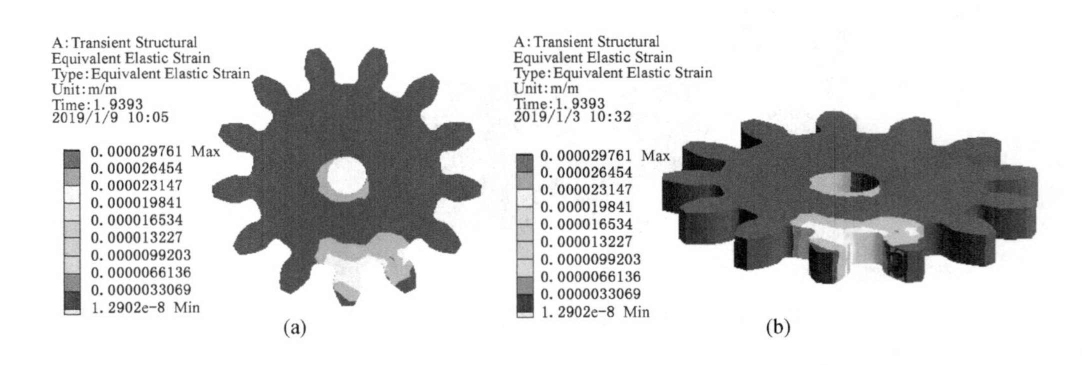

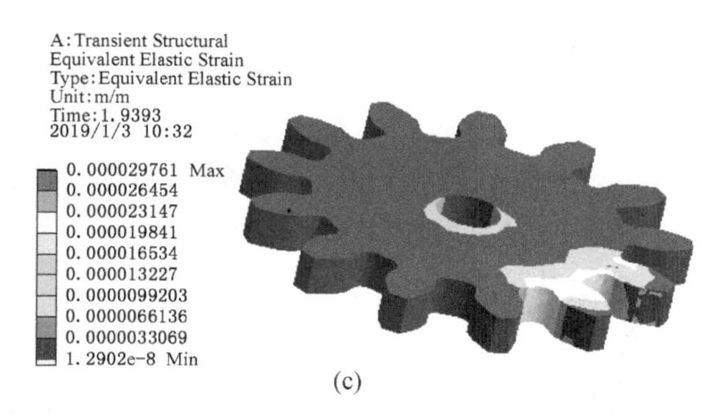

图 4-13 $t=1.9$ s 时驱动轮应变云图（安装间隙）

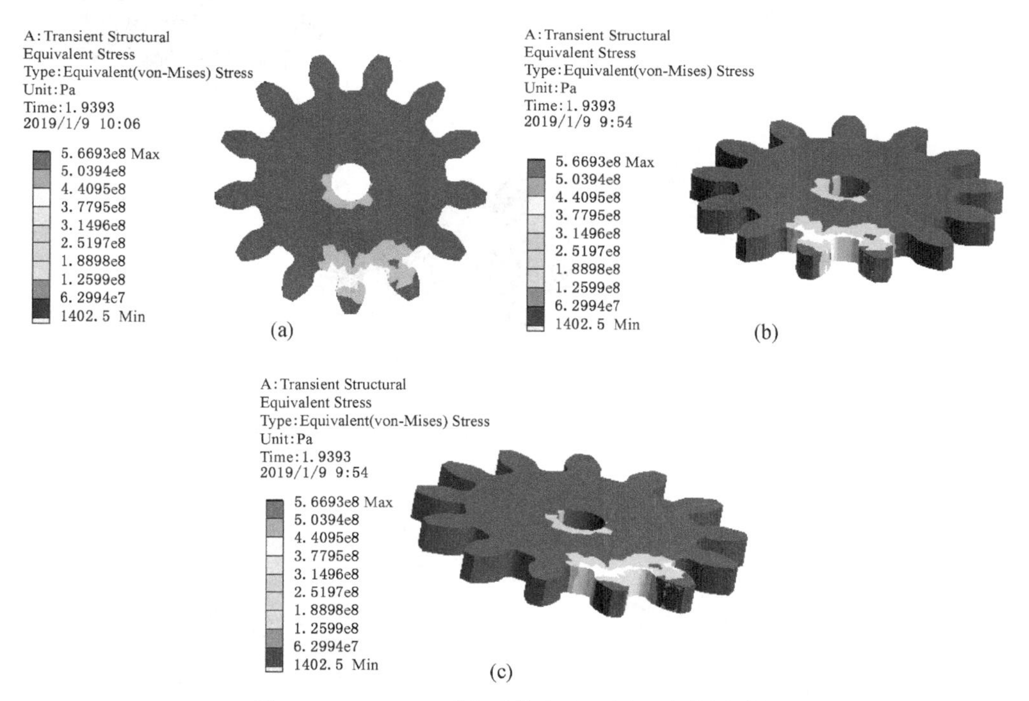

图 4-14 $t=1.9$ s 时驱动轮应力云图（安装间隙）

到驱动轮齿顶时，此时最大应力出现在齿根位置，轮齿的两侧位置应力集中较小，驱动轮所受最大应变量为 2.1984×10^{-5} m，最大应力为 4.1218×10^{8} Pa。

当驱动轮逐渐退出啮合过程时，应力应变逐渐减小，当退出啮合达到一定阶段下一对轮齿开始了新一轮的啮合。如图 4-15、图 4-16 所示，在 $t=2.1$ s 时，当前状态下驱动轮依然与销排有两个齿啮合，两个啮合齿间均有应力应变发生。但是跟 1.9 s 轮齿与销排间隙啮合相比，在 2.1 s 时仿真分析中驱动轮所受应力应变逐渐减小，应力应变云图显示轮齿的齿根位置出现最大应力应变，最大应变量为 1.9984×10^{-5} m，最大应力为 3.9218×10^{8} Pa。

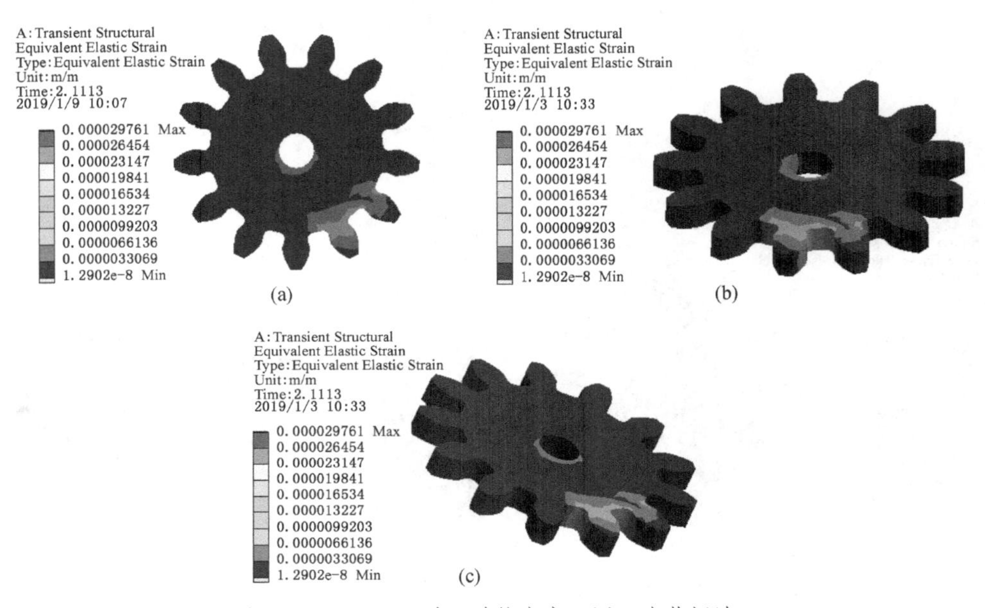

图 4-15　$t=2.1$ s 时驱动轮应变云图（安装间隙）

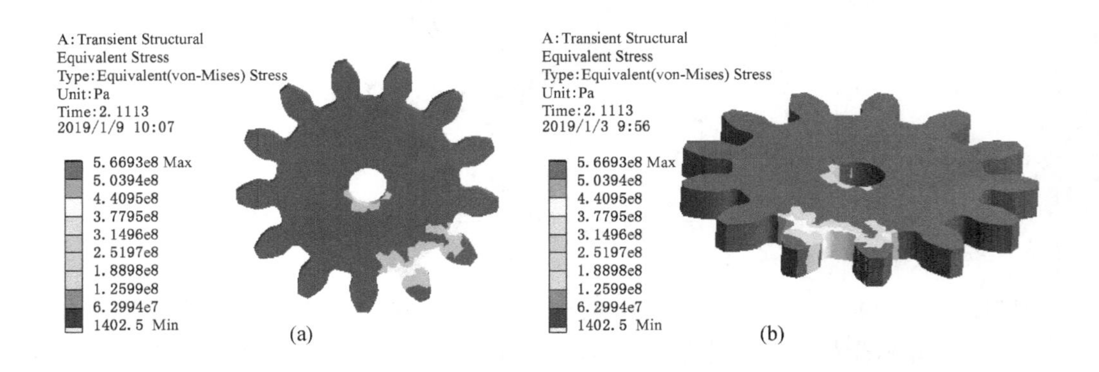

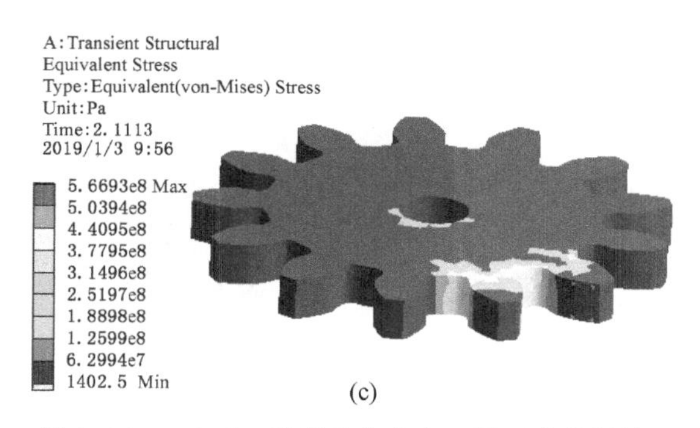

(c)

图 4-16　t=2.1 s 时驱动轮应力云图（安装间隙）

4.2.3　相邻销排安装高度差对驱动轮与销排接触特性的影响

根据采煤机在实际工作中由于复杂的工作环境导致在装配工作中出现销排上下存在高度差（这里考虑的高度差为 12 mm），通过对驱动轮与含高度差销排的碰撞进行动力学特性分析，查看仿真分析结果得到 3 种不同时刻驱动轮应力应变分布情况，分别是驱动轮与销排接触 1.9 s 啮合应力应变云图、2.1 s 应力应变云图以及 2.2 s 退出啮合应力应变云图。

当销排与销排间存在 12 mm 的安装高度差时，驱动轮通过销排间隙时发生更为明显的振动现象，相对于销排间存在间隙量情况下所受的应力应变有明显区别。图 4-17、图 4-18 中，当驱动轮轮齿欲通过含安装高度差的销排缝隙，并且现在的轮齿与销排间隙处于初始啮合状态，由于后一对轮齿未退出啮合，所以两个轮齿与销排均有接触。此时驱动轮所受接触应力主要分布在轮齿根部以及轮齿两侧等区域，由应力应变云图可清楚看出，最大接触应力出现在轮齿根部。在 1.9 s 分析时，驱动轮所受最大变形量为 1.8865×10^{-5} m，最大应力为 3.8847×10^{8} Pa。

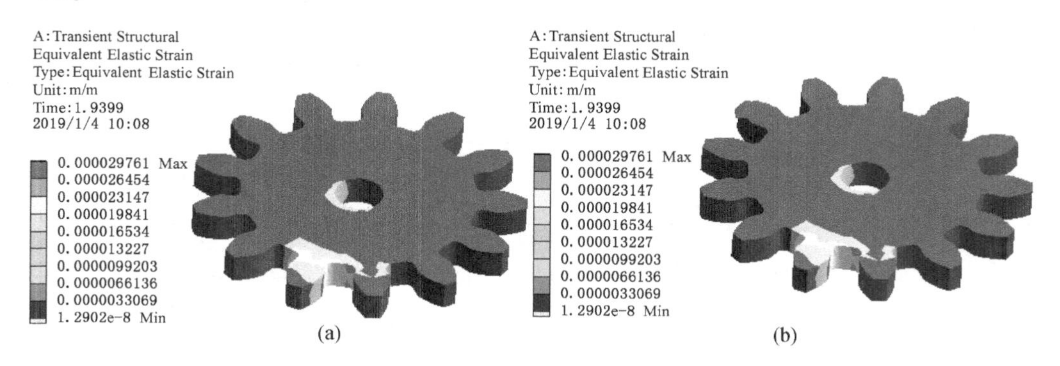

(a)　(b)

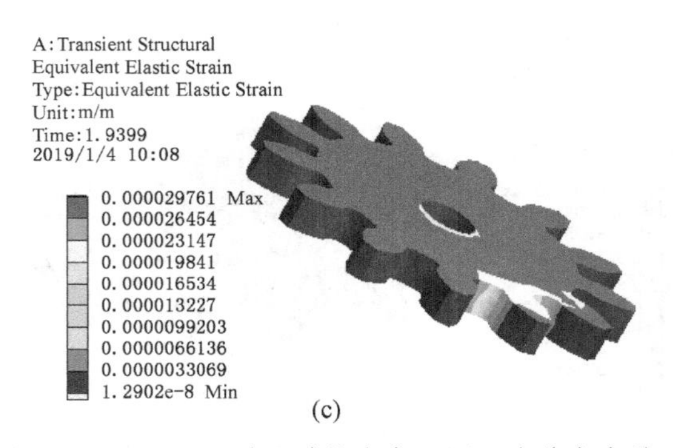

图 4-17 $t=1.9$ s 时驱动轮应变云图（安装高度差）

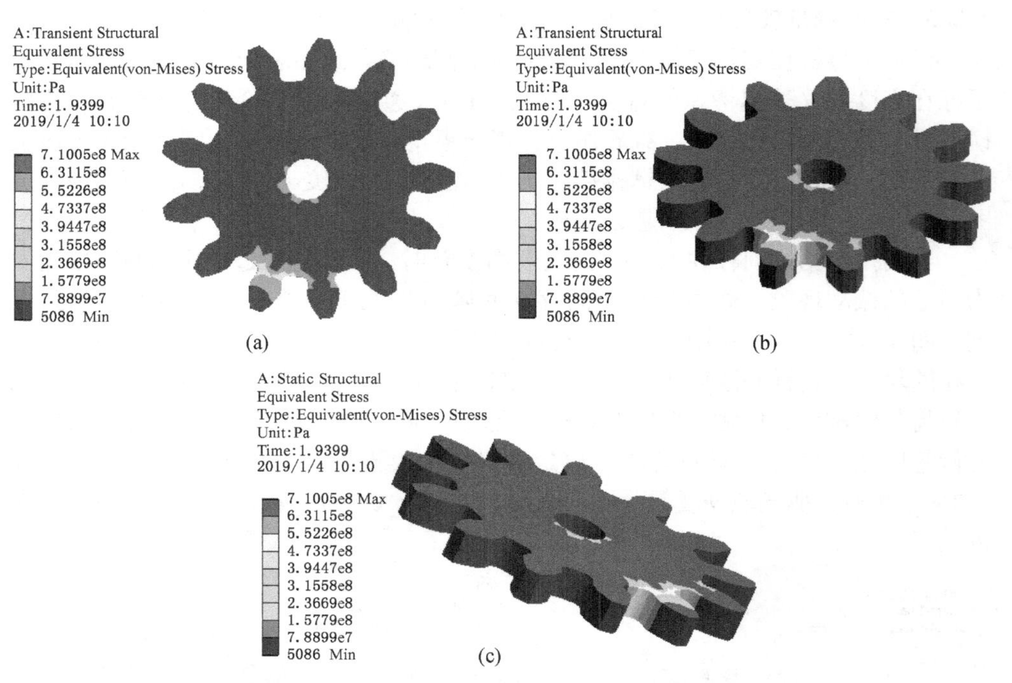

图 4-18 $t=1.9$ s 时驱动轮应力云图（安装高度差）

图 4-19、图 4-20 中，在分析进行到 2.1 s 时，驱动轮轮齿与销排间隙处于啮合稳定阶段，此时后一对轮齿渐渐退出啮合，但并没有完全退出啮合。由于相邻销排高度差的存在，导致前一对轮齿的啮合面与销排发生碰撞，产生较大的振

动冲击，所以受到应力增大，应力集中区域为轮齿的齿根，轮齿两侧也出现应力分布，并且分布较为均匀。此时接触应力达到了仿真分析全过程的最大值，且最大应变量出现在齿根处，大小为 3.6578×10^{-5} m，最大应力出现在齿根处为 6.4217×10^{8} Pa。

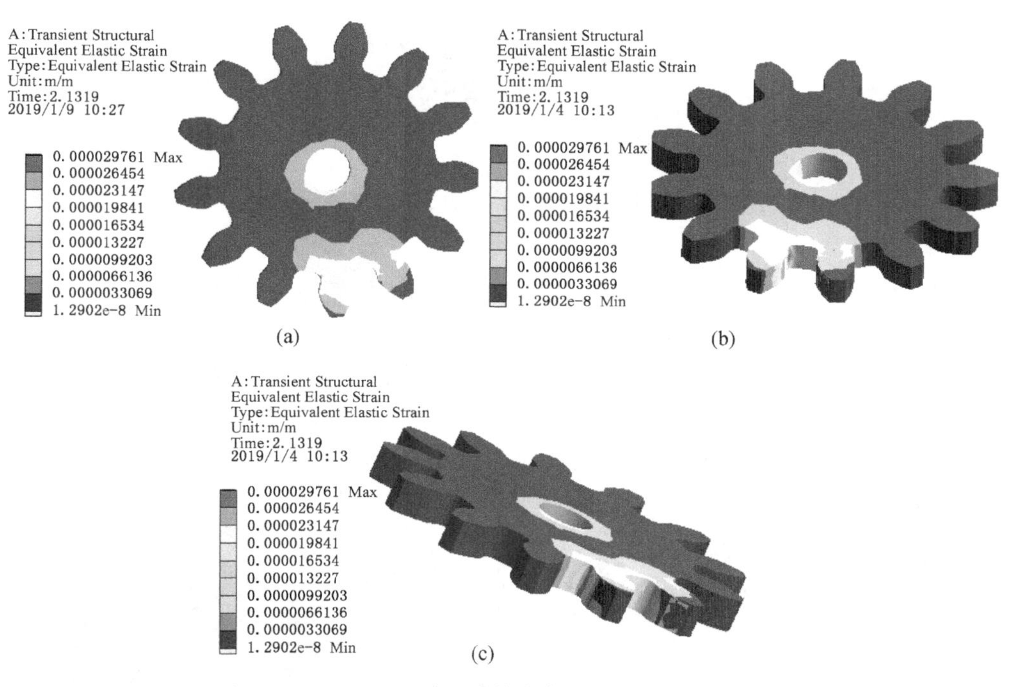

图 4-19 t=2.1 s 时驱动轮应变云图（安装高度差）

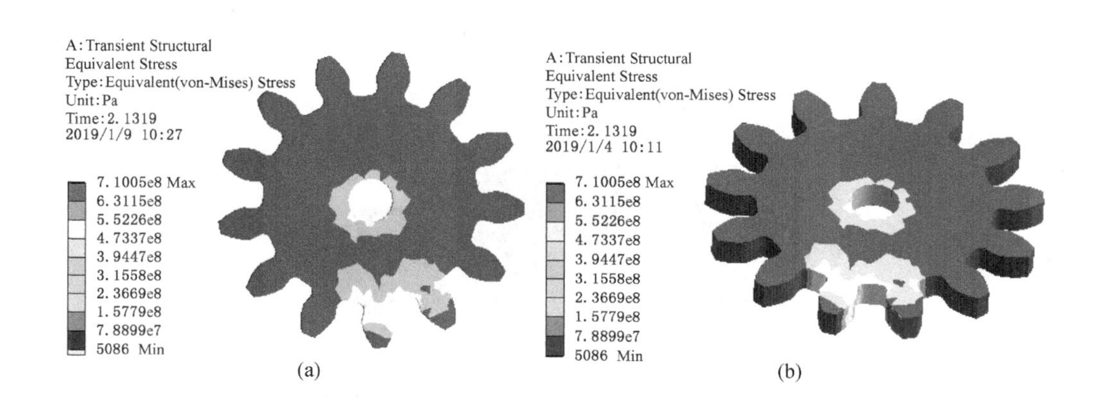

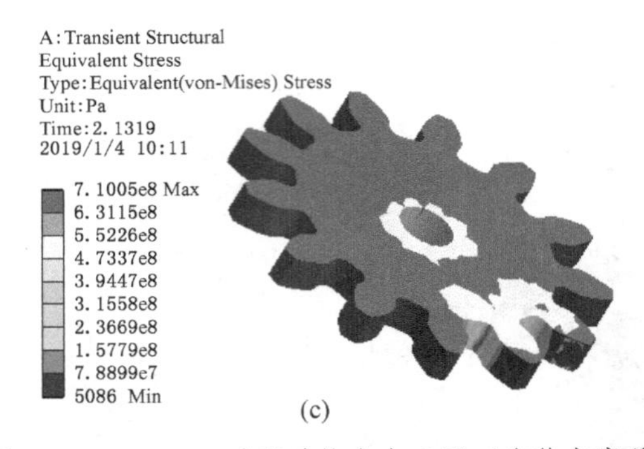

图 4-20　$t=2.1$ s 时驱动轮应力云图（安装高度差）

图 4-21、图 4-22 中，在驱动轮渐渐退出与销排间隙啮合过程中，由于销排间隙过大，当前的轮齿还未完全退出啮合，后一对轮齿依然处于与销排销齿啮合状态，驱动轮虽然处于双齿啮合，但相对仿真分析 2.2 s 时接触应力明显下降，此时应力集中区域为轮齿齿根位置以及齿面两侧区域。最大接触应力出现位置在轮齿齿根处，此时驱动轮产生的最大应变量为 2.7584×10^{-5} m，最大接触应力为 5.1258×10^{8} Pa。

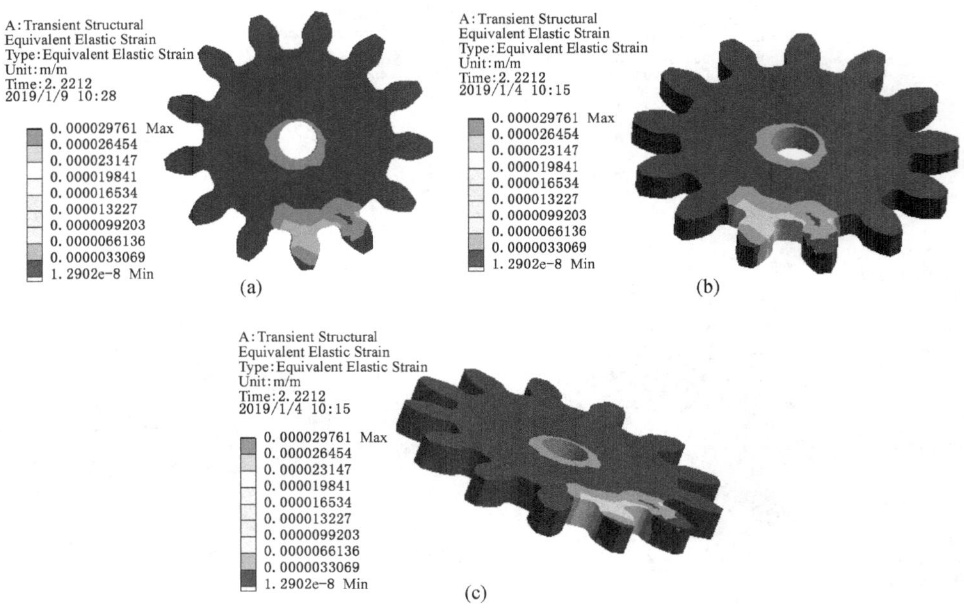

图 4-21　$t=2.2$ s 时驱动轮应变云图（安装高度差）

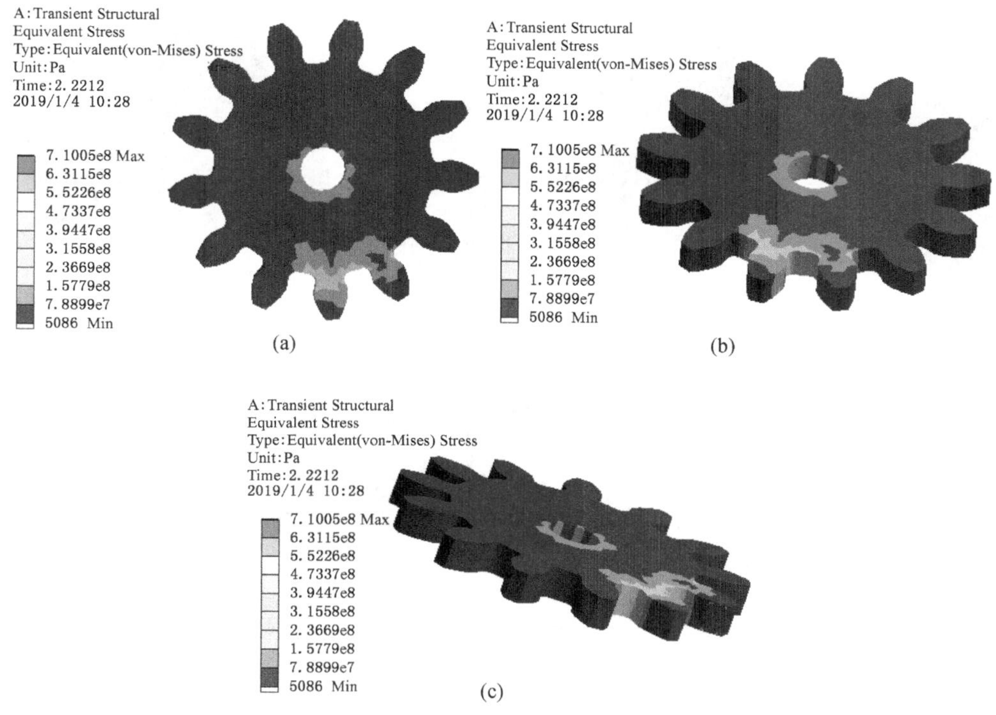

图 4-22 t=2.2 s 时驱动轮应力云图（安装高度差）

4.2.4 相邻销排安装夹角误差对驱动轮与销排接触特性的影响

由于矿井井下环境复杂多变，刮板输送机在井下装配和投入使用过程中会产生误差或变形等情况。本小节考虑销排存在安装夹角误差为 2°时，通过动力学仿真分析驱动轮通过含间隙销排时应力应变分布情况。这里选取接触 3 个不同时期进行分析，查看驱动轮在接触碰撞中所受应力变化。

图 4-23、图 4-24 中，当销排存在 2°安装夹角，在仿真进行到 1.8 s 时，轮齿处于初始啮合状态，因为之前的轮齿未完全退出与销轨的啮合，所以此时的驱动轮与销排处于双齿啮合，而销轨的销齿间距离导致驱动轮在正常工作中与销齿啮合时不稳定，驱动轮轮齿受到较大的冲击载荷，驱动轮所受接触应力主要集中在轮齿齿根区域。此时最大变形量为 2.0004×10^{-5} m，最大接触应力为 4.0213×10^{8} Pa。

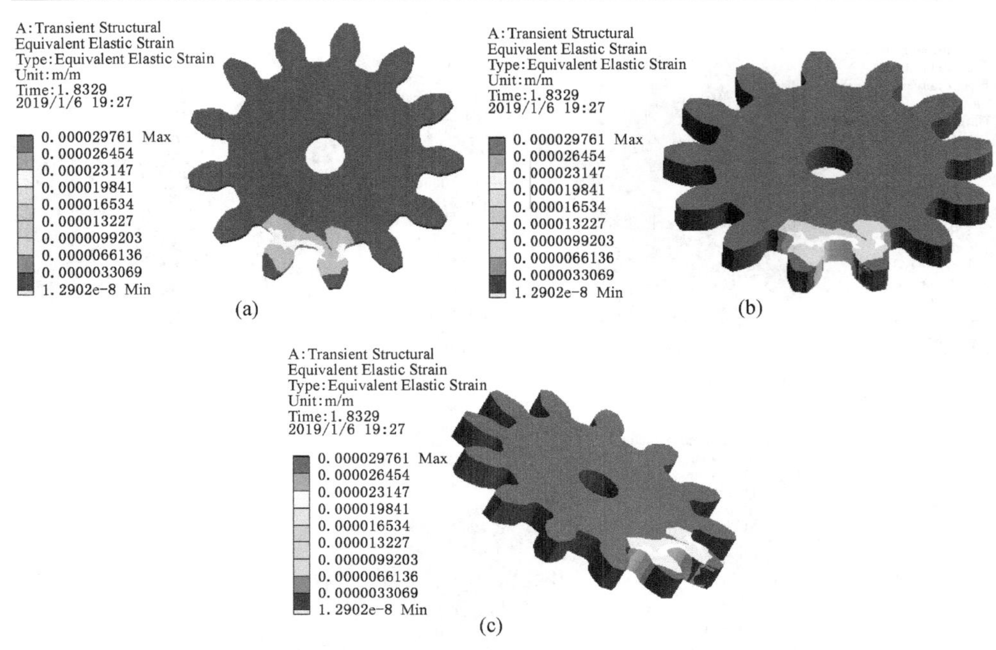

图 4-23　$t=1.8$ s 时驱动轮应变云图（安装夹角误差）

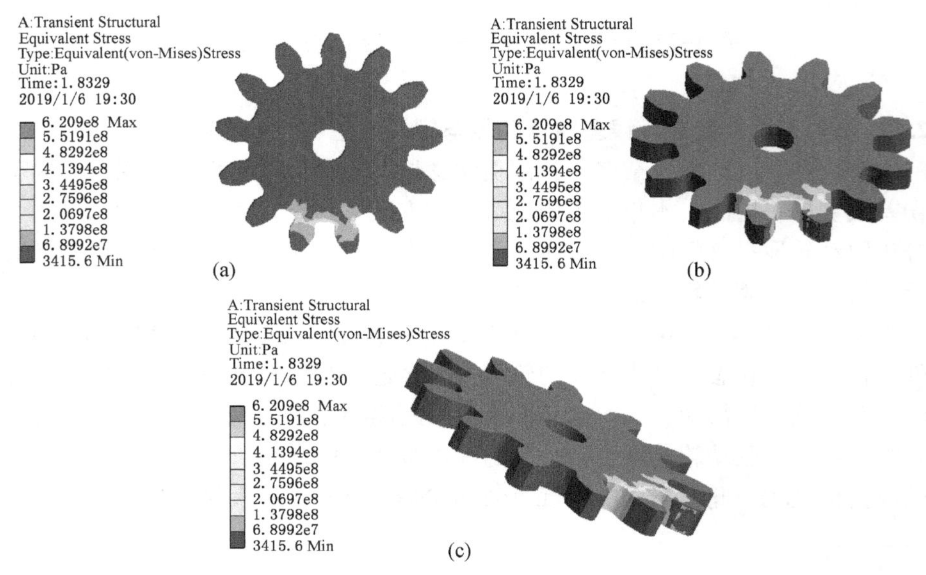

图 4-24　$t=1.8$ s 时驱动轮应力云图（安装夹角误差）

图 4-25、图 4-26 中，选取的 1.9 s 是驱动轮在通过含安装夹角销排时啮合稳定时期，伴随着上一对齿轮渐渐退出啮合，但此时并未完全退出啮合，与销排销齿仍有接触。处于稳定啮合的轮齿接触应力不断增大，接触面应力集中较大，最大应力应变出现区域在轮齿齿根处，此时最大变形量为 2.3856×10^{-5} m，最大接触应力为 4.2875×10^{8} Pa。

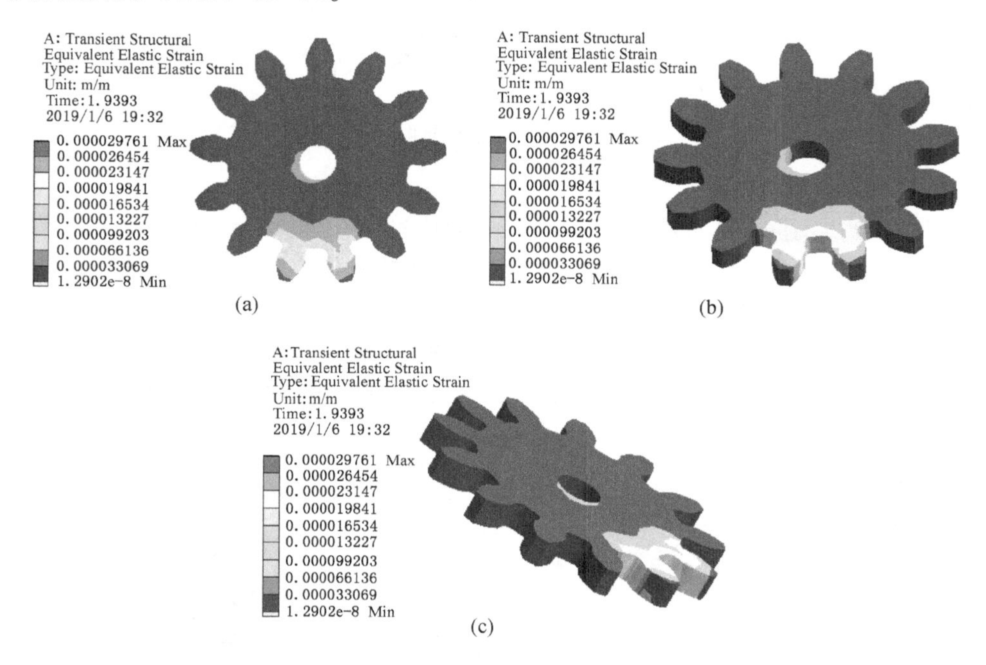

图 4-25 $t=1.9$ s 时驱动轮应变云图（安装夹角误差）

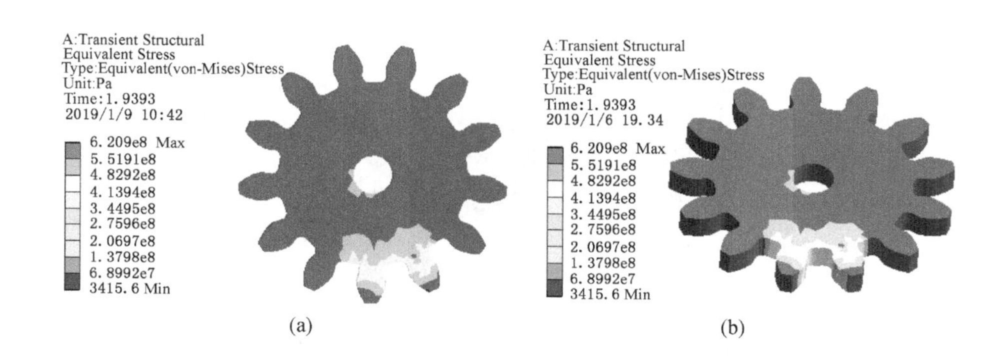

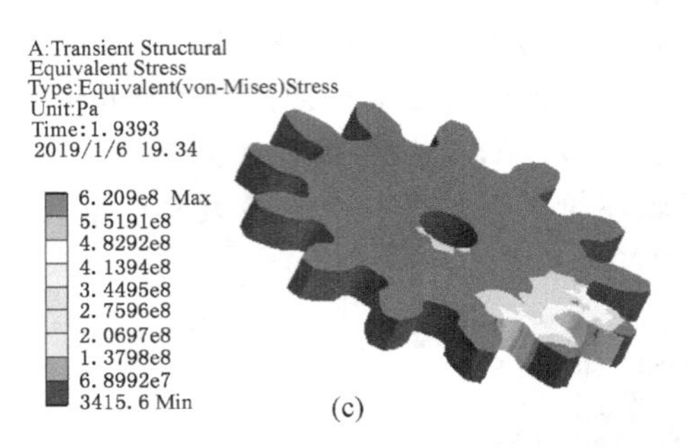

图 4-26 t=1.9 s 时驱动轮应力云图（安装夹角误差）

图 4-27、图 4-28 为在 t=2.2 s 时，驱动轮逐渐退出啮合，这里截取驱动轮轮齿未完全退出啮合时期，当前状态依然是与销排销齿双啮合。驱动轮轮齿所受应力有逐渐减小的趋势，应力集中位置在接近齿根处的位置，并且最大接触应力均出现在轮齿齿根处。接触应力出现位置在两个啮合轮齿齿根及齿面的区域。在仿真分析后期阶段，最大变形量为 2.1874×10^{-5} m，最大接触应力为 4.1001×10^{8} Pa。

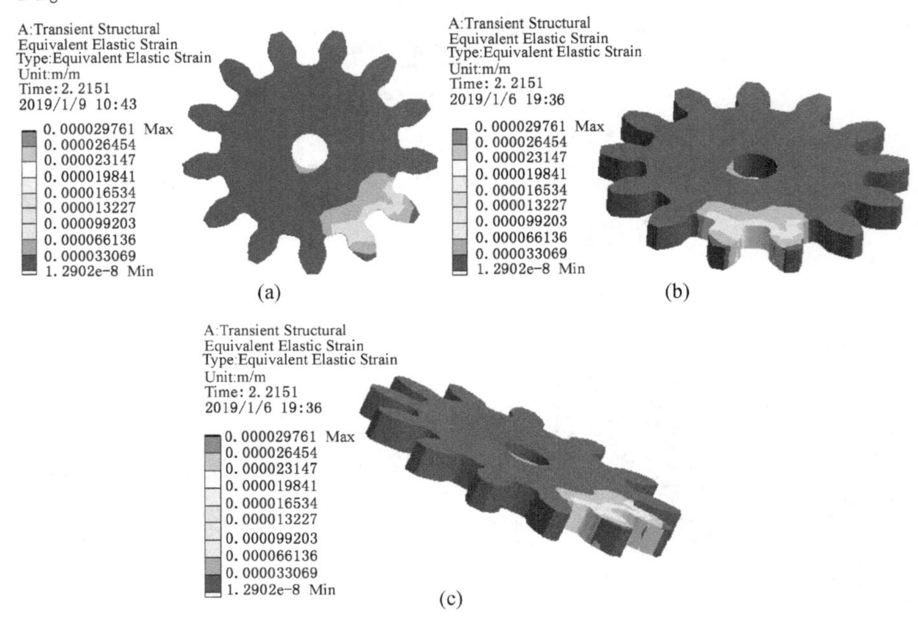

图 4-27 t=2.2 s 时驱动轮应变云图（安装夹角误差）

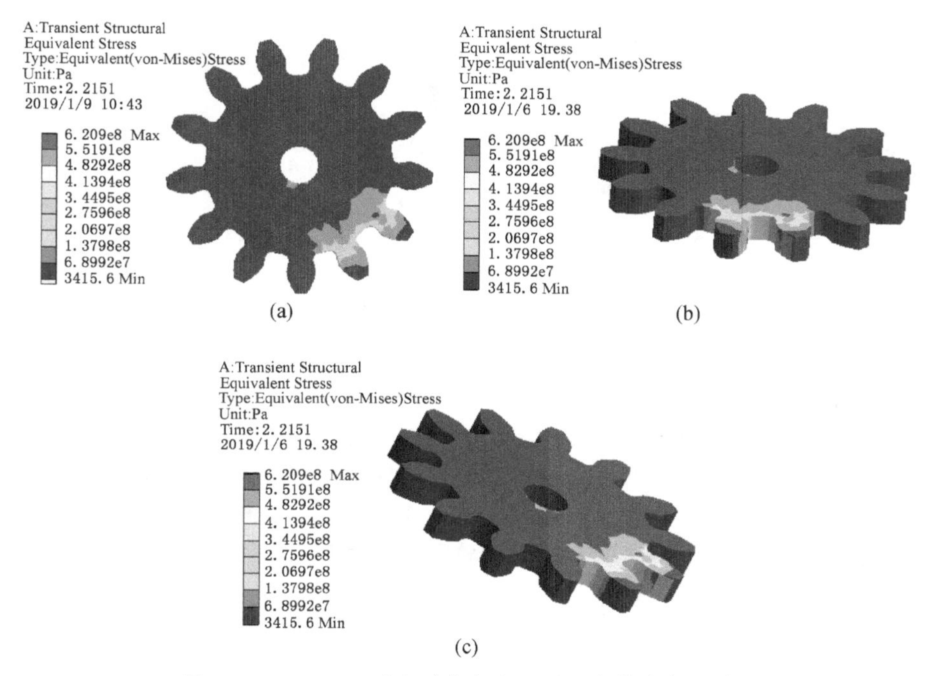

图 4-28 t=2.2 s 时驱动轮应力云图（安装夹角误差）

4.3 销排间的不同错位间隙量对驱动轮接触应力的影响

4.3.1 相邻销排间的安装间隙对接触应力的影响

当销排间存在安装间隙时，驱动轮通过销排间隙与销排发生碰撞。本小节研究了相邻销排的不同安装间隙对驱动轮所受接触应力的影响，设置的间隙量分别是 8 mm、10 mm、12 mm、16 mm，与之前位移量 14 mm 时的仿真分析形成对比。获取相邻销排不同安装间隙时驱动轮通过该间隙所受最大接触应力大小，不同安装间隙时驱动轮与销排啮合所受最大接触应力变化情况如图 4-29 所示。

当销排出现不同安装间隙时，驱动轮所受最大接触应力不同，安装间隙量为 8 mm、10 mm、12 mm、16 mm 时驱动轮所受最大接触应力分别为 2.1451×10^8 Pa、2.7144×10^8 Pa、3.6987×10^8 Pa、4.2978×10^8 Pa。由此可清楚了解随着销排安装间隙的增大，驱动轮与销排啮合时所受最大接触应力逐渐增大。

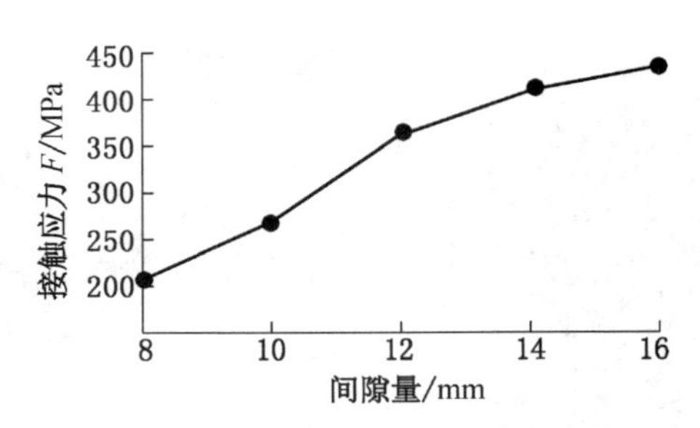

图 4-29 销排不同间隙量对驱动轮接触应力的影响曲线图

4.3.2 销排间的安装高度差对接触应力的影响

当销排间存在安装高度差时，驱动轮通过相邻销排间隙与销排发生碰撞。本小节研究了销排存在不同安装高度差时驱动轮所受的最大接触应力变化情况，设置安装高度差分别是 6 mm、8 mm、10 mm、14 mm，与之前的 12 mm 高度差形成对比。获取了数据为不同高度差时驱动轮所受最大接触应力大小，得到了驱动轮所受最大接触应力的变化规律，如图 4-30 所示。

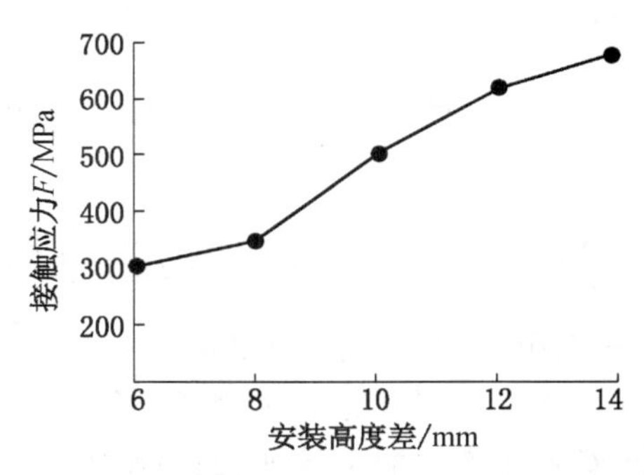

图 4-30 销排不同安装高度差对驱动轮接触应力的影响曲线图

当相邻销排间安装高度差不同时，驱动轮所受最大接触应力变化非常明显，安装高度差为 6 mm、8 mm、10 mm、14 mm 所对应的驱动轮最大接触应力分别为 3.0001×10^8 Pa、3.5125×10^8 Pa、5.0124×10^8 Pa、6.6587×10^8 Pa。由此可以清楚地看出，当销排安装高度差逐渐增大驱动轮在与销排啮合时所受接触应力逐渐增大，并且变化明显。

4.3.3 销排间的安装夹角误差对接触应力的影响

本小节研究了当销排存在不同安装夹角时驱动轮与销排啮合的接触应力的变化。由于销排与销排之间存在安装夹角误差，当驱动轮通过销排间隙时会与销排发生接触碰撞（这里研究不同安装夹角误差存在的情况下采煤机导向滑靴与销排接触碰撞动力学特性分析），考虑存在错位夹角分别为 0.5°、1.0°、1.5°，与之前的 2°形成对比。选择的数据为驱动轮在每种工况过程中所受最大接触应力（图 4-31）。

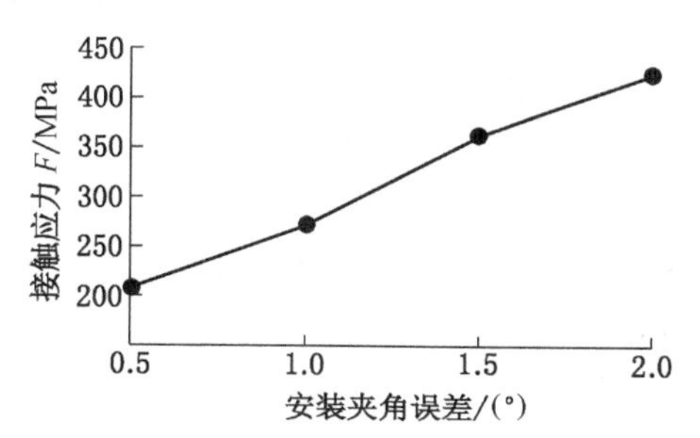

图 4-31 销排不同安装夹角误差对驱动轮接触应力的影响曲线图

由图 4-31 可看出，当销排与销排之间存在不同的安装夹角误差时驱动轮所受最大接触应力变化显著，当销排间错位夹角为 0.5°、1.0°、1.5°时驱动轮在仿真分析中期所受的最大接触应力分别为 2.1251×10^8 Pa、2.6917×10^8 Pa、3.6235×10^8 Pa。随着销排安装夹角误差的增大，驱动轮通过该间隙时所受最大接触应力也逐渐增大。

5 导向滑靴与销排（含间隙）碰撞动力学仿真分析

导向滑靴与驱动轮相互作用起到了为采煤机导向和支撑的作用，所以导向滑靴在采煤机整机中扮演着重要角色。采煤机在实际工作中往往由于工作环境恶劣、运行工况复杂或安装存在误差等种种原因导致销排产生错位变化，如果销排出现问题导致采煤机导向滑靴无法通过销排之间的间隙，那么采煤机在作业过程中的导向滑靴极易发生磨损和破坏，将导致采煤机无法持续开采，所以导向滑靴目前也被列为易损件。而由于井下环境恶劣，作业空间非常有限，更换导向滑靴消耗大量的时间以及人力物力，这样便会带来巨大经济损失，因此分析导向滑靴通过销排时的受力情况就非常有必要。

5.1 导向滑靴与销排接触碰撞动力学模型建立

5.1.1 前处理设置

本章以 MG500/1130-WD 型采煤机为研究对象，首先利用三维绘图软件 Pro/E 把需要的导向滑靴以及销排等零件绘制成三维图，并且利用 Pro/E 将其装配完成，建模完成后对模型进行虚拟装配，并利用 Pro/E 的分析功能对装配好的模型进行静态干涉检测，无干涉后将装配好的模型保存为“.igs”格式，这样可以为之后将模型导入 ANSYS Workbench 中做准备。为节省仿真所需时间，提高分析效率，此处建立的模型为不影响实际该部件功能的略加简化的三维实体模型，忽略了小尺寸的圆角、倒角等不影响分析结果的特征。图 5-1 所示为销排在 3 种不同工况存在错位情况下的三维模型。

三维模型图建立完毕，双击“ANSYS Workbench 17.0”图标，打开“Work-

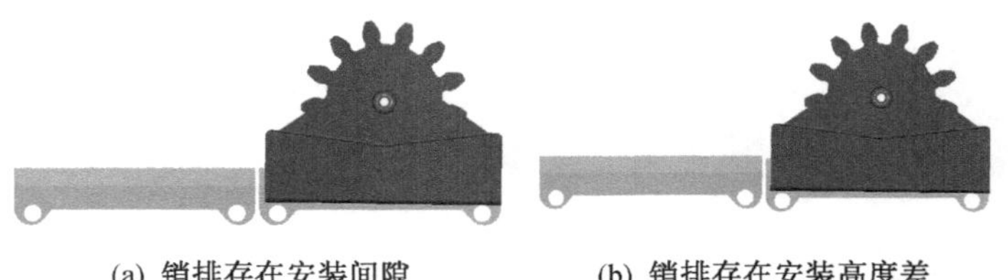

(a) 销排存在安装间隙　　(b) 销排存在安装高度差

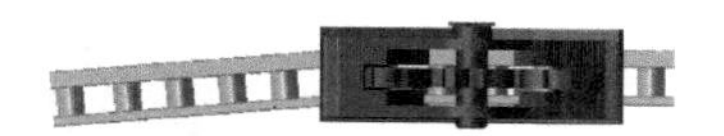

(c) 销排存在安装夹角误差

图 5-1 不同工况下的三维模型

bench”仿真软件，在“Toolbox”中的“Analysis Systems”内找到“Transient Structural”模块，单击选择“Transient Structural”模块拖拽到“Project Schematic”界面中虚线框内，完成项目 A 的添加。右击“Geometry”，打开“Replace Geometry”中的“Brailse”，导入所需要的三维装配模型。双击项目“Transient Structural”中的“Geometry”进入“DesignModeler”，点击“Generate”生成导入的三维模型，并选择“Millimeter”作为仿真分析模型单位。

对导向滑靴和销排材料属性的定义是本章的有限元分析最关键的部分，材料属性的定义越接近实际值仿真所得到的结果越与真实结果相近。销排与导向滑靴的材料设置为非线性塑性各向异性硬化材料，所定义材料的参数包括密度、泊松比、弹性模量、抗拉强度，销排材料采用 42CrMo 合金钢，导向滑靴材料采用 ZG25CrMnNiMo 合金钢。具体参数见表 5-1。

表 5-1 销排和导向滑靴仿真的基本参数

部位名称	材料名称	弹性模量/Pa	抗拉强度/MPa	泊松比
销排	42CrMo	2.02×10^{11}	1080	0.3
导向滑靴	ZG25CrMnNiMo	2.02×10^{11}	1470	0.3

网格划分是动力学仿真分析中非常关键的一个环节，网格划分的密集程度、划分质量如何，将会直接影响到仿真最后的结果准确性，所以在网格划分过程中要保证结果准确性的同时还要尽量节省分析的时间。导向滑靴和销排在划分网格过程中要考虑到零件在实际工作过程中的工作形式、导向滑靴与销排接触位置等因素。因此在对导向滑靴进行网格划分时主要注意两个接触面，一是导向滑靴钩住销排一侧接触面的网格划分，另一个主要部位是导向滑靴在过销排缝隙时与销排碰撞的接触面网格划分。在这里，其他非关键部位的网格划分可以采用全局网格划分控制，网格划分尺寸采用默认值。导向滑靴与销排三维网格划分模型如图 5-2 所示。

5.1.2 施加载荷、初始条件与约束

本小节模拟采煤机行走部导向滑靴沿着销排的运动轨迹以及真实的运动状

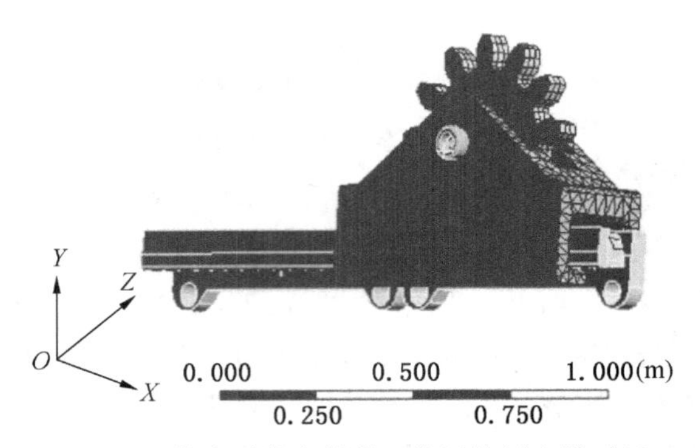

图 5-2　导向滑靴与销排三维网格划分模型图

态。双击“Setup”打开“Mechanical”，对导向滑靴与销排进行载荷的添加并设置初始条件与约束。在添加载荷与约束之前先将销排与导向滑靴修改命名为 part 1、part 2，以方便区分。将导向滑靴设置成柔性体，销排设置为刚性体，再将试验获取的销轴载荷数据添加到导向滑靴轴孔处，利用采煤机在工作中导向滑靴与销排实际接触状态，对导向滑靴钩体内表面与销排的下表面的接触关系进行约束。基于实际受力情况，对导向滑靴与销排施加激励载荷并且限制导向滑靴的位移约束，*X*、*Y*、*Z* 方向上均设置为“Free”。具体设置方法见表 5-2。

表 5-2　导向滑靴与销排接触面设置

接触名称	接触面—目标面	接触类型	接触方式	动摩擦系数	静摩擦系数
接触区域 1	导向滑靴内表面与销排 1	摩擦接触	面—面接触	0.15	0.3
接触区域 2	导向滑靴内表面与销排 2	摩擦接触	面—面接触	0.15	0.3

5.2　导向滑靴与销排碰撞动力学仿真分析

5.2.1　相邻销排安装间隙对导向滑靴与销排接触特性的影响

根据在井下实际装配和采煤机实际工作中导致销排出现间隙量，本小节模拟在实际工况下销排间出现 14 mm 距离水平方向上的间隙量。通过对含间隙的导向滑靴与销排进行动力学碰撞分析，获取 3 种不同时刻导向滑靴通过销排间隙时的应力应变分布情况，得到导向滑靴与销排间隙接触的 3 个不同时刻的应力应变云图。为了更加真实接近实际采煤机导向滑靴工作中所受应力应变，在做仿真分析中加入了导向滑靴与采煤机行走部相连接的销轴，当导向滑靴行走时导向滑靴在销轴的作用下产生较大受力情况，所以导向滑靴的销轴孔区域也集中出现了明显的应力应变情况。通过查看应力应变云图的分布情况可以看出导向滑靴在通过销排间隙时应力达到最大值，同样在通过销排缝隙时应变也达到了峰值。

导向滑靴在销排上滑行 0.9 s 接触碰撞时刻，如图 5-3、图 5-4 所示，此时导向滑靴内表面刚与销排间隙接触。在导向滑靴销孔区域也出现了密集的应力应变分布，但由仿真结果可看出，该区域未出现最大应力应变。由于销排间存在间隙，导向滑靴在通过间隙的初期受到销排间隙的影响，导向滑靴为了通过该间隙导致滑靴受力不均，在根据实际情况所施加约束条件下，导向滑靴为了通过销排间隙与销排发生不同方向的频繁的碰撞现象，导向滑靴通过销排所受的接触应力应变主要集中在滑靴内与销排接触的区域，此时的最大应变量为 8.8479×10^{-6} m。最大应力为 1.5478×10^{8} Pa。

当 $t=1.0$ s 时（图 5-5、图 5-6），导向滑靴在通过销排间隙的抖动最为剧烈，滑靴内表面与销排间隙完全接触。此刻导向滑靴的销孔周围同样出现非常明显的受

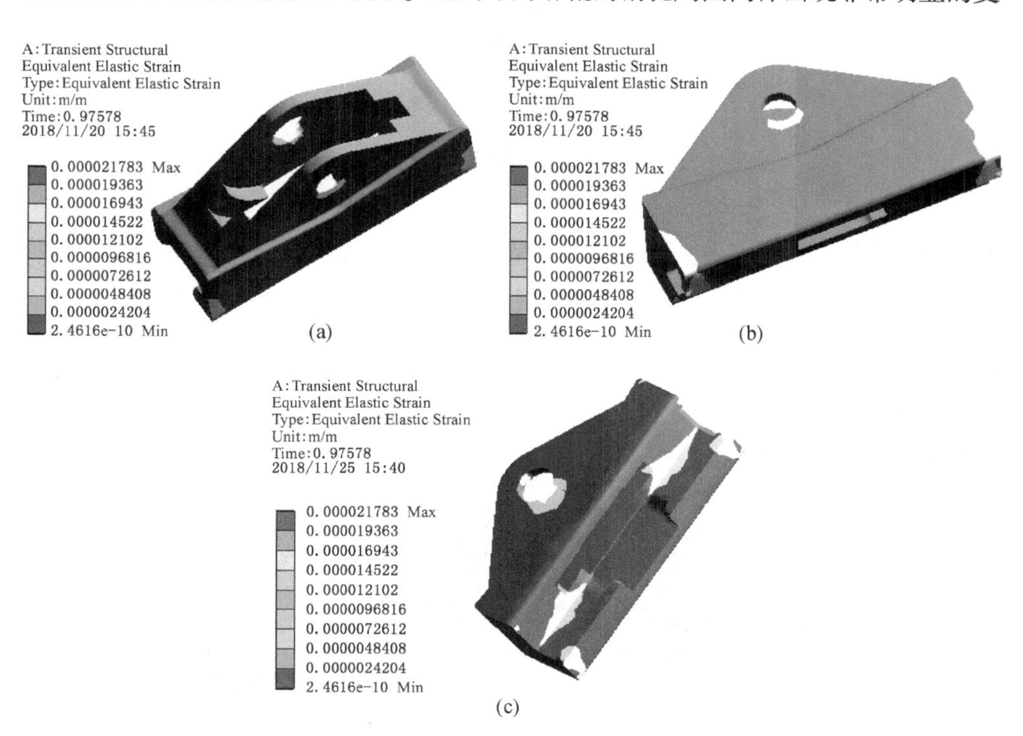

图 5-3　$t=0.9$ s 时导向滑靴应变云图（安装间隙）

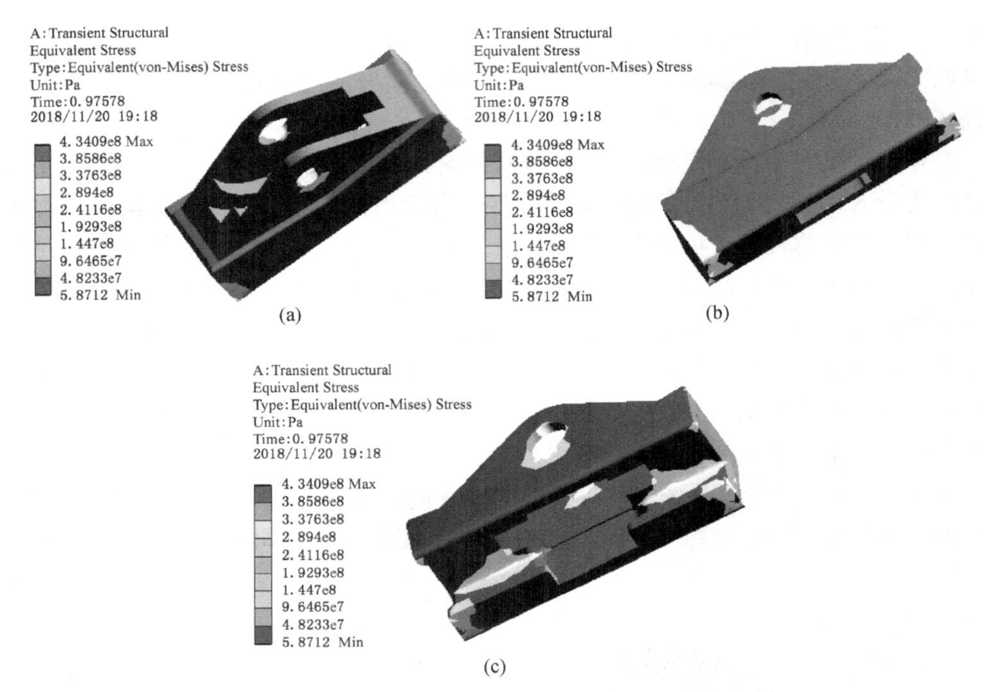

图 5-4　t=0.9 s 时导向滑靴应力云图（安装间隙）

力情况，虽然相对于 0.9 s 时受力有明显区别，但是在该区域依然未出现最大应力应变，而滑靴的下钩应力应变的变化相对于 0.9 s 更为显著，在根据实际情况所施加约束条件下，导向滑靴为了通过销排间隙与销排发生不同方向的频繁的碰撞情况，并且在滑靴下内部颜色明显最深，分析出了该时刻、该区域出现了较为严重的碰撞情况发生，此时导向滑靴的最大的应变量为 9.4512×10^{-6} m，最大的应力为 1.9457×10^{8} Pa。

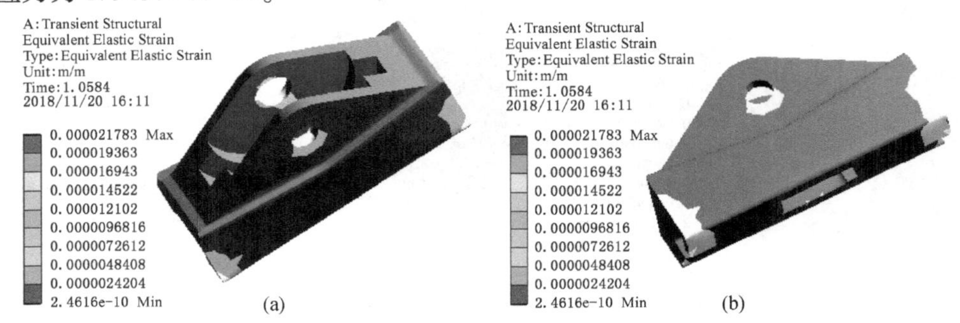

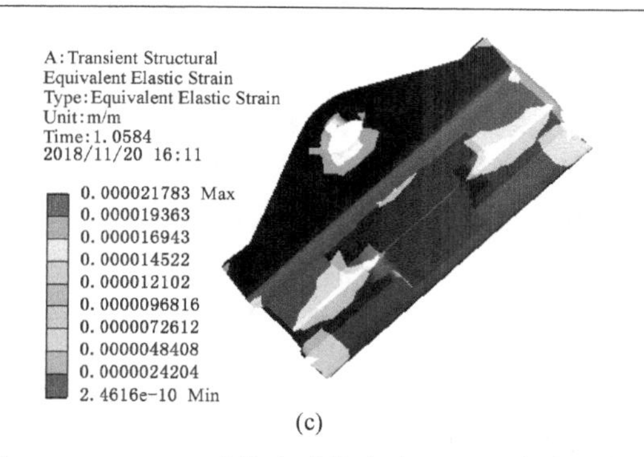

(c)

图 5-5 t=1.0 s 时导向滑靴应变云图（安装间隙）

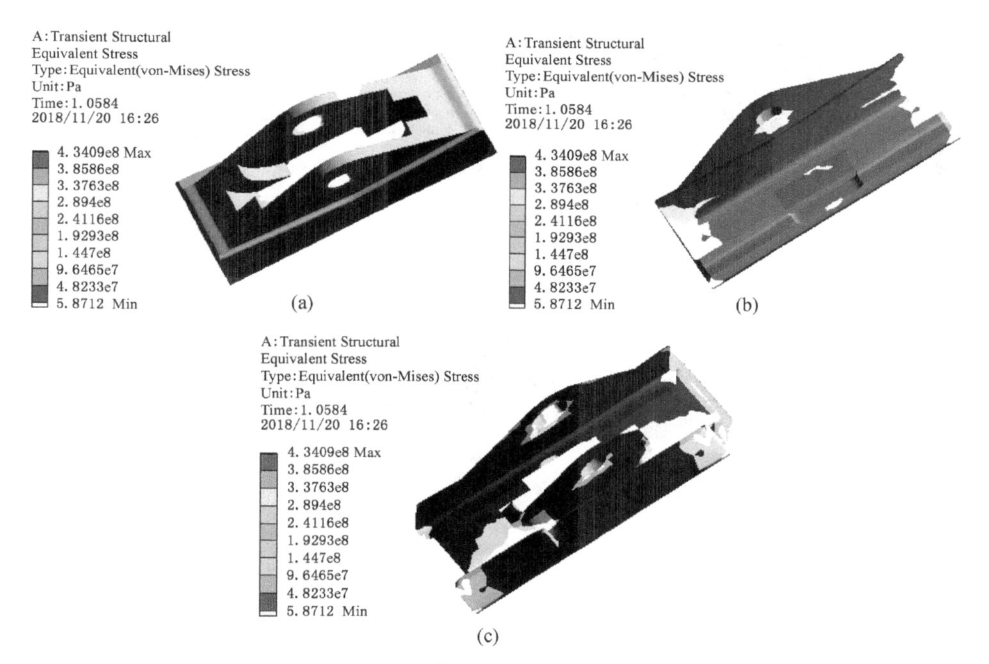

图 5-6 t=1.0 s 时导向滑靴应力云图（安装间隙）

在导向滑靴通过销排间隙接触碰撞 1.1 s 时，如图 5-7、图 5-8 所示，此时导向滑靴已通过销排间隙。这时在导向滑靴销孔处出现较为集中的应力应变分布，但是最大应力应变未出现在这个部位。相对于导向滑靴通过销排间隙中期，接触应力应变有下降的趋势。由分析结果可得到此时最大接触应力还是集中在滑靴的内表面，这个阶段导向滑靴最大的接触应变量为 8.1024×10^{-6} m，最大接触应力为 1.3698×10^8 Pa。

5.2.2 相邻销排安装高度差对导向滑靴与销排接触特性的影响

根据在矿井井下恶劣的工作环境导致采煤机装配和正常工作出现销排存在安装高度差，这里考虑存在 12 mm 错位高度差的情况下，通过对含高度差的销排与导向滑靴进行动力学碰撞分析，以及通过仿真结果获得 3 种不同时刻导向滑靴应力应变分布情况，分别是导向滑靴与销排接触的 0.9 s 应力应变云图、1.0 s 应力

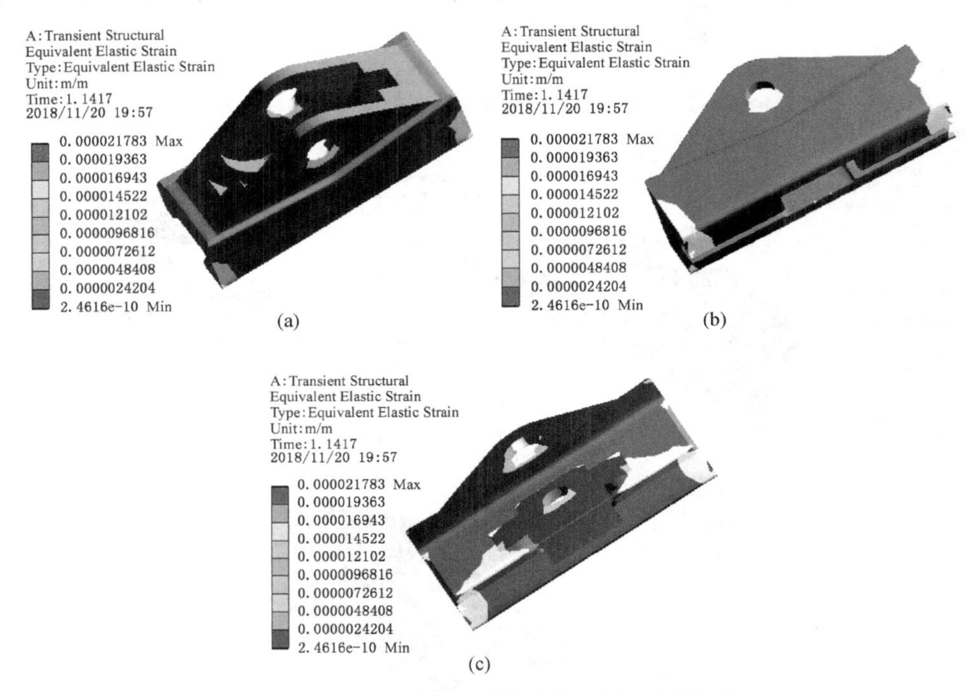

图 5-7 t=1.1 s 时导向滑靴应变云图（安装间隙）

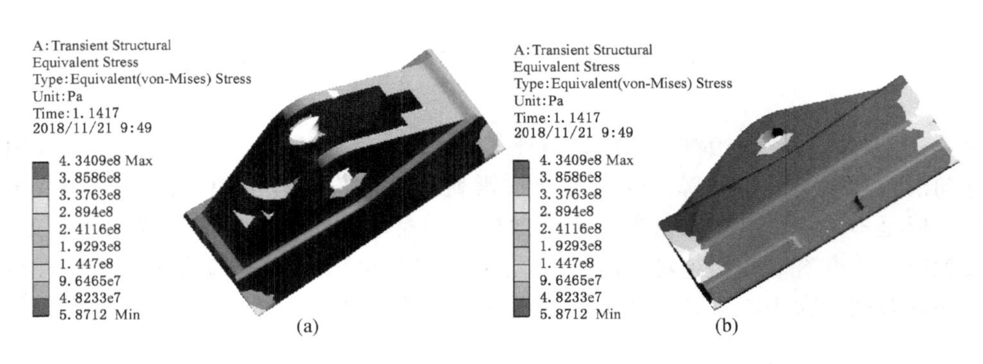

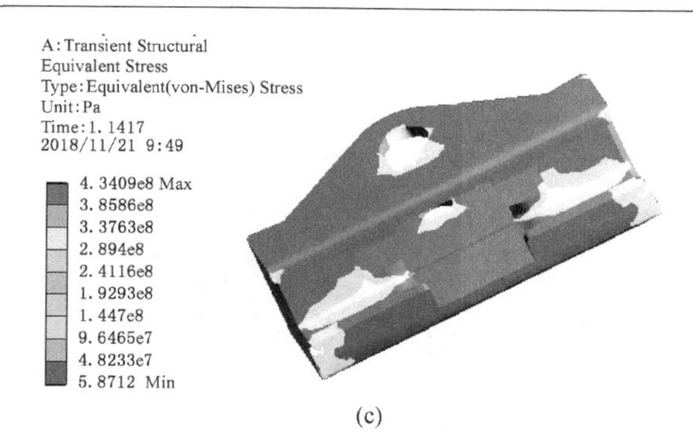

(c)

图 5-8 t=1.1 s 时导向滑靴应力云图（安装间隙）

应变云图和 1.1 s 应力应变云图。由于为了接近实际采煤机导向滑靴工作中所受应力应变，在作仿真分析中加入了导向滑靴与采煤机行走部相连接的销轴，当导向滑靴行走时导向滑靴在销轴的作用下产生受力情况，所以导向滑靴的销轴孔区域也集中出现了明显的应力应变现象，但是在查看不同时刻导向滑靴销孔区域应力应变情况时可看出最大应力及应变未出现在该区域。在通过查看应力应变云图的分布情况时可以看出导向滑靴在通过销排间隙时应力达到最大值，同样在通过销排缝隙时应变也达到了峰值。

当两个销排 1 与 2 存在安装高度差为 12 mm 时，当导向滑靴通过销排缝隙时产生了与存在间隙量工况下相比较有明显的振动现象发生，而相对仅销排存在安装间隙情况下所受的应力应变存在很大的区别。由图 5-9、图 5-10 可知，0.9 s 时刚与含高度差的销排接触，导向滑靴为通过销排间隙受力不均，为了通过存在高度差的销排间隙，首先导向滑靴底部会与销排发生不同方向的激烈碰撞，在仿真初期导向滑靴出现的最大应变区域在滑靴内与销排接触碰撞处，此时的最大应变量为 7.3578×10^{-6} m，最大应力为 1.2789×10^{8} Pa。

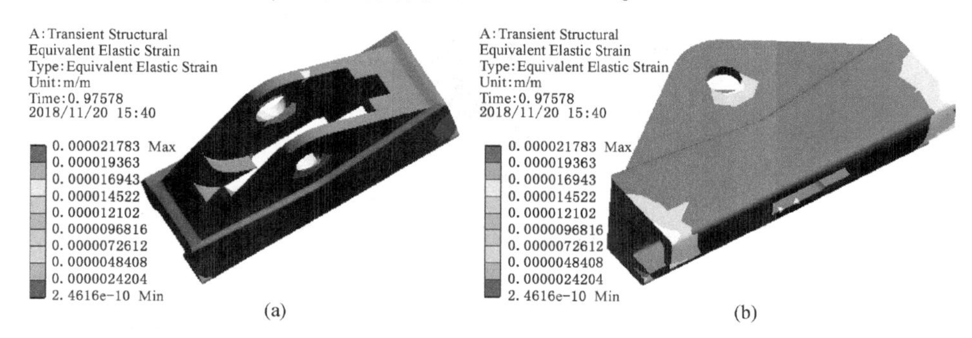

(a) (b)

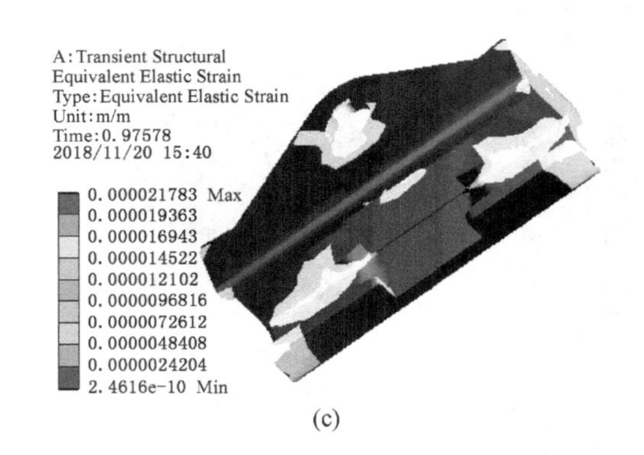

(c)

图 5-9　t=0.9 s 时导向滑靴应变云图（安装高度差）

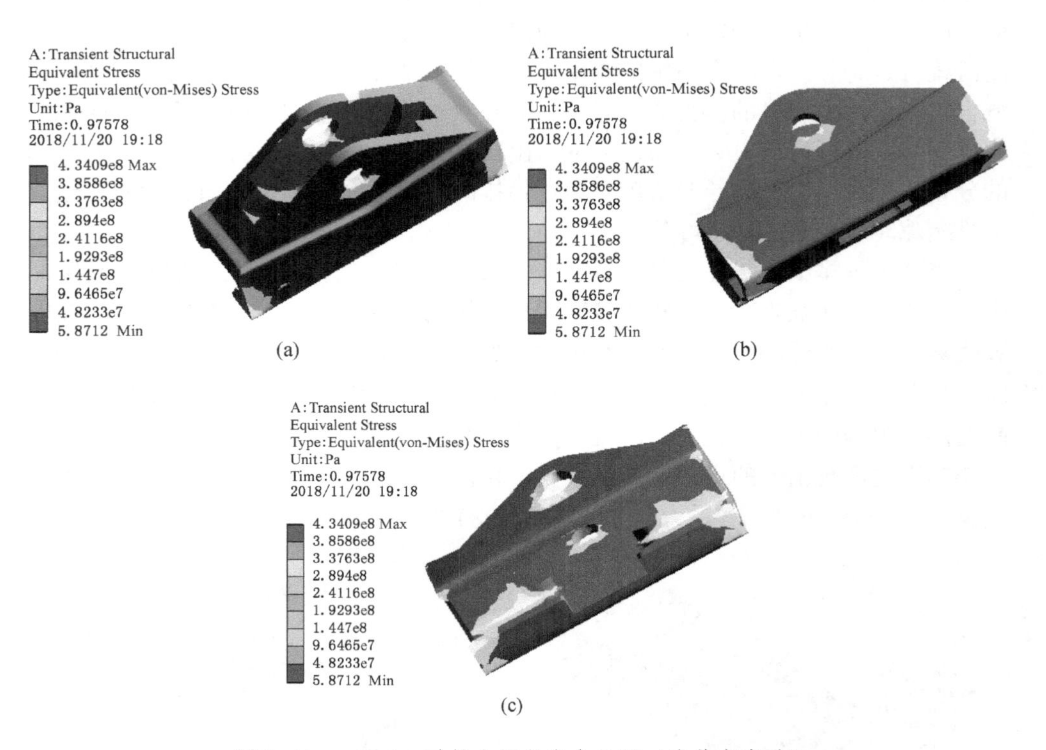

图 5-10　t=0.9 s 时导向滑靴应力云图（安装高度差）

t=1.0 s 是在导向滑靴通过销排产生最大应力应变时的运动时刻，此时导向滑靴内表面与销排间隙完全接触，当销排存在高度差为 12 mm 时，如图 5-11、图 5-12 所示，导向滑靴通过销排间隙发生的碰撞最为剧烈，滑靴的下钩应力应变的变化与 0.9 s 时相比较更为明显，由此可分析出该时刻出现了较为严重的碰撞情况，此时导向滑靴最大的应变量为 9.8567×10^{-6} m，最大的应力为 2.4751×10^{8} Pa。

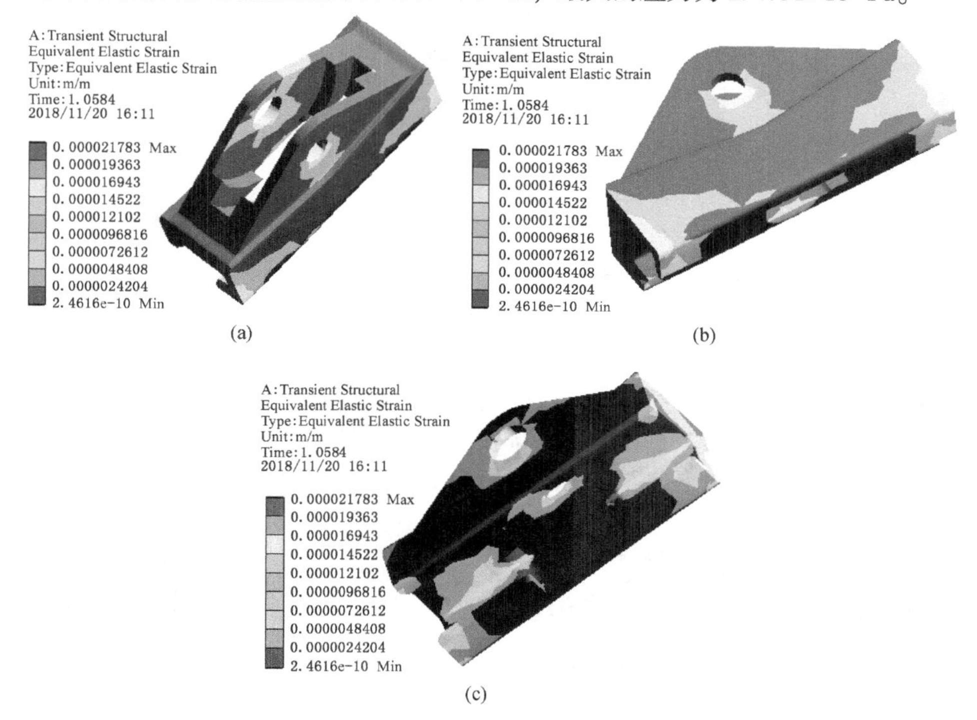

图 5-11　t=1.0 s 时导向滑靴应变云图（安装高度差）

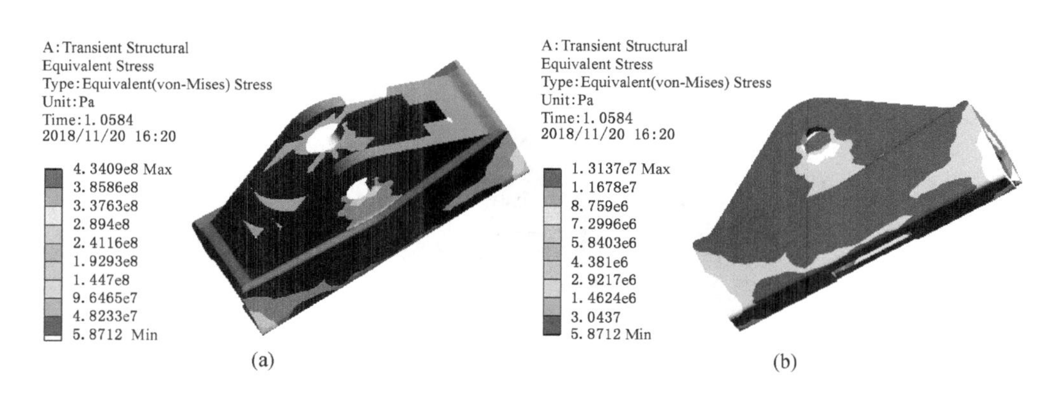

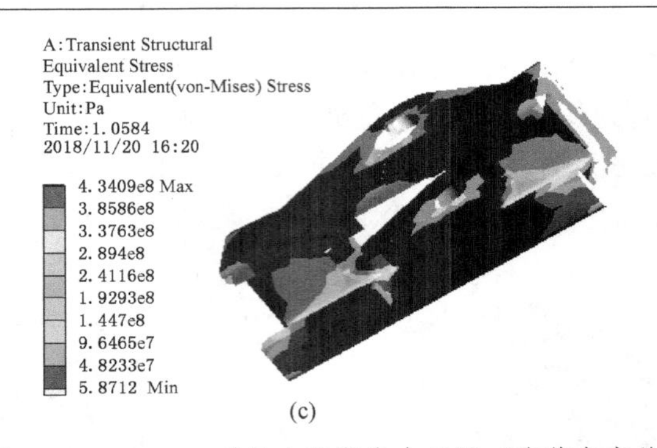

(c)

图 5-12　$t=1.0$ s 时导向滑靴应力云图（安装高度差）

在导向滑靴通过存在高度差的销排 1.1 s 时，如图 5-13、图 5-14 所示，此刻导向滑靴已通过含安装高度差的销排间隙，相对导向滑靴 1.0 s 时，接触应力有所下降。在根据实际情况所施加约束条件下导向滑靴发生不同方向的频繁的碰撞情况，此时导向滑靴所受的接触应变主要集中在与销排接触碰撞的下钩处，导向滑靴最大的应变量为 7.518×10^{-6} m。在接触碰撞后期导向滑靴所受到的接触应力主要集中在导向滑靴下部，最大的应力为 1.3019×10^{8} Pa。

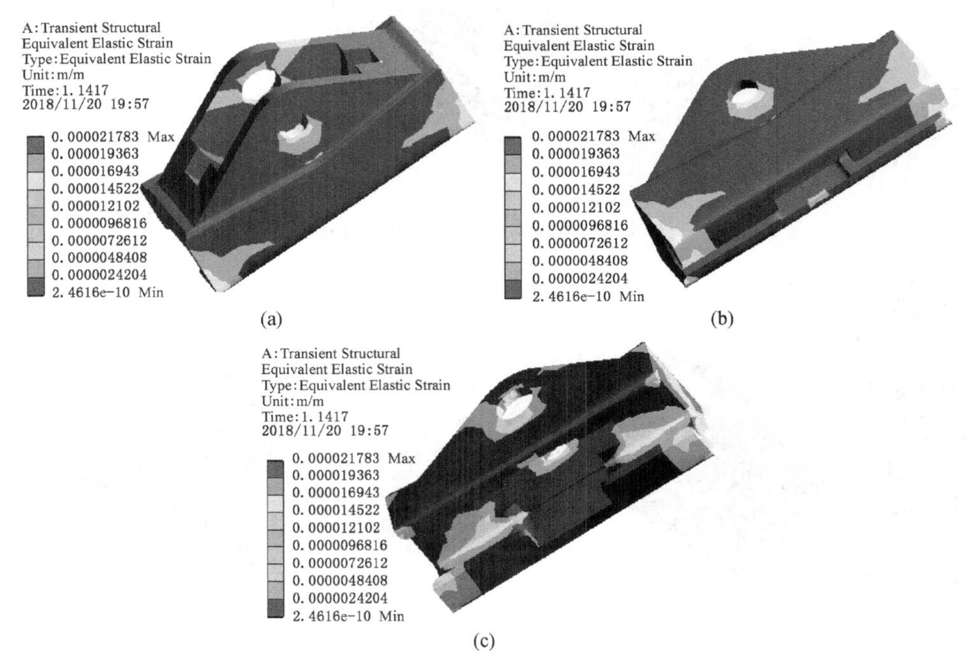

(c)

图 5-13　$t=1.1$ s 时导向滑靴应变云图（安装高度差）

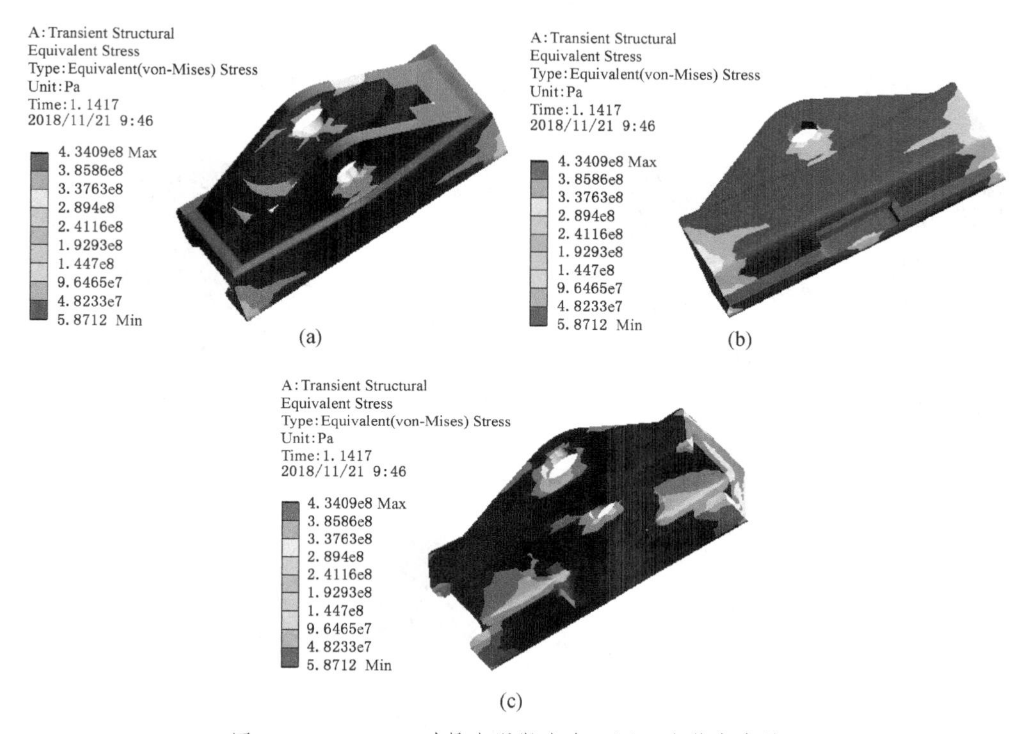

图 5-14 t=1.1 s 时导向滑靴应力云图（安装高度差）

5.2.3 相邻销排安装夹角误差对导向滑靴与销排接触特性的影响

本小节考虑销排间存在 2°的安装夹角，通过动力学仿真分析导向滑靴通过该销排间隙时应力应变的分布情况。在这里选取了导向滑靴通过销排间隙发生接触碰撞时的 3 个不同时刻，分别是导向滑靴与销排接触的 0.9 s 应力应变云图、1.0 s 应力应变云图和 1.1 s 应力应变云图。在仿真分析的 3 个不同时刻，导向滑靴在销轴的作用下销孔处均出现非常明显的应力应变云图，但是通过对分析结果的查看，虽然不同时刻该区域应力应变情况发生变化，但是最大应力以及最大应变均不出现在该位置。

图 5-15、图 5-16 中，当销排存在 2°的安装夹角误差，在 0.9 s 时导向滑靴欲通过销排间隙，并与销排间隙刚发生接触。虽然导向滑靴的销孔区域出现集中的应力应变，但是由应力应变云图可清楚看出此时最大应力应变出现位置不在销孔区域内，而是出现在导向滑靴下钩处，因为当销排存在夹角，导向滑靴通过销

排间隙发生接触碰撞时下钩处受力最为明显，此时的最大应变量为 9.5785×10^{-6} m，最大应力为 1.9556×10^{8} Pa。

图 5-17、图 5-18 中，当存在 2°安装夹角工况下，$t=1.0$ s 时导向滑靴正通

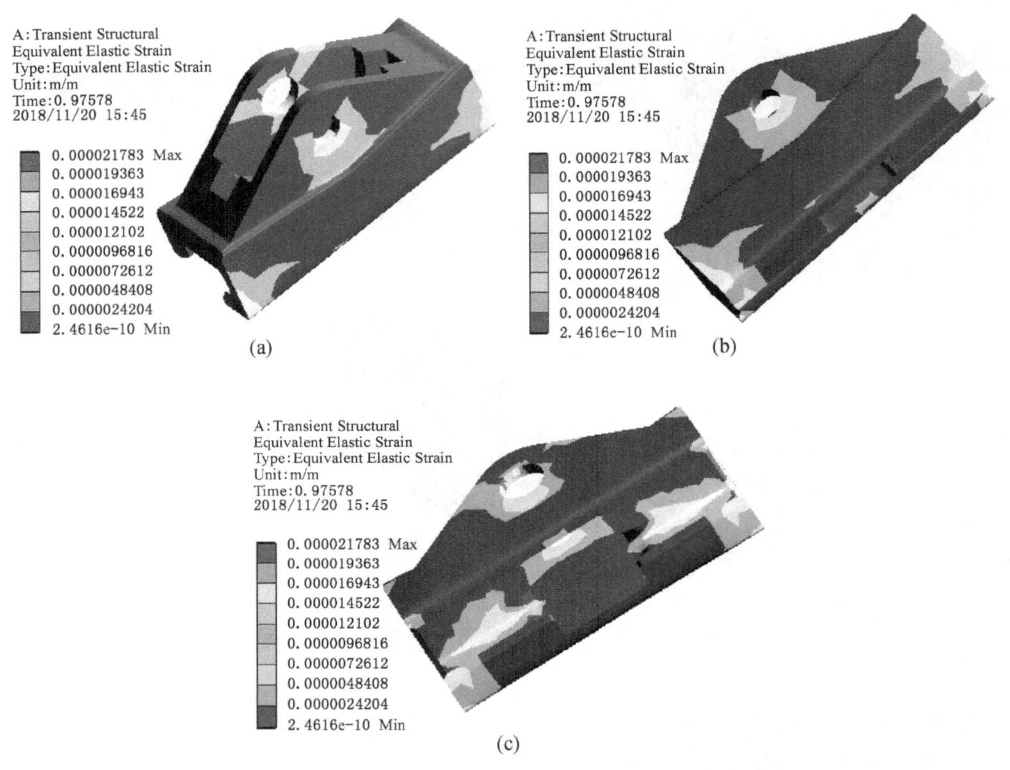

图 5-15　$t=0.9$ s 时导向滑靴应变云图（安装夹角误差）

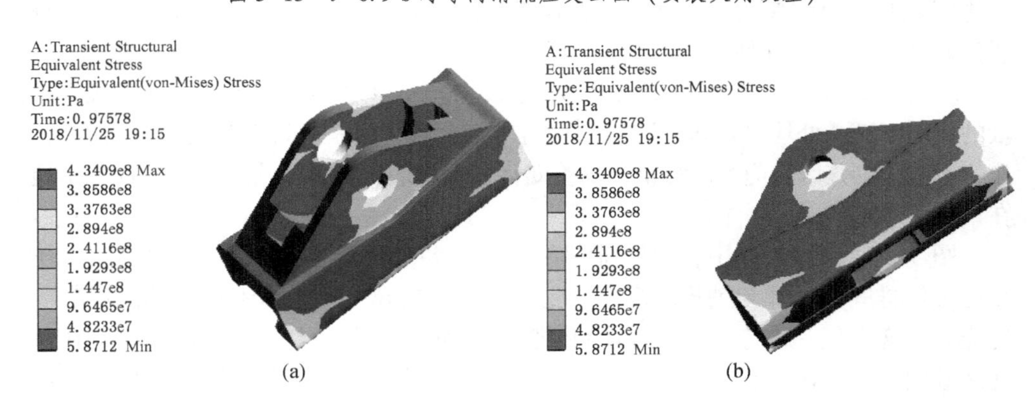

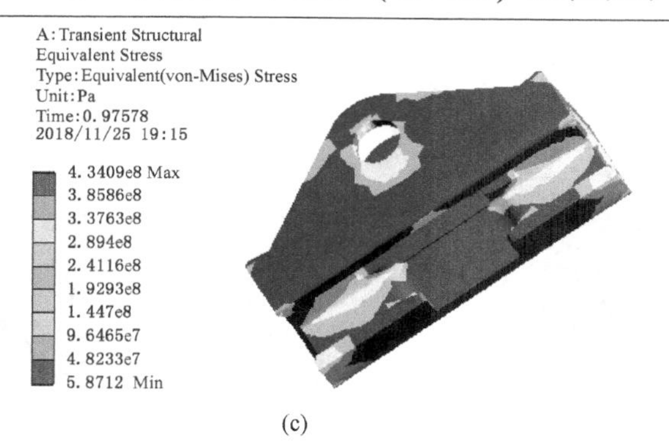

(c)

图 5-16 t=0.9 s 时导向滑靴应力云图（安装夹角误差）

过含安装夹角的销排间隙，呈现出更为激烈的接触碰撞运动，达到通过销排间隙的目的，此时的导向滑靴会有一个向上的运动趋势，这个时刻滑靴下钩处与销排产生碰撞，分析中出现的应力应变云图出现更明显变化。在 1.0 s 仿真时刻，最大应力应变出现在导向滑靴下钩与销排接触处，此时导向滑靴最大的应变量为 9.7913×10^{-6} m，最大的应力为 2.2439×10^{8} Pa。

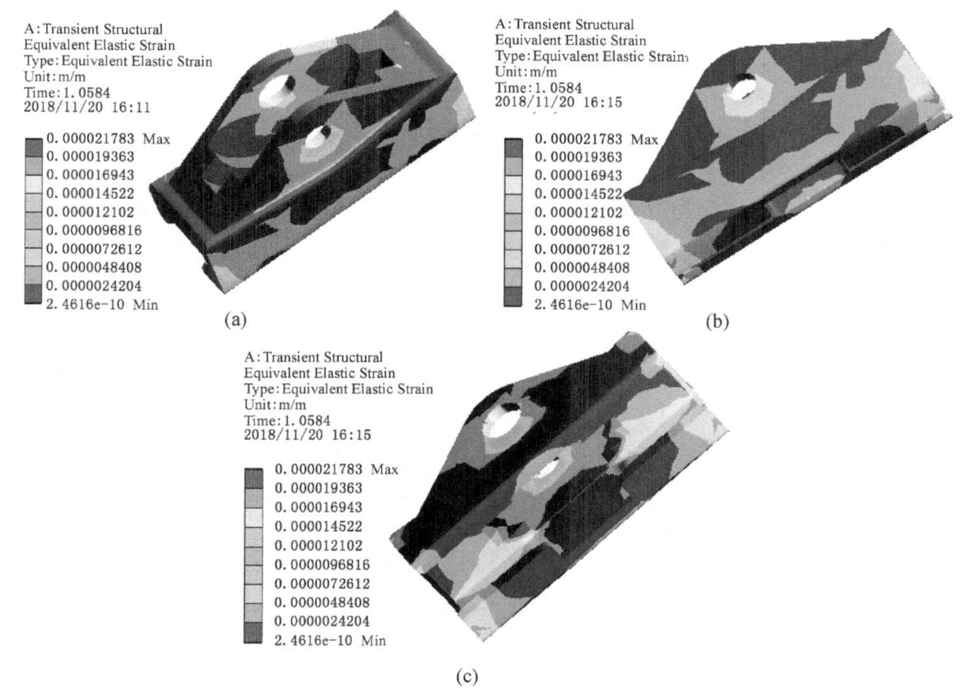

(c)

图 5-17 t=1.0 s 时导向滑靴应变云图（安装夹角误差）

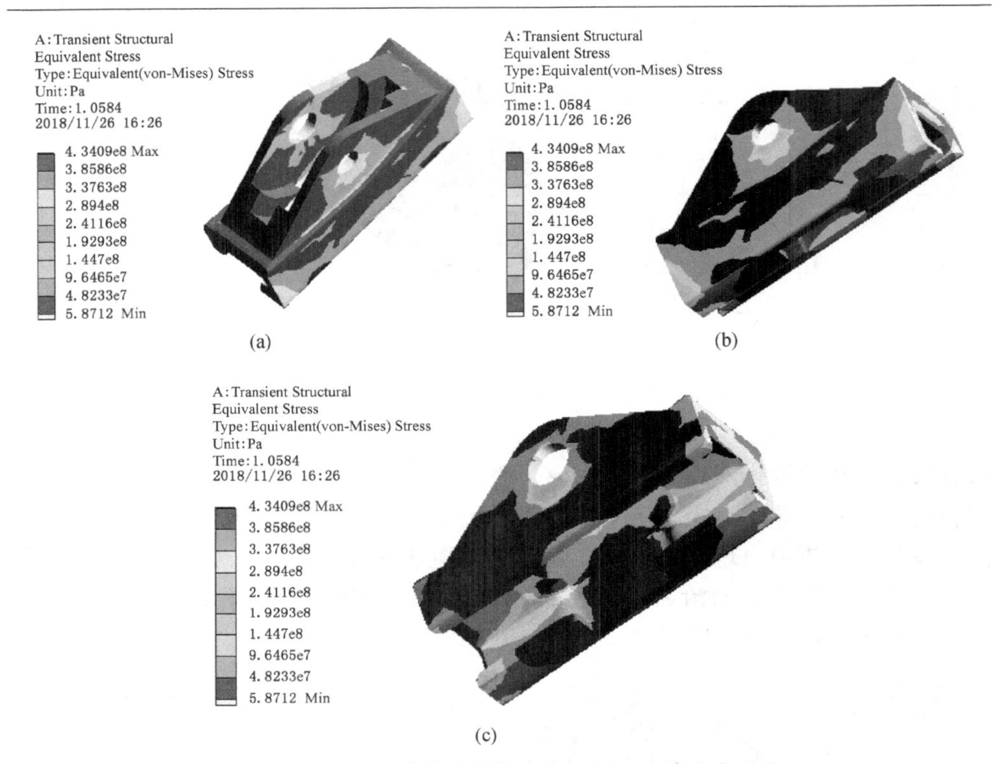

图 5-18 $t=1.0$ s 时导向滑靴应力云图（安装夹角误差）

图 5-19、图 5-20 为存在 2°安装夹角的 1.1 s 分析时刻，此时导向滑靴基本通过含错位夹角的销排间隙，从分析结果产生的云图可看出导向滑靴与销排所产生的接触碰撞相对 0.9 s 与 1.0 s 减小很多，最大应力应变接触区域出现在导向滑靴下钩与销排接触处，这个阶段导向滑靴最大的接触应变量为 9.7968×10^{-6} m，最大接触应力为 2.1496×10^{8} Pa。

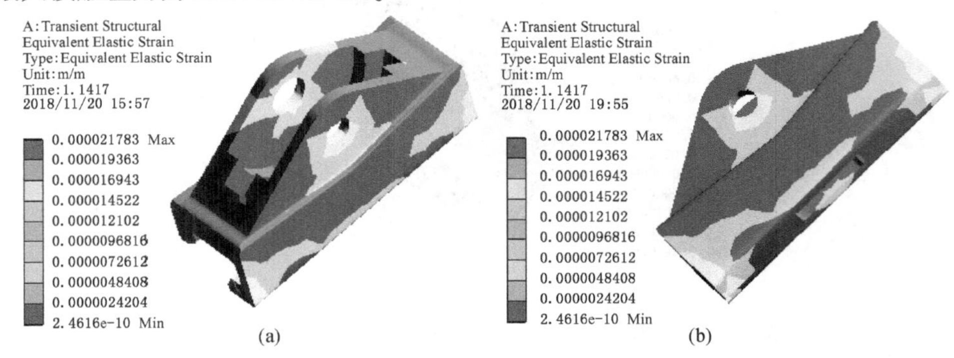

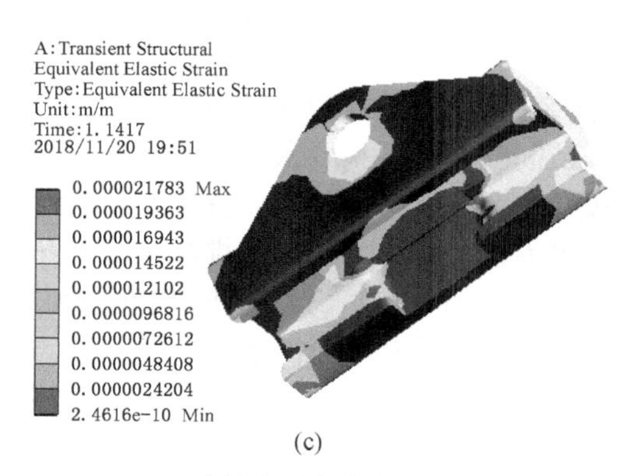

(c)

图 5-19 t=1.1 s 时导向滑靴应变云图（安装夹角误差）

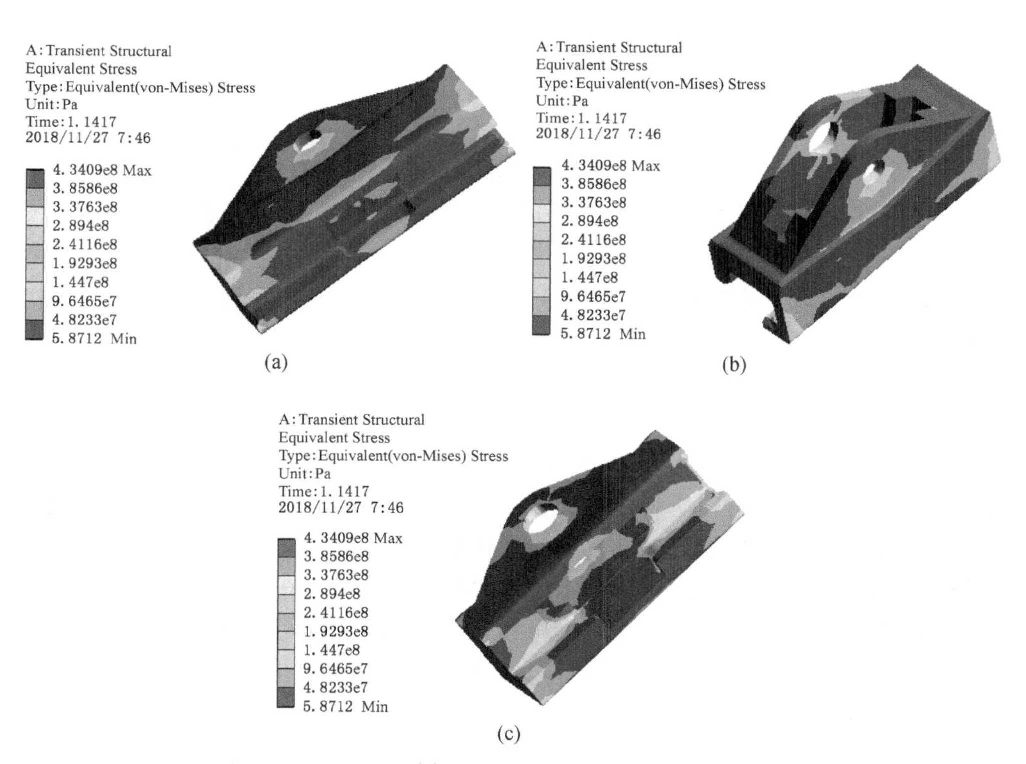

(c)

图 5-20 t=1.1 s 时导向滑靴应力云图（安装夹角误差）

5.3 销排间的不同错位间隙量对导向滑靴接触应力的影响

5.3.1 相邻销排间的安装间隙对接触应力的影响

由于销排间存在安装间隙的关系，导致导向滑靴在通过销排间隙时与销排发生接触碰撞，不同时段导向滑靴所产生的应力应变差异较大，进而影响了采煤机整机工作时的稳定性与可靠性。本小节研究销排存在不同安装间隙时采煤机导向滑靴与销排接触碰撞动力学特性分析，设置的间隙量分别是 8 mm、10 mm、12 mm、16 mm，与之前 14 mm 时的仿真分析形成对比。获取不同安装间隙量时，对导向滑靴与销排发生碰撞的最大接触应力进行分析，如图 5-21 所示。

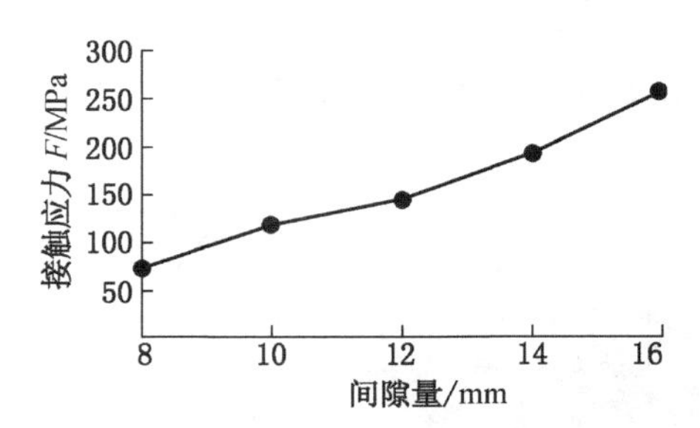

图 5-21 销排不同间隙量对导向滑靴接触应力的影响曲线图

通过对图 5-21 的分析可知，销排不同间隙量呈现出不同的接触应力，当销排间隙量为 8 mm 时最大的接触应力为 0.7854×10^8 Pa，当销排间隙量为 10 mm 时导向滑靴受到最大的接触应力为 1.2987×10^8 Pa，当销排间隙量为 12 mm 时，导向滑靴所受最大接触应力为 1.4987×10^8 Pa，当销排间隙量为 16 mm 时，导向滑靴受到的最大接触应力为 2.7859×10^8 Pa。由此可清楚看出随着销排安装间隙量也逐渐变大，导向滑靴所受最大接触应力也逐渐增大。但是不难分析出，随着间隙量增大，很可能导致导向滑靴不能顺利通过销排间隙，而且由于销排存在位移量引起导向滑靴剧烈碰撞，这种碰撞引起的振动会传递到整机，将对采煤机安全工作性能产生巨大影响，碰撞大大降低了采煤机整机系统的稳定性与可靠性，很可能造成巨大的经济损失。所以在进行安装工作中尽可能避免安装出现误差，减小销排间隙量。

5.3.2 相邻销排间的安装高度差对接触应力的影响

由于销排间上下存在高度差，导向滑靴通过销排与销排的间隙时会发生接触碰撞，这样会对采煤机整机工作带来巨大影响。本小节研究存在不同高度差采煤机导向滑靴与销排接触碰撞动力学特性分析，设置存在的高度差分别是 6 mm、

8 mm、10 mm、14 mm，与之前的 12 mm 高度差形成对比。详细设置方法见 5.2.2 节。截取的数据为不同安装高度差时对导向滑靴与销排发生碰撞的最大接触应力，对其进行分析并形成规律折线图，如图 5-22 所示。

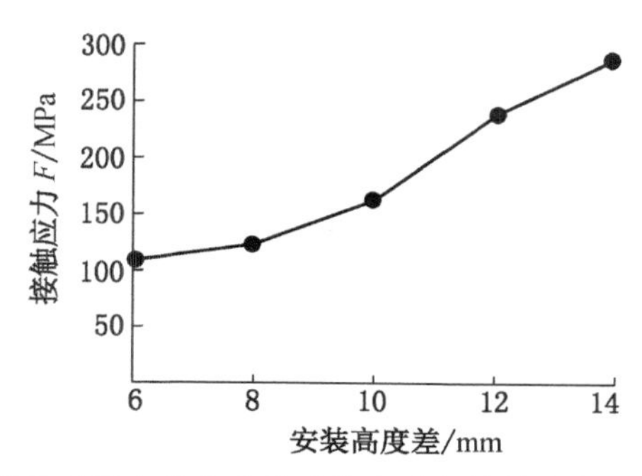

图 5-22　销排不同安装高度差对导向滑靴接触应力的影响曲线图

通过对图 5-22 的分析可知，销排出现错位高度差的不同会出现不同接触应力，6 mm、8 mm、10 mm、14 mm 对应的最大接触应力分别是 1.1587×10^8 Pa、1.3957×10^8 Pa、1.6985×10^8 Pa、2.7869×10^8 Pa。可清楚看出随着销排高度差的逐渐变大，导向滑靴所受接触应力也逐渐增大，变化明显。如果相邻销排间高度差过大将导致导向滑靴无法通过销排间隙，并且很有可能对导向滑靴带来伤害。销排存在高度差使导向滑靴产生的接触碰撞将会传递给采煤机整机，在惯性力的作用下会给行走部带来巨大伤害，影响开采效率，降低采煤机安全性能并带来经济损失。在日常安装过程中要尽量减小安装误差，定期检查装备使用情况以避免不必要的损失。

5.3.3　相邻销排间的安装夹角误差对接触应力的影响

本小节研究销排存在不同安装夹角时，导向滑靴所受应力情况。由于销排与销排之间夹角误差的存在，导向滑靴通过销排间隙发生明显的接触碰撞，这里研究不同安装夹角误差存在的情况下采煤机导向滑靴与销排接触碰撞动力学特性分析，考虑存在的错位夹角分别为 0.5°、1.0°、1.5°，与之前的 2°形成对比，具体设置方法见 5.2.3 节。截取的数据来源于不同工况下仿真中期导向滑靴受到的最大接触应力，对其进行分析并形成规律折线图如图 5-23 所示。

由图 5-23 可清楚看出，当销排与销排之间存在不同夹角误差时导向滑靴所受最大接触应力变化明显，当销排间安装夹角为 0.5°、1.0°、1.5°时导向滑靴在仿真分析中所受的最大接触应力分别为 0.6547×10^8 Pa、1.0586×10^8 Pa、1.8569×10^8 Pa。随着销排安装夹角误差的逐渐增大，导向滑靴通过销排安装夹角误差时

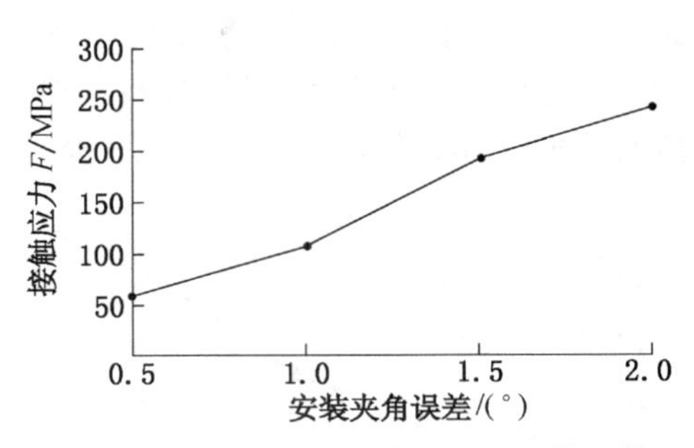

图 5-23 销排不同安装夹角误差对导向滑靴接触应力的影响曲线图

与销排发生碰撞所受的应力逐渐变大。导向滑靴在受到巨大载荷作用下，通过含安装夹角误差的销排间隙是较为危险的运动状态。在日常安装过程中要尽量减小安装误差，尽量避免销排存在安装夹角误差的现象出现。

6　平滑靴与中部槽（含间隙）接触碰撞特性分析

采煤机平滑靴是采煤机整机中非常关键的零部件之一，承载着支撑采煤机行走于中部槽的重要任务，平滑靴与导向滑靴共同承载采煤机整机重量，包括滚筒截割力对机身的冲击，且低速重载。考虑到采煤机在实际工作中由于工作环境恶劣、运行工况复杂、所受载荷复杂多变或安装存在误差等种种原因，导致中部槽出现间隙量、安装高度差或错位夹角等情况，而采煤机平滑靴在采煤机行走过程中起重要支撑作用，若出现故障将会直接影响煤炭的开采，造成经济损失，严重的还有可能影响生产安全。所以本章着重研究中部槽含间隙情况下平滑靴运行过程中在刮板输送机上与中部槽之间的碰撞特性，对平滑靴进行力学特性分析。

6.1　平滑靴与中部槽接触碰撞动力学模型建立

6.1.1　中部槽二维描述

根据平滑靴在刮板输送机上运动情况，绘制中部槽含间隙简化的模型，模拟中部槽存在间隙量、高度差以及夹角误差 3 种不同工况，如图 6-1 所示。

6.1.2　前处理设置

本章以 MG500/1130-WD 型采煤机为研究载体，利用三维绘图软件 Pro/E 绘

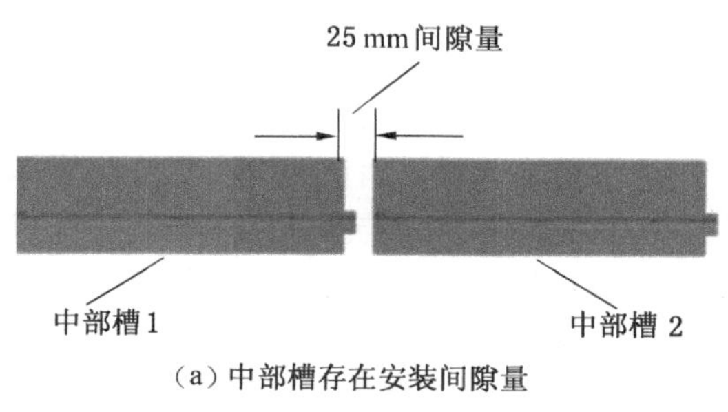

(a) 中部槽存在安装间隙量

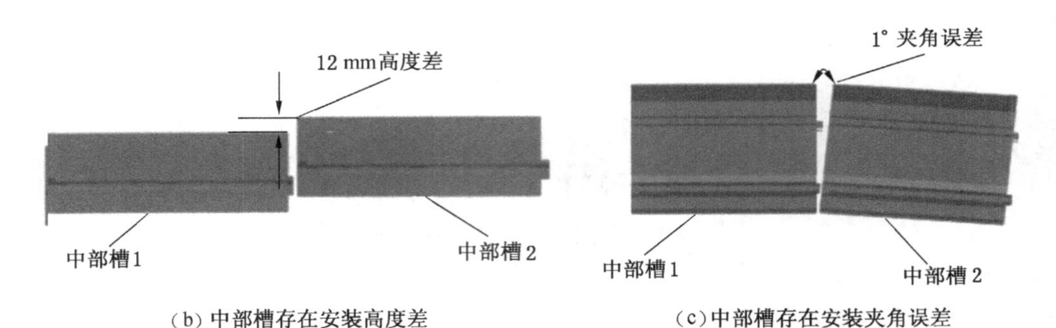

（b）中部槽存在安装高度差　　（c）中部槽存在安装夹角误差

图 6-1　不同工况下中部槽简化三维模型

制平滑靴与刮板输送机三维模型并装配，并对装配好的模型进行静态干涉检测，无干涉后将装配好的模型保存为“.igs”格式。为了节省分析时间，此处建立的模型为不影响该部件实际功能略加简化的三维实体模型。中部槽在不同工况下建立的三维模型如图 6-2 所示。

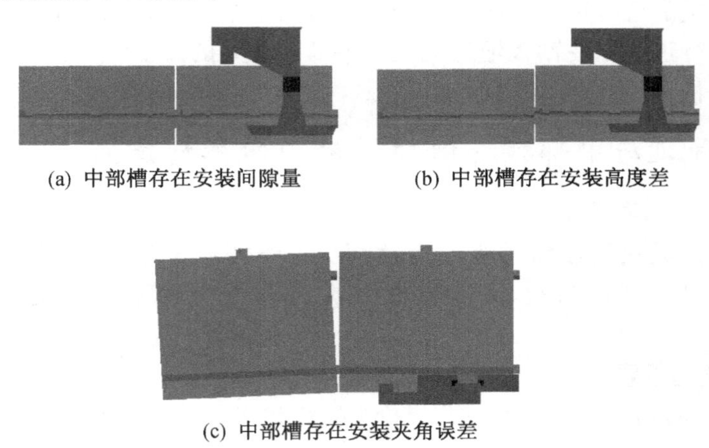

(a) 中部槽存在安装间隙量　　(b) 中部槽存在安装高度差

(c) 中部槽存在安装夹角误差

图 6-2　不同工况下中部槽存在错位间隙三维模型

三维模型建立完毕将模型导入 ANSYS Workbench 17.0 中，这里用“Transient Structural”模块进行动力学仿真。材料属性的定义在分析中非常重要，属性的定义越接近实际值，仿真所得到的结果越与真实结果相近，所以对平滑靴和中部槽材料属性的定义是有限元分析最关键的部分之一。把刮板输送机设置为刚体，平滑靴设置为非线性塑性各向异性硬化材料。具体参数见表 6-1。

表 6-1 中部槽与平滑靴仿真的基本参数

部位名称	材料属性	弹性模量/MPa	抗拉强度/MPa	泊松比
中部槽	刚体	2.02×10^{11}	—	0.3
平滑靴	ZG25CrMnNiMo	2.02×10^{11}	1470	0.3

因平滑靴的底座部分为重点研究区域，需要进行网格细致划分，为加快仿真时间，提高分析工作的效率，在其他非关键部位采用了全局网格自动划分。图 6-3 所示为平滑靴三维网格划分模型图。

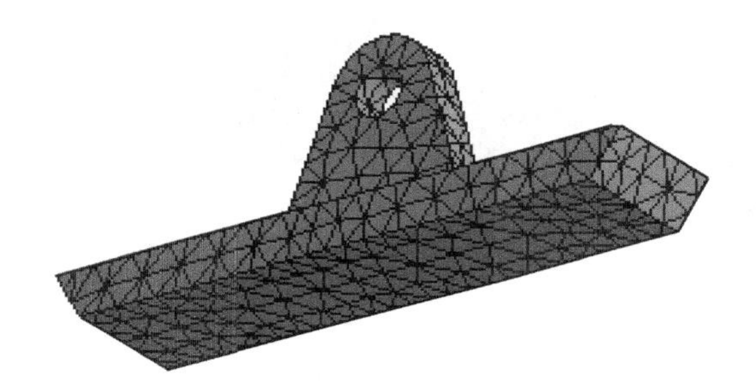

图 6-3 平滑靴三维网格划分模型图

6.1.3 施加载荷、初始条件与约束

在动力学问题中有一个很大的特点，就是载荷伴随着时间的变化而变化。本小节利用平滑靴与刮板输送机的中部槽实际工作的接触状态，将试验测得的载荷数据添加到平滑靴销轴轴孔处，并对平滑靴与中部槽的接触关系进行约束，基于真实受力情况，对平滑靴施加激励载荷，选择平滑靴下表面与中部槽接触，对平滑靴沿中部槽运动进行约束。

6.2 平滑靴与中部槽接触碰撞动力学仿真分析

6.2.1 相邻中部槽存在安装间隙量仿真分析

对平滑靴通过含间隙中部槽进行动力学碰撞分析，模拟由于井下工作环境极度恶劣产生的安装或由于工作时间久引起的刮板输送机中部槽存在间隙问题。本小节考虑刮板输送机水平方向上存在 25 mm 的位移间隙量，在平滑靴通过间隙时获取 3 种不同时刻的应力应变云图，查看每个时刻平滑靴所受最大最小应力应变值。

如图 6-4、图 6-5 所示，在 1.8 s 时刻，采煤机平滑靴正准备通过含间隙的中部槽但还未与中部槽1接触，由于间隙的存在，平滑靴在牵引力的作用下滑动时产生摩擦，导致平滑靴底部与中部槽接触面出现应力应变，由于刮板输送机间隙的存在导致平滑靴在通过该间隙时发生碰撞，所以平滑靴最先通过中部槽间隙处有明显的碰撞现象出现，碰撞与摩擦力的影响导致平滑靴两侧也是应力应变集中区域。此时的最大应变量为 5.1318×10^{-6} m，最大接触应力为 1.0593×10^{8} Pa。

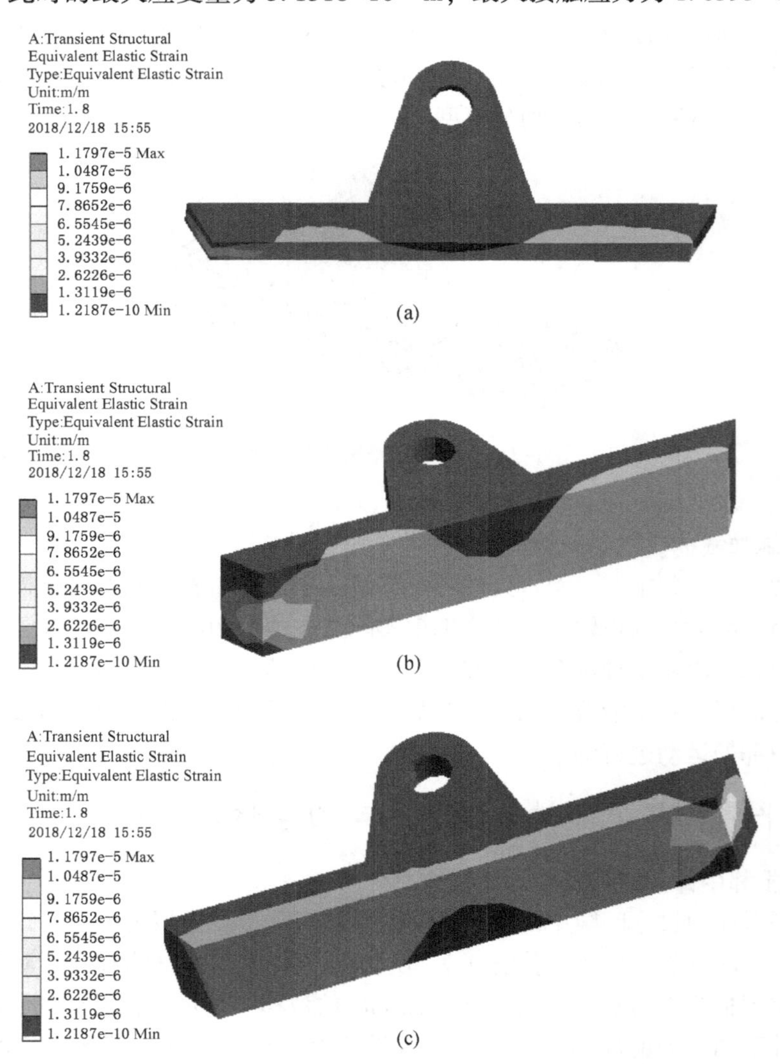

图6-4 $t=1.8$ s 时平滑靴应变云图（安装间隙量）

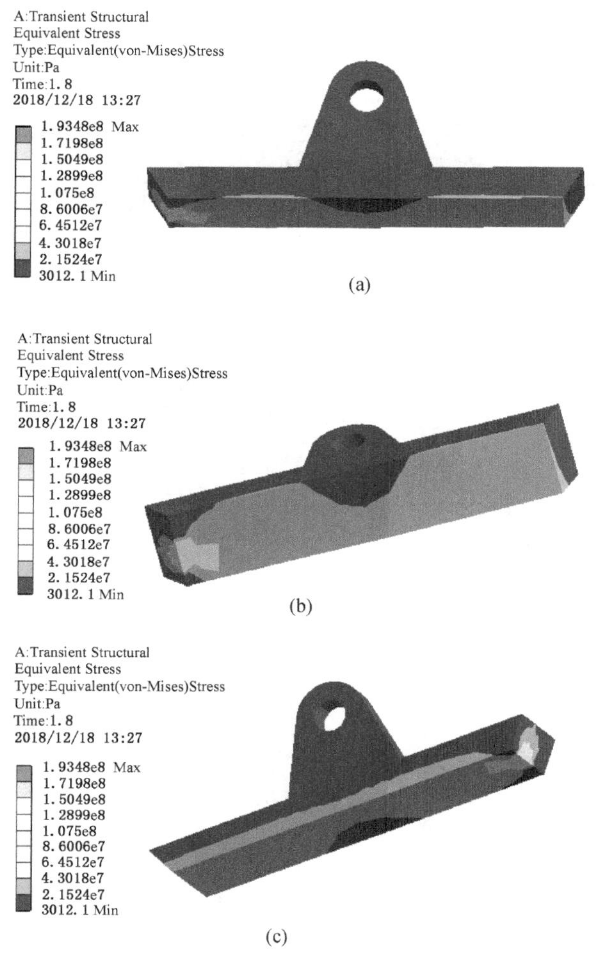

图 6-5　t=1. 8 s 时平滑靴应力云图（安装间隙量）

如图 6-6、图 6-7 所示，平滑靴在含间隙刮板输送机运动过程 2. 1 s 时刻，平滑靴处于与中部槽 1 发生接触碰撞并准备通过中部槽间隙，所以此时平滑靴受到最大接触应力与初期形成鲜明对比，应力应变云图颜色区别非常明显，由于碰撞产生的冲击载荷变大，碰撞面颜色变深，并且平滑靴上表面出现应力集中。在 2. 1 s 时平滑靴接触碰撞阶段所受的最大接触应变量为 7. 8121×10^{-6} m，此时平滑靴所受最大接触应力为 1. 3215×10^{8} Pa。

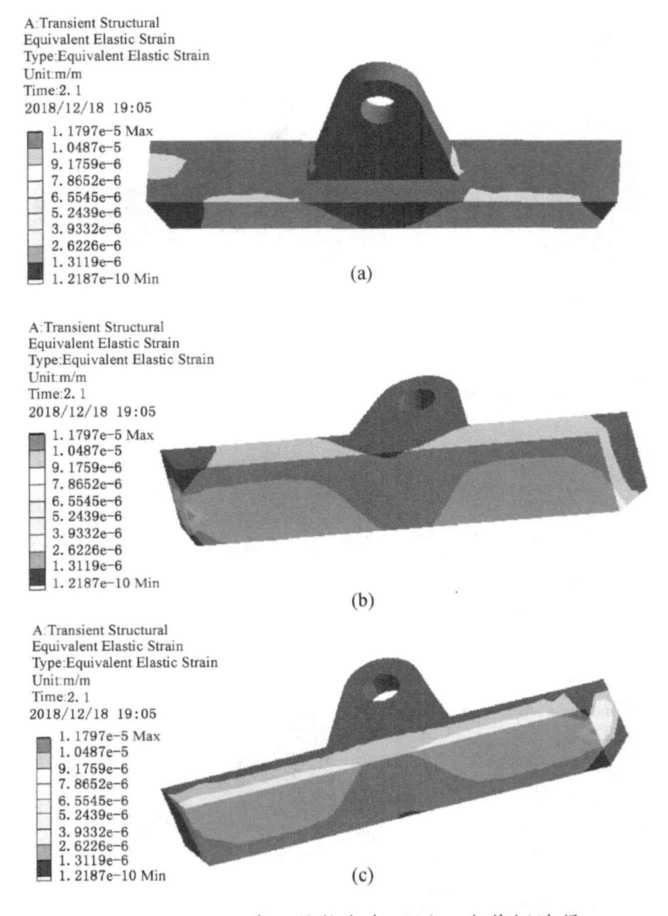

图 6-6　$t=2.1$ s 时平滑靴应变云图（安装间隙量）

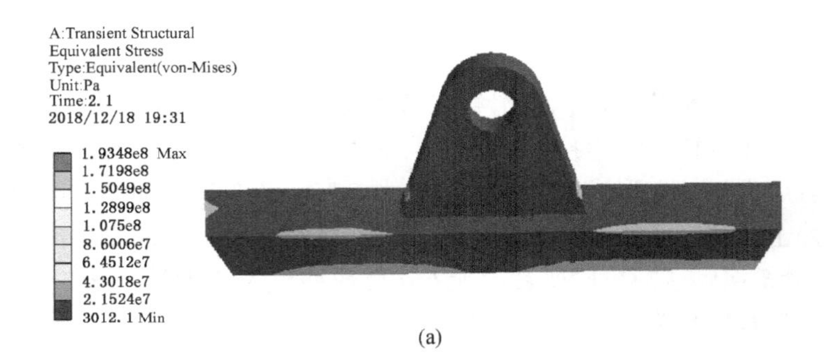

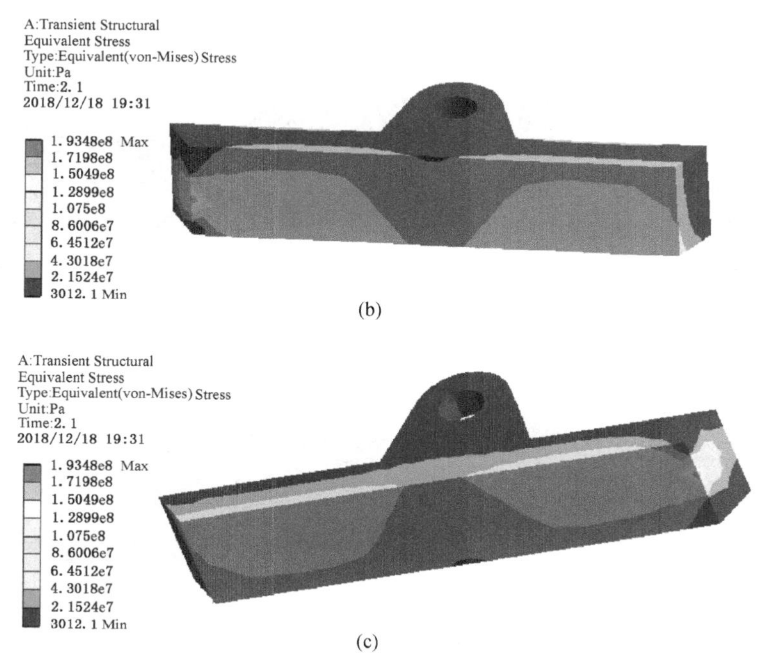

图 6-7　t=2. 1 s 时平滑靴应力云图（安装间隙量）

如图 6-8、图 6-9 所示，在 2. 3 s 时刻，平滑靴特别小的一部分已经通过间隙在中部槽 1 上，主要接触应力出现位置依然是平滑靴底面与刮板输送机接触面，而产生最大应变区域依然是最先与中部槽 1 接触的位置。在后期平滑靴与刮板输送机接触碰撞阶段，平滑靴所受最大接触应变量为 6.1617×10^{-6} m，最大接触应力为 1.087×10^{8} Pa。

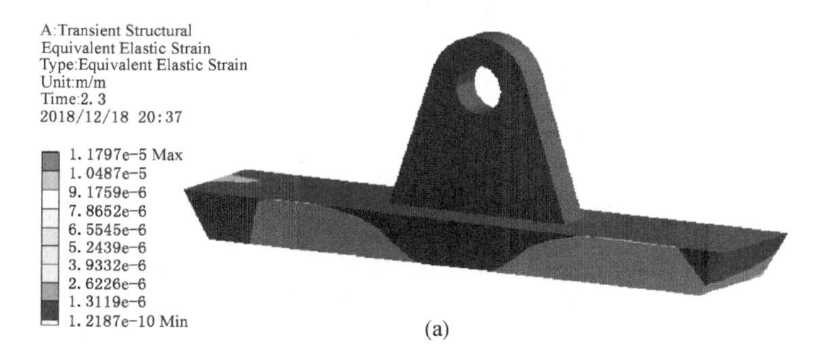

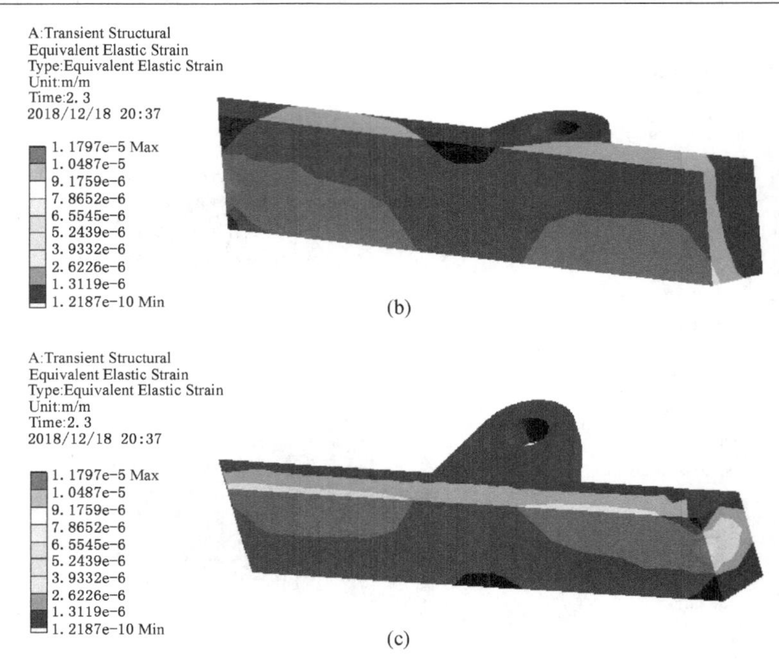

(b)

(c)

图 6-8 t=2. 3 s 时平滑靴应变云图（安装间隙量）

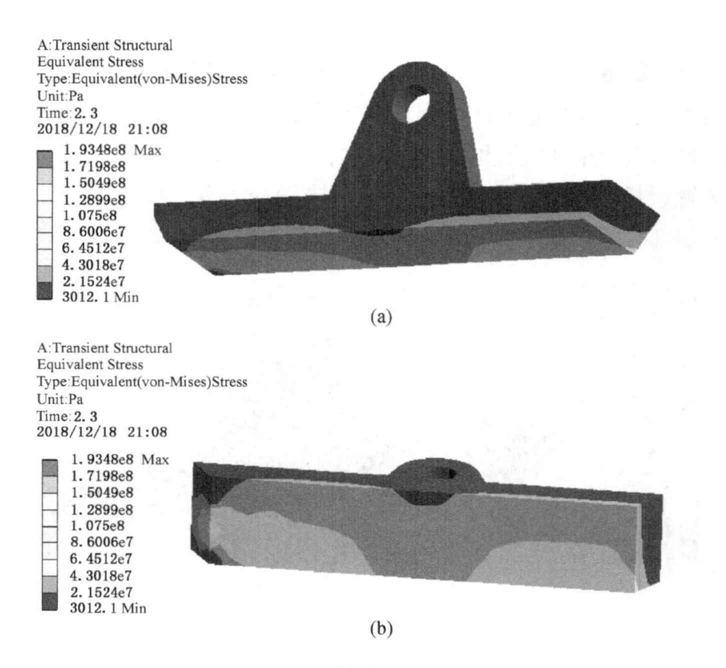

(a)

(b)

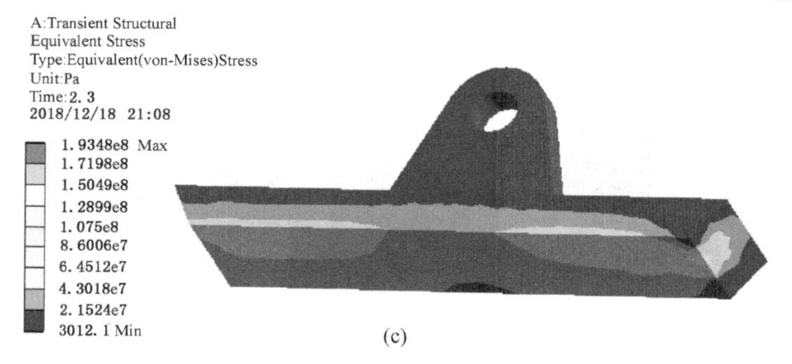

(c)

图 6-9 $t=2.3$ s 时平滑靴应力云图（安装间隙量）

6.2.2 相邻中部槽存在安装高度差仿真分析

通过考虑刮板输送机存在高度差为 12 mm 工况下平滑靴通过中部槽间隙，得到在 3 种不同时刻平滑靴出现应力应变分布情况，查看不同时刻平滑靴所受最大的应力应变值。

在刮板输送机中部槽存在安装高度差的情况下，由于摩擦力的影响，平滑靴底部出现应变，如图 6-10、图 6-11 所示。在仿真分析 1.8 s 时刻，采煤机平滑靴正准备通过含间隙的中部槽但还未与中部槽 1 接触，由于平滑靴还未通过刮板输送机间隙，所以在初期平滑靴产生较小应变，产生的应变主要分布在平滑靴底面，由分析结果可知，最大应变位置在平滑靴与中部槽发生接触碰撞的外表面。在这个阶段，平滑靴受力分布较为均匀，此时最大应变量为 6.1887×10^{-6} m，受到最大应力为 1.1256×10^{8} Pa。

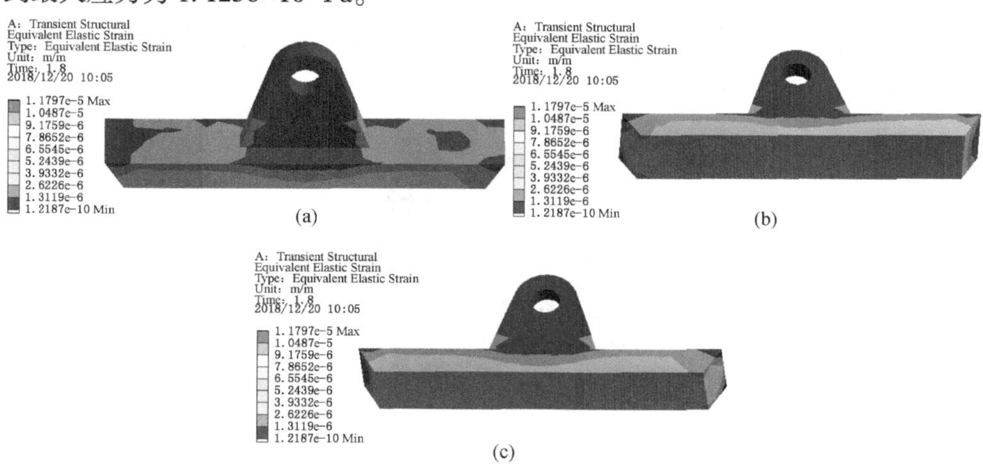

(a) (b) (c)

图 6-10 $t=1.8$ s 时平滑靴应变云图（安装高度差）

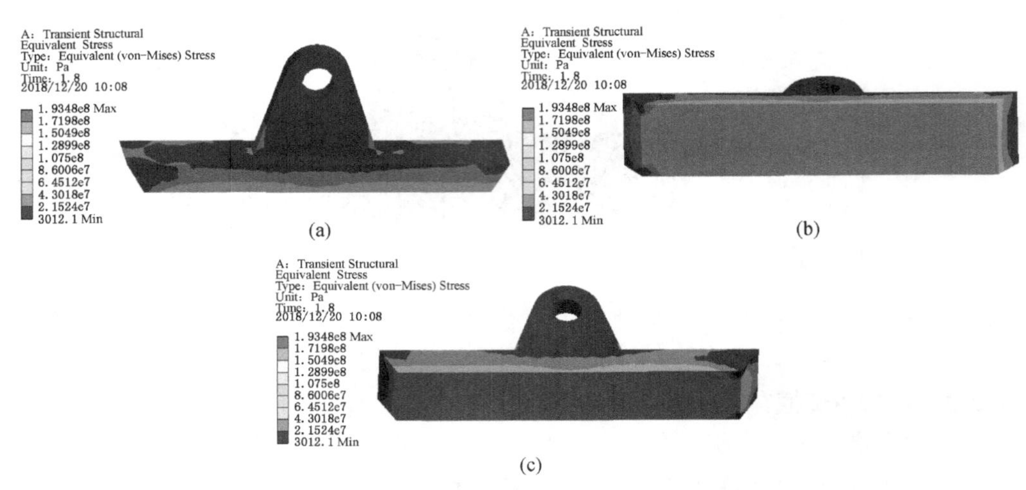

图 6-11　$t=1.8$ s 时平滑靴应力云图（安装高度差）

如图 6-12、图 6-13 所示，平滑靴在含间隙刮板输送机滑行 2.1 s 时刻处于与中部槽 1 发生接触碰撞并准备通过中部槽间隙期，在此阶段平滑靴与刮板输送

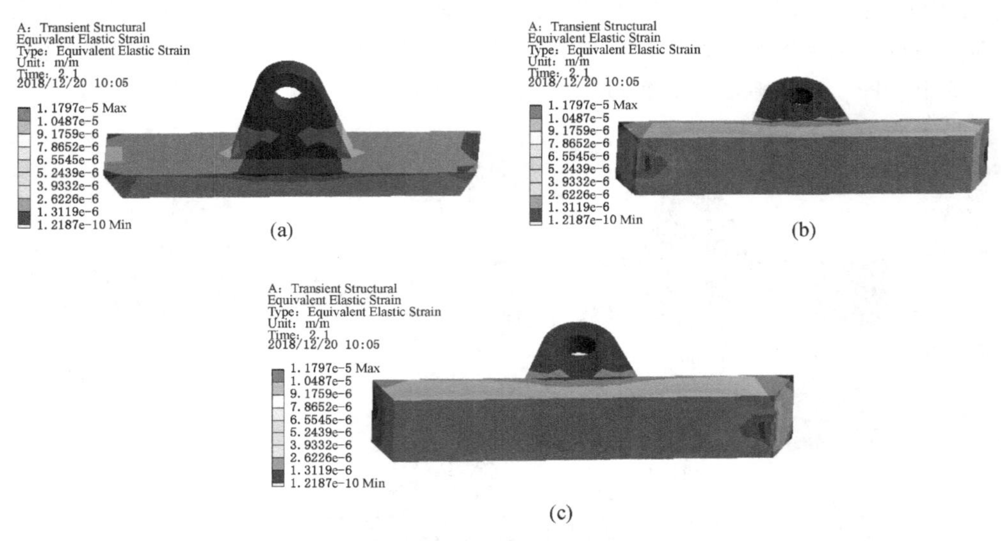

图 6-12　$t=2.1$ s 时平滑靴应变云图（安装高度差）

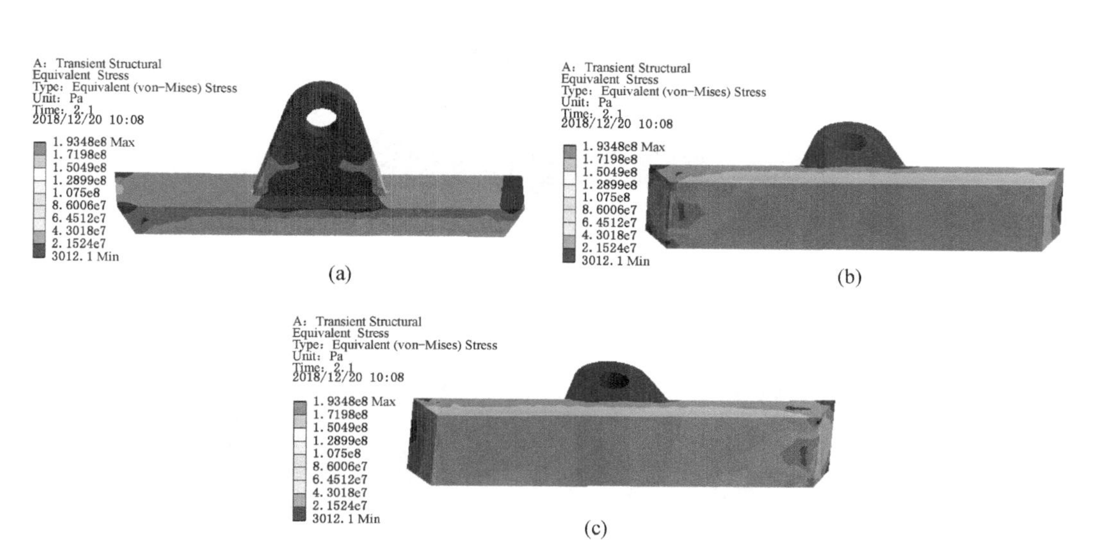

图 6-13　$t=2.1$ s 时平滑靴应力云图（安装高度差）

机发生了更为激烈的接触碰撞。由于中期平滑靴整体所受接触应力过大，导致平滑靴上表面也出现应力集中。在 2.1 s 碰撞时是平滑靴与中部槽 2 完全碰撞后，并欲通过中部槽间隙时平滑靴滑行过程中遇到的最大应力应变。出现最大应力应变区域在平滑靴与刮板输送机接触面的外表面，此时最大应变量为 9.125×10^{-6} m，最大应力为 1.5198×10^{8} Pa。

如图 6-14、图 6-15 所示，在 2.4 s 接触时刻，由于刮板输送机中部槽存在高度差，此时的平滑靴已经处在中部槽间隙处，与中部槽 1 和中部槽 2 均有接触，所以此时发生的应力应变相对 1.8 s 整体受力更大，但是相对 2.1 s 明显变小。在与中部槽接触碰撞后期，平滑靴的最大应变量为 8.1695×10^{-6} m，最大应力为 1.3924×10^{8} Pa。

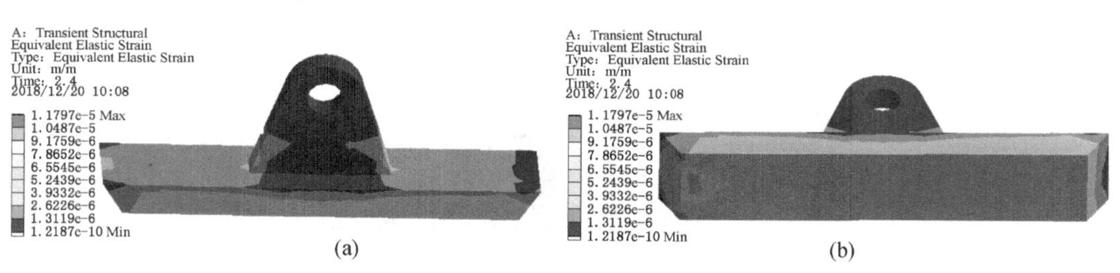

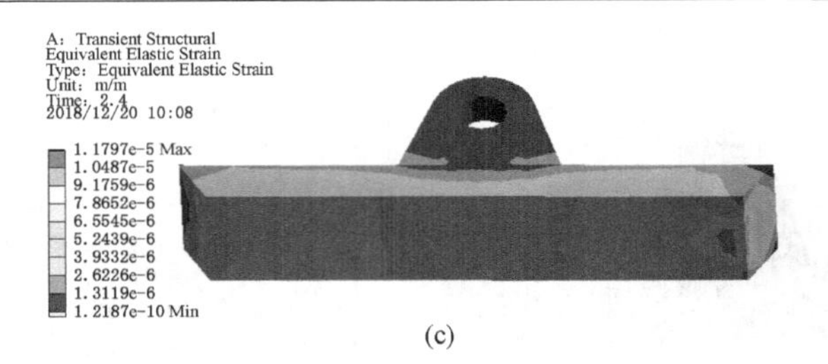

(c)

图 6-14　$t=2.4$ s 时平滑靴应变云图（安装高度差）

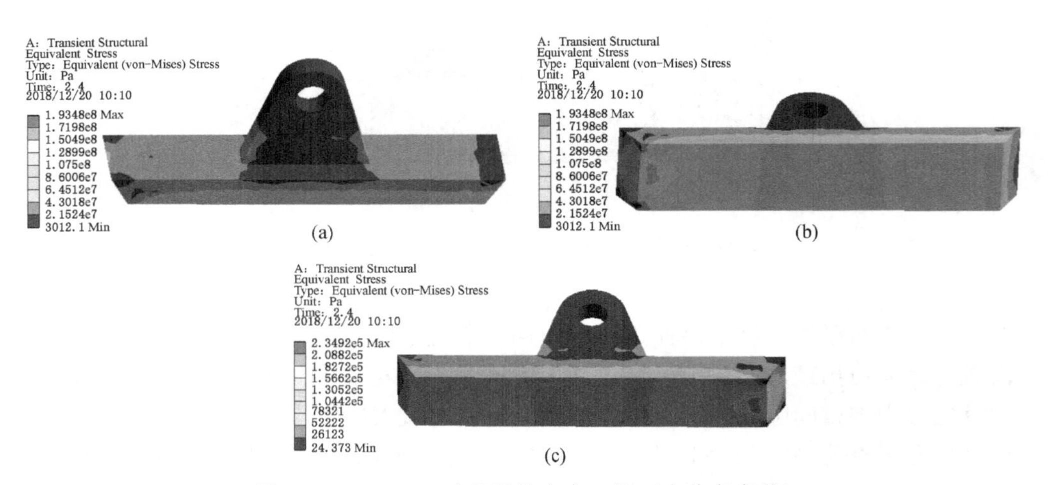

(a)　(b)　(c)

图 6-15　$t=2.4$ s 时平滑靴应力云图（安装高度差）

6.2.3　中部槽存在安装夹角误差仿真分析

本节对平滑靴通过刮板输送机中部槽存在安装夹角误差工况下进行动力学碰撞特性分析，模拟在实际工作中中部槽 1 与中部槽 2 形成 1°的错位夹角，获得 3 种不同时刻平滑靴的应力应变分布云图。通过查看应力应变云图的分布，可以看出应力主要集中在平滑靴底面与中部槽接触的区域。

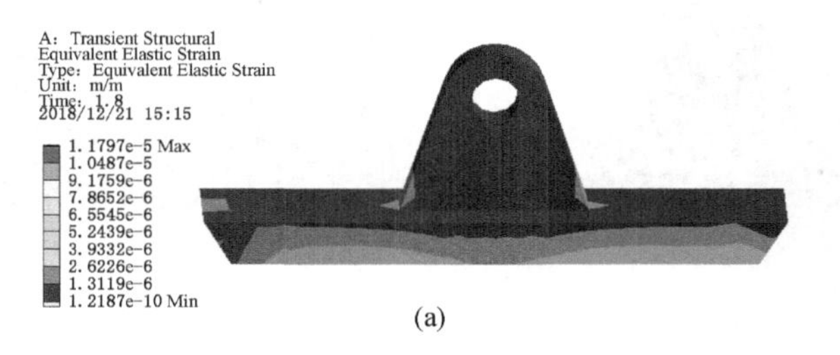

(a)

(b)

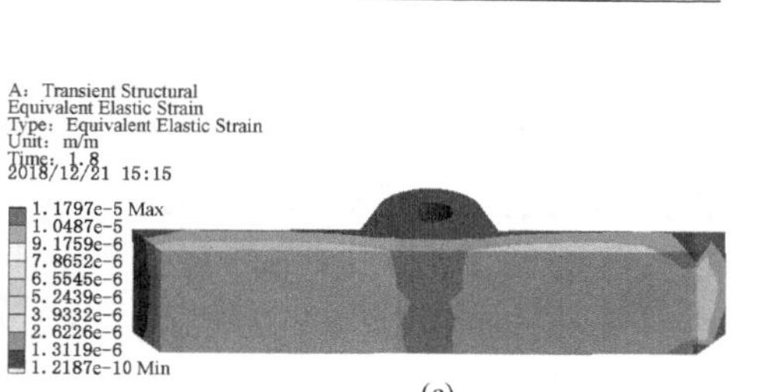

(c)

图 6-16 t=1.8 s 时平滑靴应变云图（安装夹角误差）

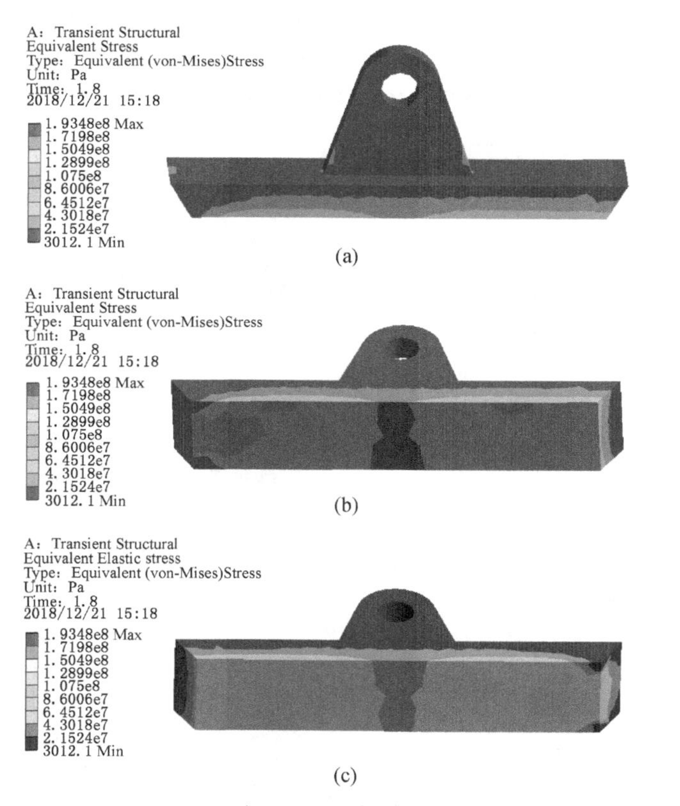

图 6-17 t=1.8 s 时平滑靴应力云图（安装夹角误差）

如图 6-16、图 6-17 所示，在 1.8 s 时刻，采煤机平滑靴正准备通过含间隙的中部槽，但还未与中部槽 1 接触，平滑靴在牵引力的作用下实现在刮板输送机上进行滑移运动，由于刮板输送机中部槽存在安装夹角误差，所以平滑靴在通过间隙时产生的接触应力发生明显的变化。此时，平滑靴前部分处于中部槽间隙位置，平滑靴与中部槽间隙接触位置产生较小的变形量，应力云图显示受力较小，但是与其他未到缝隙的部分有明显区别。平滑靴在 1.8 s 接触碰撞时产生的最大应变量为 5.2351×10^{-6} m，最大接触应力为 1.0615×10^{8} Pa。

如图 6-18、图 6-19 所示，在 2.1 s 碰撞时刻，平滑靴处于与中部槽 1 发生接触碰撞并准备通过中部槽间隙阶段，平滑靴在牵引力的作用下在中部槽上滑行，平滑靴在正常工况下滑行与中部槽产生接触应力，由于刮板输送机中部槽存在安装夹角误差，导致平滑靴在通过刮板输送机间隙时与中部槽产生较大的碰撞冲击，此时的平滑靴受力与正常滑行相比有较大区别。平滑靴的最大接触应力出现在与中部槽 2 过渡过程中发生碰撞的位置，此时的接触应力以及应变为仿真全程最大值，应变量为 7.1578×10^{-6} m，接触应力为 1.2651×10^{8} Pa。

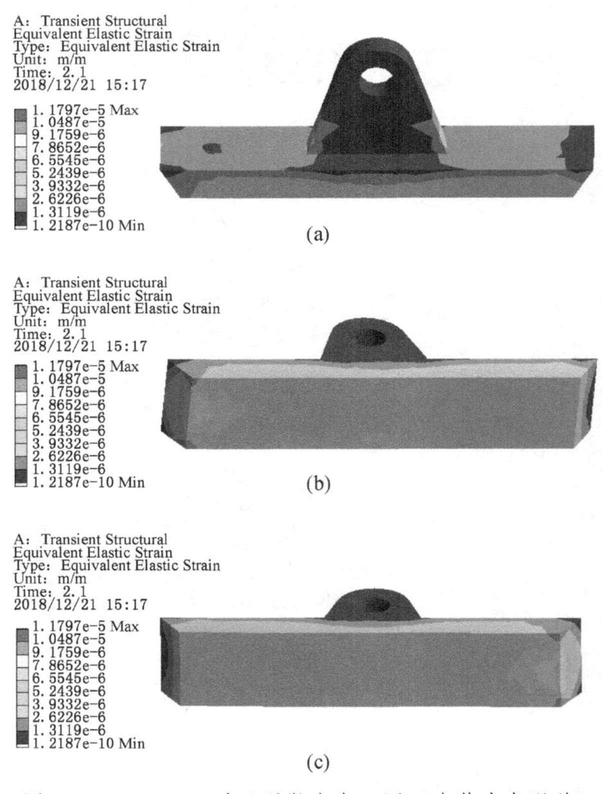

图 6-18 t=2.1 s 时平滑靴应变云图（安装夹角误差）

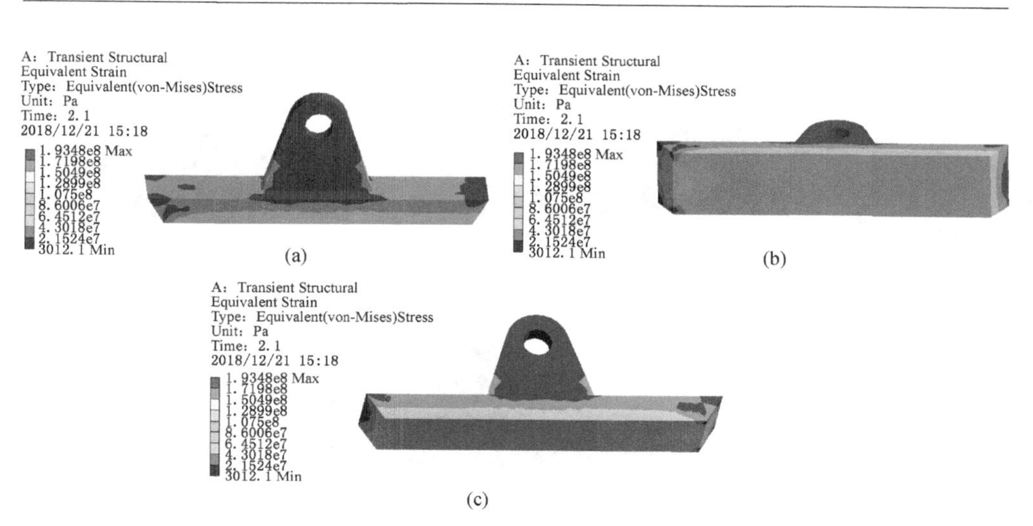

图 6-19　t=2.1 s 时平滑靴应力云图（安装夹角误差）

如图 6-20、图 6-21 所示，当中部槽存在 1°安装夹角的工况下，此时平滑靴已经处在中部槽间隙处，这时平滑靴与中部槽发生碰撞的冲击力度明显减小，平滑靴在 2.1 s 与中部槽 2 发生剧烈碰撞的区域已经通过，相对 2.1 s 时刻，2.3 s 时的应力应变明显降低。平滑靴在接触后期产生的最大接触应变量为 6.8123×10^{-6} m，最大接触应力为 1.1712×10^{8} Pa。

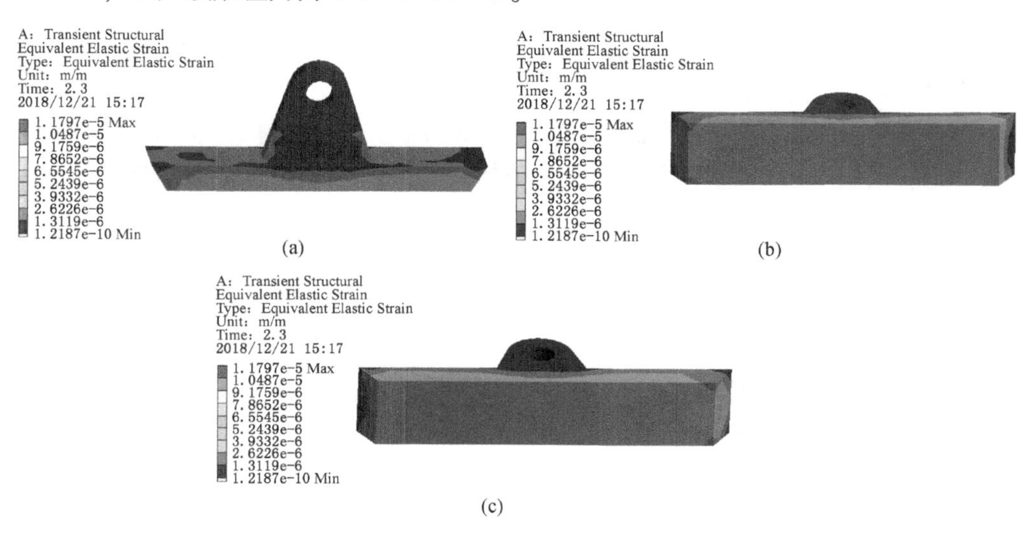

图 6-20　t=2.3 s 时平滑靴应变云图（安装夹角误差）

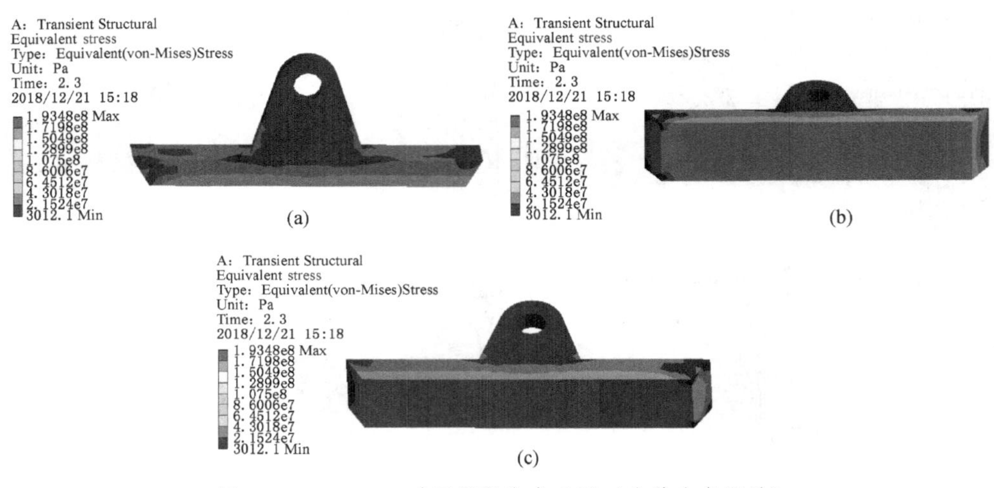

图 6-21　t=2.3 s 时平滑靴应力云图（安装夹角误差）

6.3　刮板输送机中部槽不同错位间隙量对平滑靴接触应力的影响

6.3.1　中部槽间存在安装间隙对接触应力的影响

由于中部槽存在安装间隙，平滑靴会与下一个中部槽发生碰撞，在不同时段平滑靴所受应力有较大差异，从而会严重影响采煤机整机的稳定性与可靠性。本小节研究存在不同位移量对平滑靴与中部槽碰撞进行动力学特性仿真分析，设置的间隙量分别为 10 mm、15 mm、20 mm 和 30 mm，与之前的 25 mm 仿真分析形成对比。截取仿真 2.1 s 时平滑靴与中部槽接触碰撞所受最大应力值进行分析，如图 6-22 所示。

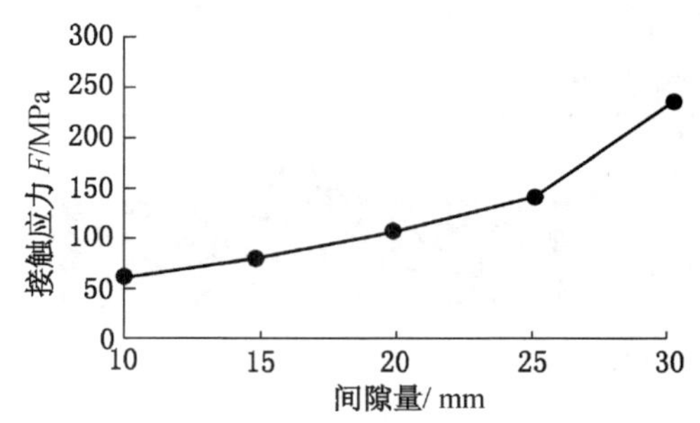

图 6-22　中部槽不同间隙量对平滑靴接触应力的影响曲线图

根据对图 6-22 分析可知，当中部槽存在间隙量为 10 mm、15 mm、20 mm 和 30 mm 时，平滑靴所受到最大接触应力为 0.6875×10^8 Pa、0.89217×10^8 Pa、1.2677×10^8 Pa 和 2.4317×10^8 Pa。且随着刮板输送机存在的间隙量越大，接触应力变化更为明显，当位移量达到 30 mm 时可清楚看到平滑靴所受接触应力提升更显著。当位移量过大很可能导致平滑靴无法通过中部槽，造成严重后果。所以在安装刮板输送机时应尽量保证安装的准确性，尽量降低安装误差。

6.3.2　中部槽间存在安装高度差对接触应力的影响

由于中部槽存在安装高度差的原因，导致平滑靴在向前滑行过程中与下一个中部槽发生碰撞，碰撞的发生影响了整机的稳定性与可靠性。本小节研究存在不同安装高度差时对平滑靴与中部槽碰撞进行动力学特性分析，设置的高度差分别是 6 mm、8 mm、10 mm、14 mm，与之前的 12 mm 形成对比。具体设置见 6.2.2 节。选取平滑靴与中部槽间隙发生接触碰撞时最大应力值进行分析，如图 6-23 所示。

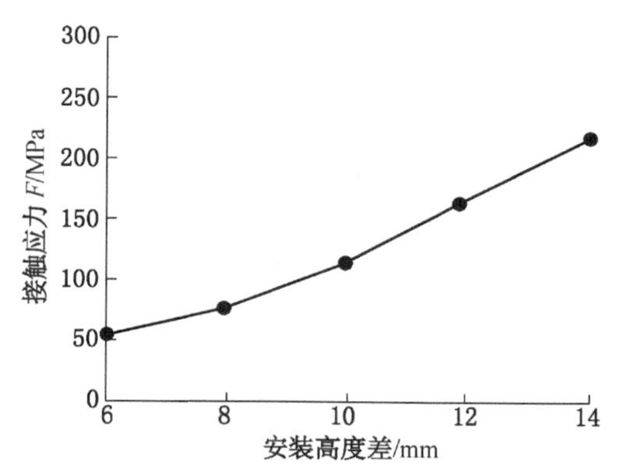

图 6-23　中部槽不同安装高度差对平滑靴的影响曲线图

根据对图 6-23 分析可知，在中部槽存在安装高度差分别是 6 mm、8 mm、10 mm、14 mm 时，对应的接触应力分别是 0.5217×10^8 Pa、0.8151×10^8 Pa、1.2258×10^8 Pa、2.3858×10^8 Pa。随着错位量的逐渐增大，平滑靴所受接触应力逐渐增大，当高度差达到一定值，将导致平滑靴无法通过中部槽间隙，此种现象非常危险。平滑靴与中部槽的接触碰撞产生的振动将会传递到整个采煤机系统，给采煤机工作带来不利影响，且影响采煤机系统的安全性能。接触区域产生的弹性变形将产生能耗。种种不利因素提醒在安装过程中应尽量避免安装误差，尽量减小高度差误差的存在。

6.3.3 中部槽间存在安装夹角误差对接触应力的影响

本小节研究刮板输送机中部槽存在不同夹角误差，对平滑靴所受应力情况及变化趋势。如图6-24所示，由于刮板输送机中部槽夹角误差的存在，平滑靴通过含夹角的中部槽时与中部槽发生接触碰撞。这里刮板输送机设置的错位夹角分别是0.3°、0.5°、0.7°、0.9°，与之前的1°形成对比，选取的数据为平滑靴通过含错位夹角刮板输送机时所受最大接触应力。

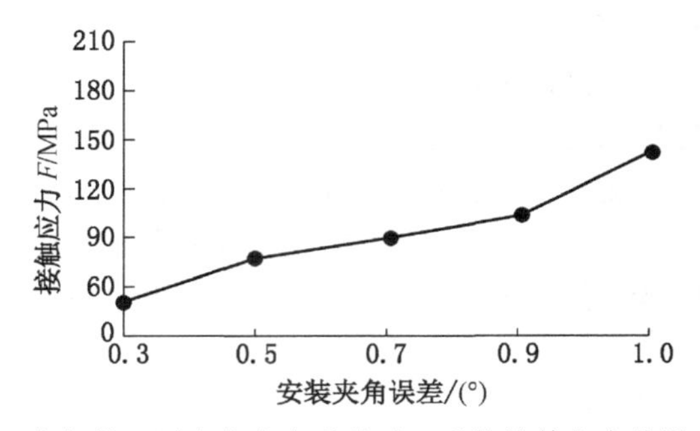

图6-24 中部槽不同安装夹角误差对平滑靴接触应力的影响曲线图

由图6-24分析可知，0.3°、0.5°、0.7°、0.9°对应的接触应力分别是 0.5587×10^8 Pa、0.7789×10^8 Pa、1.0588×10^8 Pa、1.118×10^8 Pa。随着角度的增大，平滑靴所受接触应力变化更加显著。当中部槽安装夹角过大时很可能导致平滑靴无法通过中部槽间隙，将造成严重的后果。平滑靴在通过含夹角误差的中部槽时与中部槽发生接触碰撞，角度越大，所产生的碰撞越剧烈，由于碰撞引起的振动会传递至整机系统，对采煤机的整机的稳定性及安全性产生较大影响，所以减小刮板输送机中部槽夹角误差在安装过程中尤为重要。

7　采煤机行走部动力学特性研究

本章将以在第2、第3章建立的采煤机行走部的接触摩擦、振动模型为基础，构建采煤机整机动力学模型，研究采煤机在正常、俯仰、侧倾和斜切工况下采煤机行走部的动力学特性。

7.1　正常工况下采煤机行走部动力学特性

正常工况是指采煤机在截割行进过程中始终保持水平，即不发生侧倾、俯采、仰采等情况。本书将采煤机划分成前后滚筒、前后摇臂、机身、前后导向滑靴、前后平滑靴等9部分，正常工况下其动力学模型如图7-1、图7-2所示。

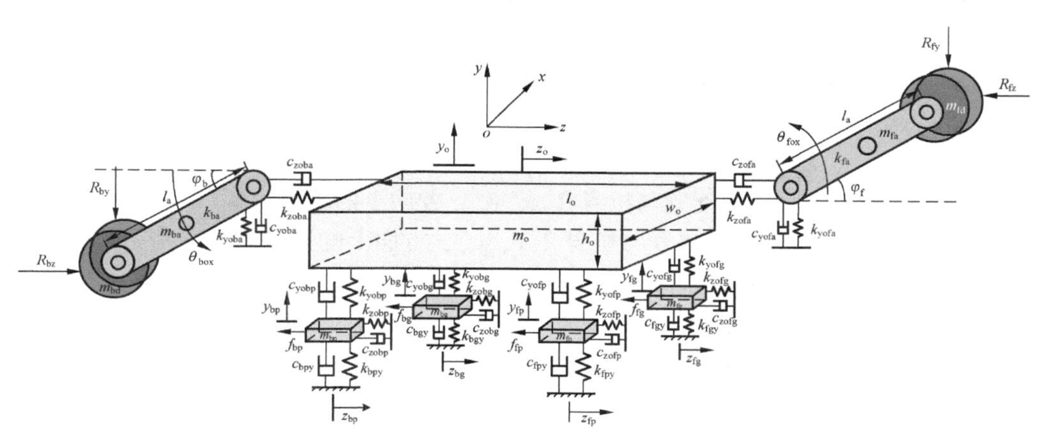

图7-1　正常工况下采煤机动力学模型（主视图）

说明：R_{fx}、R_{fy}、R_{fz} 为前滚筒在侧向方向、垂直方向、牵引方向的载荷，N；
R_{bx}、R_{by}、R_{bz} 为后滚筒在侧向方向、垂直方向、牵引方向的载荷，N；
l_o、w_o、h_o 为机身的长、宽、高，m；
m_{fd}、m_{bd} 为前、后滚筒质量，kg；
m_o 为机身质量，m；l_a 为摇臂长度，m；
m_{fa}、m_{ba} 为前、后摇臂质量，kg；φ_f、φ_b 为前、后摇臂举升角，(°)；

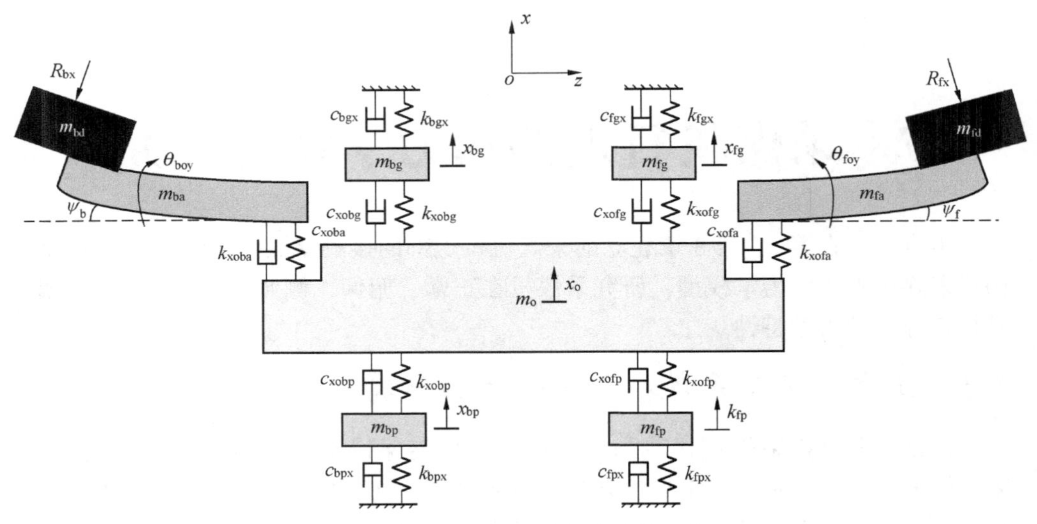

图 7-2　正常工况采煤机动力学模型（俯视图）

m_{fg}、m_{bg} 为前、后导向滑靴的质量，kg；m_{fp}、m_{bp} 为前、后平滑靴的质量，kg；

k_{xofa}、k_{yofa}、k_{zofa} 为前摇臂与机身在 x、y、z 方向上的连接刚度，N/m；

c_{xofa}、c_{yofa}、c_{zofa} 为前摇臂与机身在 x、y、z 方向上的阻尼，N · s/m；

k_{xoba}、k_{yoba}、k_{zoba} 为后摇臂与机身在 x、y、z 方向上的连接刚度，N/m；

c_{xoba}、c_{yoba}、c_{zoba} 为后摇臂与机身在 x、y、z 方向上的阻尼，N · s/m；

k_{xofg}、k_{yofg}、k_{zofg} 为前导向滑靴与机身在 x、y、z 方向上的连接刚度，N/m；

c_{xofg}、c_{yofg}、c_{zofg} 为前导向滑靴与机身在 x、y、z 方向上的阻尼，N · s/m；

k_{xobg}、k_{yobg}、k_{zobg} 为后导向滑靴与机身在 x、y、z 方向上的连接刚度，N/m；

c_{xobg}、c_{yobg}、c_{zobg} 为后导向滑靴与机身在 x、y、z 方向上的阻尼，N · s/m；

k_{xofp}、k_{yofp}、k_{zofp} 为前平滑靴与机身在 x、y、z 方向上的连接刚度，N/m；

c_{xofp}、c_{yofp}、c_{zofp} 为前平滑靴与机身在 x、y、z 方向上的阻尼，N · s/m；

k_{xobp}、k_{yobp}、k_{zobp} 为后平滑靴与机身在 x、y、z 方向上的接触刚度，N/m；

c_{xobp}、c_{yobp}、c_{zobp} 为后平滑靴与机身在 x、y、z 方向上的阻尼，N · s/m；

f_{fg}、f_{bg} 为前、后导向滑靴所受摩擦力，N（摩擦力公式参考第 2 章）；

f_{fp}、f_{bp} 为前、后平滑靴所受摩擦力，N；

k_{fgx}、k_{fgy} 为前导向滑靴与销排在 x、y 方向上的接触刚度，N/m（刚度计算公式参考 3.2 节）；

c_{fgx}、c_{fgy} 为前导向滑靴与销排在 x、y 方向上的阻尼，N·s/m；

k_{bgx}、k_{bgy} 为后导向滑靴与销排在 x、y 方向上的接触刚度，N/m；

c_{bgx}、c_{bgy} 为后导向滑靴与销排在 x、y 方向上的阻尼，N·s/m；

k_{fpx}、k_{fpy} 为前平滑靴与铲煤板在 x、y 方向上的接触刚度，N/m（刚度计算公式参考 3.3 节）；

c_{fpx}、c_{fpy} 为前平滑靴与铲煤板在 x、y 方向上的阻尼，N·s/m；

k_{bpx}、k_{bpy} 为后平滑靴与铲煤板在 x、y 方向上的接触刚度，N/m；

c_{bpx}、c_{bpy} 为后平滑靴与铲煤板在 x、y 方向上的阻尼，N·s/m；

f 代表采煤机动力学模型中前侧，b 代表采煤机动力学模型中后侧；x、y、z 代表振动方向；g、p 分别代表导向滑靴、平滑靴。

采用拉格朗日法，根据图 7-1、图 7-2 建立采煤机振动方程，则系统的动能为

$$T = \frac{1}{2}m_{fd}(v_{fdx}^2 + v_{fdy}^2 + v_{fdz}^2) + \frac{1}{2}m_{fa}(v_{fax}^2 + v_{fay}^2 + v_{faz}^2) + \frac{1}{2}m_o(\dot{x}_o^2 + \dot{y}_o^2 + \dot{z}_o^2) + \frac{1}{2}m_{fg}(\dot{x}_{fg}^2 + \dot{y}_{fg}^2 + \dot{z}_{fg}^2) + \frac{1}{2}m_{bg}(\dot{x}_{bg}^2 + \dot{y}_{bg}^2 + \dot{z}_{bg}^2) + \frac{1}{2}m_{fp}(\dot{x}_{fp}^2 + \dot{y}_{fp}^2 + \dot{z}_{fp}^2) + \frac{1}{2}m_{bp}(\dot{x}_{bp}^2 + \dot{y}_{bp}^2 + \dot{z}_{bp}^2) + \frac{1}{2}m_{bd}(v_{bdx}^2 + v_{bdy}^2 + v_{bdz}^2) + \frac{1}{2}m_{ba}(v_{bax}^2 + v_{bay}^2 + v_{baz}^2) \tag{7-1}$$

式中，$\begin{cases} v_{fdx} = l_a\dot{\theta}_{foy}\cos\psi_f \\ v_{fdy} = l_a\dot{\theta}_{fox}\cos\varphi_f \\ v_{fdz} = -l_a\dot{\theta}_{fox}\sin\varphi_f - l_a\dot{\theta}_{foy}\sin\psi_f \end{cases}$，$\begin{cases} v_{fax} = 0.5l_a\dot{\theta}_{foy}\cos\psi_f \\ v_{fay} = 0.5l_a\dot{\theta}_{fox}\cos\varphi_f \\ v_{faz} = -0.5l_a\dot{\theta}_{fox}\sin\varphi_f - 0.5l_a\dot{\theta}_{foy}\sin\psi_f \end{cases}$，

$\begin{cases} v_{bdx} = l_a\dot{\theta}_{boy}\cos\psi_b \\ v_{bdy} = -l_a\dot{\theta}_{box}\cos\varphi_b \\ v_{bdz} = l_a\dot{\theta}_{box}\sin\varphi_b + l_a\dot{\theta}_{boy}\sin\psi_b \end{cases}$，$\begin{cases} v_{bax} = 0.5l_a\dot{\theta}_{boy}\cos\psi_b \\ v_{bay} = -0.5l_a\dot{\theta}_{box}\cos\varphi_b \\ v_{baz} = 0.5l_a\dot{\theta}_{box}\sin\varphi_b + 0.5l_a\dot{\theta}_{boy}\sin\psi_b \end{cases}$。

系统的势能为

$$U = \frac{1}{2}k_{xofa}\left(x_o - \frac{1}{2}l_a\theta_{foy}\cos\psi_f\right)^2 + \frac{1}{2}k_{yofa}\left(y_o - \frac{1}{2}l_a\theta_{fox}\cos\varphi_f\right)^2 + \frac{1}{2}k_{zofa}\left[y_o + \frac{1}{2}l_a(\theta_{fox}\sin\varphi_f + \theta_{foy}\sin\psi_f)\right]^2 + \frac{1}{2}k_{xoba}\left(x_o - \frac{1}{2}l_a\theta_{boy}\cos\psi_b\right)^2 + \frac{1}{2}k_{yoba}\left(y_o + \frac{1}{2}l_a\theta_{box}\cos\varphi_b\right)^2 + \frac{1}{2}k_{zoba}\left[y_o - \frac{1}{2}l_a(\theta_{box}\sin\varphi_b + \theta_{boy}\sin\psi_b)\right]^2 +$$

$$\frac{1}{2}k_{\mathrm{xofg}}(x_{\mathrm{o}}-x_{\mathrm{fg}})^2+\frac{1}{2}k_{\mathrm{yofg}}(y_{\mathrm{o}}-y_{\mathrm{fg}})^2+\frac{1}{2}k_{\mathrm{zofg}}(z_{\mathrm{o}}-z_{\mathrm{fg}})^2+\frac{1}{2}k_{\mathrm{xobg}}(x_{\mathrm{o}}-x_{\mathrm{bg}})^2+$$
$$\frac{1}{2}k_{\mathrm{yobg}}(y_{\mathrm{o}}-y_{\mathrm{bg}})^2+\frac{1}{2}k_{\mathrm{zobg}}(z_{\mathrm{o}}-z_{\mathrm{bg}})^2+\frac{1}{2}k_{\mathrm{xofp}}(x_{\mathrm{o}}-x_{\mathrm{fp}})^2+\frac{1}{2}k_{\mathrm{yofp}}(y_{\mathrm{o}}-y_{\mathrm{fp}})^2+$$
$$\frac{1}{2}k_{\mathrm{zofp}}(z_{\mathrm{o}}-z_{\mathrm{fp}})^2+\frac{1}{2}k_{\mathrm{xobp}}(x_{\mathrm{o}}-x_{\mathrm{bp}})^2+\frac{1}{2}k_{\mathrm{yobp}}(y_{\mathrm{o}}-y_{\mathrm{bp}})^2+\frac{1}{2}k_{\mathrm{zobp}}(z_{\mathrm{o}}-z_{\mathrm{bp}})^2+$$
$$\frac{1}{2}k_{\mathrm{fgx}}x_{\mathrm{fg}}^2+\frac{1}{2}k_{\mathrm{fgy}}y_{\mathrm{fg}}^2+\frac{1}{2}k_{\mathrm{fpx}}x_{\mathrm{fp}}^2+\frac{1}{2}k_{\mathrm{fpy}}y_{\mathrm{fy}}^2+\frac{1}{2}k_{\mathrm{bgx}}x_{\mathrm{bg}}^2+\frac{1}{2}k_{\mathrm{bgy}}y_{\mathrm{bg}}^2+\frac{1}{2}k_{\mathrm{bpx}}x_{\mathrm{bp}}^2+$$
$$\frac{1}{2}k_{\mathrm{bpy}}y_{\mathrm{bp}}^2 \tag{7-2}$$

系统的耗散能为

$$D=\frac{1}{2}c_{\mathrm{xofa}}(\dot{x}_{\mathrm{o}}-v_{\mathrm{xfa}})^2+\frac{1}{2}c_{\mathrm{yofa}}(\dot{y}_{\mathrm{o}}-v_{\mathrm{yfa}})^2+\frac{1}{2}k_{\mathrm{zofa}}(\dot{z}_{\mathrm{o}}-v_{\mathrm{zfa}})^2+\frac{1}{2}c_{\mathrm{xosa}}(\dot{x}_{\mathrm{o}}-v_{\mathrm{xba}})^2+$$
$$\frac{1}{2}c_{\mathrm{yosa}}(\dot{y}_{\mathrm{o}}-v_{\mathrm{yba}})^2+\frac{1}{2}c_{\mathrm{zosa}}(\dot{z}_{\mathrm{o}}-v_{\mathrm{zba}})^2+\frac{1}{2}c_{\mathrm{xofg}}(\dot{x}_{\mathrm{o}}-\dot{x}_{\mathrm{fg}})^2+\frac{1}{2}c_{\mathrm{yofg}}(\dot{y}_{\mathrm{o}}-\dot{y}_{\mathrm{fg}})^2+$$
$$\frac{1}{2}c_{\mathrm{zofg}}(\dot{z}_{\mathrm{o}}-\dot{z}_{\mathrm{fg}})^2+\frac{1}{2}c_{\mathrm{xobg}}(\dot{x}_{\mathrm{o}}-\dot{x}_{\mathrm{bg}})^2+\frac{1}{2}c_{\mathrm{yobg}}(\dot{y}_{\mathrm{o}}-\dot{y}_{\mathrm{bg}})^2+\frac{1}{2}c_{\mathrm{zobg}}(\dot{z}_{\mathrm{o}}-\dot{z}_{\mathrm{bg}})^2+$$
$$\frac{1}{2}c_{\mathrm{xofp}}(\dot{x}_{\mathrm{o}}-\dot{x}_{\mathrm{fp}})^2+\frac{1}{2}c_{\mathrm{yofp}}(\dot{y}_{\mathrm{o}}-\dot{y}_{\mathrm{fp}})^2+\frac{1}{2}c_{\mathrm{zofp}}(\dot{z}_{\mathrm{o}}-\dot{z}_{\mathrm{fp}})^2+\frac{1}{2}c_{\mathrm{xobp}}(\dot{x}_{\mathrm{o}}-\dot{x}_{\mathrm{bp}})^2+$$
$$\frac{1}{2}c_{\mathrm{yobp}}(\dot{y}_{\mathrm{o}}-\dot{y}_{\mathrm{bp}})^2+\frac{1}{2}c_{\mathrm{zofg}}(\dot{z}_{\mathrm{o}}-\dot{z}_{\mathrm{bp}})^2+\frac{1}{2}c_{\mathrm{fgx}}\dot{x}_{\mathrm{fg}}^2+\frac{1}{2}c_{\mathrm{fgy}}\dot{y}_{\mathrm{fg}}^2+\frac{1}{2}c_{\mathrm{fpx}}\dot{x}_{\mathrm{fp}}^2+\frac{1}{2}c_{\mathrm{fpy}}\dot{y}_{\mathrm{fp}}^2+$$
$$\frac{1}{2}c_{\mathrm{bgx}}\dot{x}_{\mathrm{bg}}^2+\frac{1}{2}c_{\mathrm{bgy}}\dot{y}_{\mathrm{bg}}^2+\frac{1}{2}c_{\mathrm{bpx}}\dot{x}_{\mathrm{bp}}^2+\frac{1}{2}k_{\mathrm{bpy}}\dot{y}_{\mathrm{bp}}^2 \tag{7-3}$$

将式（7-1）~式（7-3）代入到拉格朗日公式中可得

$$\boldsymbol{M}\ddot{\boldsymbol{q}}+\boldsymbol{K}\boldsymbol{q}+\boldsymbol{C}\boldsymbol{q}=\boldsymbol{Q} \tag{7-4}$$

式中，$\boldsymbol{q}=[\theta_{\mathrm{fox}},\ \theta_{\mathrm{box}},\ \theta_{\mathrm{foy}},\ \theta_{\mathrm{boy}},\ x_{\mathrm{o}},\ y_{\mathrm{o}},\ z_{\mathrm{o}},\ x_{\mathrm{fg}},\ y_{\mathrm{fg}},\ z_{\mathrm{fg}},\ x_{\mathrm{bg}},\ y_{\mathrm{bg}},\ z_{\mathrm{bg}},\ x_{\mathrm{fp}},\ y_{\mathrm{fp}},\ z_{\mathrm{fp}},\ x_{\mathrm{bp}},\ y_{\mathrm{bp}},\ z_{\mathrm{bp}}]^T$；

$\boldsymbol{Q}=[-R_{\mathrm{fy}}\cos\varphi_{\mathrm{f}}+R_{\mathrm{fz}}\sin\varphi_{\mathrm{f}},\ R_{\mathrm{by}}\cos\varphi_{\mathrm{b}}+R_{\mathrm{bz}}\sin\varphi_{\mathrm{b}},\ -R_{\mathrm{fx}}\cos\psi_{\mathrm{f}}+R_{\mathrm{fz}}\sin\psi_{\mathrm{f}},\ -R_{\mathrm{bx}}\cos\psi_{\mathrm{b}}+R_{\mathrm{bz}}\sin\psi_{\mathrm{b}},\ 0,\ 0,\ 0,\ 0,\ 0,\ -f_{\mathrm{fg}},\ 0,\ 0,\ -f_{\mathrm{fp}},\ 0,\ 0,\ -f_{\mathrm{bg}},\ 0,\ 0,\ -f_{\mathrm{bp}}]$。

由振动方程的 19 个自由度的稀疏矩阵，可将质量矩阵、刚度矩阵、阻尼矩阵表示为

$$\boldsymbol{M}=\begin{bmatrix}M_{1,1} & \cdots & M_{1,19}\\ \vdots & & \vdots\\ M_{19,1} & \cdots & M_{19,19}\end{bmatrix},\ \boldsymbol{K}=\begin{bmatrix}K_{1,1} & \cdots & K_{1,19}\\ \vdots & & \vdots\\ K_{19,1} & \cdots & K_{19,19}\end{bmatrix},\ \boldsymbol{C}=\begin{bmatrix}C_{1,1} & \cdots & C_{1,19}\\ \vdots & & \vdots\\ C_{19,1} & \cdots & C_{19,19}\end{bmatrix} \tag{7-5}$$

质量矩阵 $\boldsymbol{M}$ 主对角线上的元素为

$$\mathrm{diag}(\boldsymbol{M})=\left[\frac{l_{\mathrm{a}}^2(m_{\mathrm{fa}}+4m_{\mathrm{fd}})}{4},\frac{l_{\mathrm{a}}^2(m_{\mathrm{ba}}+4m_{\mathrm{bd}})}{4},\frac{l_{\mathrm{a}}^2(m_{\mathrm{fa}}+4m_{\mathrm{fd}})}{4},\frac{l_{\mathrm{a}}^2(m_{\mathrm{ba}}+4m_{\mathrm{bd}})}{4},\right.$$
$$\left.m_{\mathrm{o}},m_{\mathrm{o}},m_{\mathrm{o}},m_{\mathrm{fg}},m_{\mathrm{fg}},m_{\mathrm{fg}},m_{\mathrm{bg}},m_{\mathrm{bg}},m_{\mathrm{bg}},m_{\mathrm{fp}},m_{\mathrm{fp}},m_{\mathrm{fp}},m_{\mathrm{fp}},m_{\mathrm{fp}},m_{\mathrm{fp}}\right]$$

其他非零元素为：$M_{1,3}=M_{3,1}=\dfrac{l_{\mathrm{a}}^2\sin\varphi_{\mathrm{f}}\sin\psi_{\mathrm{f}}(m_{\mathrm{fa}}+4m_{\mathrm{fd}})}{4}$，

$M_{2,4}=M_{4,2}=\dfrac{l_{\mathrm{a}}^2\sin\varphi_{\mathrm{b}}\sin\psi_{\mathrm{b}}(m_{\mathrm{ba}}+4m_{\mathrm{bd}})}{4}$。

刚度矩阵 $\boldsymbol{K}$ 主对角线上的元素为

$$\mathrm{diag}(\boldsymbol{K})=\frac{[l_{\mathrm{a}}^2(k_{\mathrm{yoba}}\cos^2\psi_{\mathrm{b}}+k_{\mathrm{yofa}}\cos^2\psi_{\mathrm{f}}+k_{\mathrm{zofa}}\sin^2\varphi_{\mathrm{f}})}{4},\frac{k_{\mathrm{zoba}}l_{\mathrm{a}}^2\sin^2\varphi_{\mathrm{b}}}{4},$$
$$\frac{l_{\mathrm{a}}^2(k_{\mathrm{xoba}}\cos^2\psi_{\mathrm{b}}+k_{\mathrm{xofa}}\cos^2\psi_{\mathrm{f}}+k_{\mathrm{zofa}}\sin^2\psi_{\mathrm{f}})}{4},\frac{k_{\mathrm{zoba}}l_{\mathrm{a}}^2\sin^2\psi_{\mathrm{b}}}{4},k_{\mathrm{xoba}}+k_{\mathrm{xofa}}+k_{\mathrm{xobg}}+k_{\mathrm{xofg}}+k_{\mathrm{xobp}}+$$
$$k_{\mathrm{xofp}},k_{\mathrm{yoba}}+k_{\mathrm{yofa}}+k_{\mathrm{yobg}}+k_{\mathrm{yofg}}+k_{\mathrm{yobp}}+k_{\mathrm{yofp}},k_{\mathrm{zoba}}+k_{\mathrm{zofa}}+k_{\mathrm{zobg}}+k_{\mathrm{zofg}}+k_{\mathrm{zobp}}+k_{\mathrm{zofp}},k_{\mathrm{fgx}}+$$
$$k_{\mathrm{xofg}},k_{\mathrm{yfg}}+k_{\mathrm{yofg}},k_{\mathrm{zofg}},k_{\mathrm{bgx}}+k_{\mathrm{xobg}},k_{\mathrm{bgy}}+k_{\mathrm{yobg}},k_{\mathrm{zobg}},k_{\mathrm{fpx}}+k_{\mathrm{xofp}},k_{\mathrm{fpy}}+k_{\mathrm{yofp}},k_{\mathrm{zofp}},$$
$$k_{\mathrm{bpx}}+k_{\mathrm{xobp}},k_{\mathrm{bpy}}+k_{\mathrm{yobp}},k_{\mathrm{zobp}}]$$

其他非零元素为：$K_{1,3}=K_{3,1}=\dfrac{(k_{\mathrm{zofa}}l_{\mathrm{a}}^2\sin\varphi_{\mathrm{f}}\sin\psi_{\mathrm{f}})}{4}$，$\dfrac{(k_{\mathrm{yoba}}l_{\mathrm{a}}\cos\psi_{\mathrm{b}})}{2}-\dfrac{(k_{\mathrm{yofa}}l_{\mathrm{a}}\cos\psi_{\mathrm{f}})}{2}$，

$K_{1,7}=K_{7,1}=\dfrac{k_{\mathrm{zofa}}l_{\mathrm{a}}\sin\varphi_{\mathrm{f}}}{2}$，$K_{2,4}=K_{4,2}=\dfrac{k_{\mathrm{zoba}}l_{\mathrm{a}}^2\sin\varphi_{\mathrm{b}}\sin\psi_{\mathrm{b}}}{4}$，$K_{2,7}=K_{7,2}=\dfrac{k_{\mathrm{zoba}}l_{\mathrm{a}}\sin\varphi_{\mathrm{b}}}{2}$，

$K_{3,5}=K_{5,3}=-\dfrac{k_{\mathrm{xoba}}l_{\mathrm{a}}\cos\psi_{\mathrm{b}}}{2}-\dfrac{k_{\mathrm{xofa}}l_{\mathrm{a}}\cos\psi_{\mathrm{f}}}{2}$，$K_{3,7}=K_{7,3}=\dfrac{k_{\mathrm{zofa}}l_{\mathrm{a}}\sin\psi_{\mathrm{f}}}{2}$，

$K_{4,7}=\dfrac{k_{\mathrm{zoba}}l_{\mathrm{a}}\sin\psi_{\mathrm{b}}}{2}$，$K_{5,8}=K_{8,5}=-k_{\mathrm{xofg}}$，$K_{5,11}=K_{11,5}=-k_{\mathrm{xobg}}$，$K_{5,14}=K_{14,5}=-k_{\mathrm{xofp}}$，
$K_{5,17}=K_{17,5}=-k_{\mathrm{xobp}}$，$K_{6,9}=K_{9,6}=-k_{\mathrm{yofg}}$，$K_{6,12}=K_{12,6}=-k_{\mathrm{yobg}}$，$K_{6,15}=K_{15,6}=-k_{\mathrm{yofp}}$，
$K_{6,18}=K_{18,6}=-k_{\mathrm{yobp}}$，$K_{7,10}=K_{10,7}=-k_{\mathrm{zofg}}$，$K_{7,13}=K_{13,7}=-k_{\mathrm{zobg}}$，$K_{7,16}=K_{16,7}=-k_{\mathrm{zofp}}$，
$K_{7,19}=K_{19,7}=-k_{\mathrm{zobp}}$。

阻尼矩阵 $\boldsymbol{C}$ 主对角线上的元素为

$$\mathrm{diag}(\boldsymbol{C})=\frac{[l_{\mathrm{a}}^2(c_{\mathrm{yoba}}\cos^2\psi_{\mathrm{b}}+c_{\mathrm{yofa}}\cos^2\psi_{\mathrm{f}}+c_{\mathrm{zofa}}\sin^2\varphi_{\mathrm{f}})}{4},\frac{c_{\mathrm{zoba}}l_{\mathrm{a}}^2\sin^2\varphi_{\mathrm{b}}}{4},$$
$$\frac{l_{\mathrm{a}}^2(c_{\mathrm{xoba}}\cos^2\psi_{\mathrm{b}}+c_{\mathrm{xofa}}\cos^2\psi_{\mathrm{f}}+c_{\mathrm{zofa}}\sin^2\psi_{\mathrm{f}})}{4},\frac{c_{\mathrm{zoba}}l_{\mathrm{a}}^2\sin^2\psi_{\mathrm{b}}}{4},c_{\mathrm{xoba}}+c_{\mathrm{xofa}}+c_{\mathrm{xobg}}+c_{\mathrm{xofg}}+c_{\mathrm{xobp}}+$$

c_{xofp}，$c_{yoba}+c_{yofa}+c_{yobg}+c_{yofg}+c_{yobp}+c_{yofp}$，$c_{zoba}+c_{zofa}+c_{zobg}+c_{zofg}+c_{zobp}+c_{zofp}$，$c_{fgx}+c_{xofg}$，$c_{fgy}+c_{yofg}$，$c_{zofg}$，$c_{bgx}+c_{xobg}$，$c_{bgy}+c_{yobg}$，$c_{zobg}$，$c_{fpx}+c_{xofp}$，$c_{fpy}+c_{yofp}$，$c_{zofp}$，$c_{bpx}+c_{xobp}$，$c_{bpy}+c_{yobp}$，$c_{zobp}$]

其他非零元素为：$C_{1,3}=C_{3,1}=\dfrac{c_{zofa}l_a^2\sin\varphi_f\sin\psi_f}{4}$，$\dfrac{c_{yoba}l_a\cos\psi_b}{2}-\dfrac{c_{yofa}l_a\cos\psi_f}{2}$，

$C_{1,7}=C_{7,1}=\dfrac{c_{zofa}l_a\sin\varphi_f}{2}$，$C_{2,4}=C_{4,2}=\dfrac{c_{zoba}l_a^2\sin\varphi_b\sin\psi_b}{4}$，$C_{2,6}=C_{6,2}=-\dfrac{c_{yoba}l_a\cos\varphi_b}{2}$，

$C_{2,7}=C_{7,2}=\dfrac{c_{zoba}l_a\sin\varphi_b}{2}$，$C_{3,5}=C_{5,3}=-\dfrac{c_{xoba}l_a\cos\psi_b}{2}-\dfrac{c_{xofa}l_a\cos\psi_f}{2}$，

$C_{3,7}=C_{7,3}=\dfrac{c_{zofa}l_a\sin\psi_f}{2}$，$C_{4,5}=C_{5,4}=-\dfrac{c_{xoba}l_a\cos\psi_b}{2}$，$C_{4,7}=\dfrac{c_{zoba}l_a\sin\psi_b}{2}$，

$C_{5,8}=C_{8,5}=-c_{xofg}$，$C_{5,11}=C_{11,5}=-c_{xobg}$，$C_{5,14}=C_{14,5}=-c_{xofp}$，$C_{5,17}=C_{17,5}=-c_{xobp}$，
$C_{6,9}=C_{9,6}=-c_{yofg}$，$C_{6,12}=C_{12,6}=-c_{yobg}$，$C_{6,15}=C_{15,6}=-c_{yofp}$，$C_{6,18}=C_{18,6}=-c_{yobp}$，
$C_{7,10}=C_{10,7}=-c_{zofg}$，$C_{7,13}=C_{13,7}=-c_{zobg}$，$C_{7,16}=C_{16,7}=-c_{zofp}$，$C_{7,19}=C_{19,7}=-c_{zobp}$。

对导向滑靴与销排的接触刚度 k_{fgx}、k_{fgy}、k_{bgx}、k_{bgy} 计算可参考 3.2.1 节内容，对平滑靴与铲煤板的接触刚度 k_{fpx}、k_{fpy}、k_{bpx}、k_{bpy} 计算可参考 3.3.1 节内容；导向滑靴与平滑靴所受的摩擦力 f_{fg}、f_{bg}、f_{fp}、f_{bp}，由于采煤机正常截割工况，采煤机滑靴与导轨间接触面是四边形的面面接触，其计算可参考式（2-49）；对于机身与滑靴、摇臂间的连接刚度可依据部件的材料属性及外形尺寸，利用材料力学知识计算求得。

基于以上分析，选用 MG500/1130 型采煤机为研究对象，对式（7-4）设置参数进行仿真求解。MG500/1130 型采煤机结构参数见表 7-1。

表 7-1　MG500/1130 型采煤机结构参数

名称	值/kg	名称	值/kg	名称	值/kg
滚筒质量 m_d	5×10^3	前平滑靴质量 m_{fs}	76.3	机身长度 l_o	8.15
机身质量 m_o	19.5×10^3	后平滑靴质量 m_{bs}	76.3	机身高度 h_o	1.535
前导向滑靴质量 m_{fg}	203	前摇臂质量 m_{fa}	8.5×10^3	机身宽度 w_o	2.1
后导向滑靴质量 m_{bg}	203	后摇臂质量 m_{ba}	8.5×10^3	摇臂长度 l_a	2.5

对于采煤机截割载荷 R_{fx}、R_{fy}、R_{fz}、R_{bx}、R_{by}、R_{bz}，依据苏联学者别隆提出密实核煤岩截割模型，设置滚筒转速为 32 r/min、牵引速度为 3 m/min、截割深度为 0.8 m、煤岩截割阻抗为 $\bar{A}=210$ N/mm，测得前、后滚筒三向力载荷如图 7-3 所示。

设置采煤机的前摇臂举升角为 $\varphi_f=30°$，后摇臂的举升角为 $\varphi_b=-15°$，采用龙格库塔方法对式（7-4）进行数值求解，在仿真时长为 10 s 时，得到正常工况

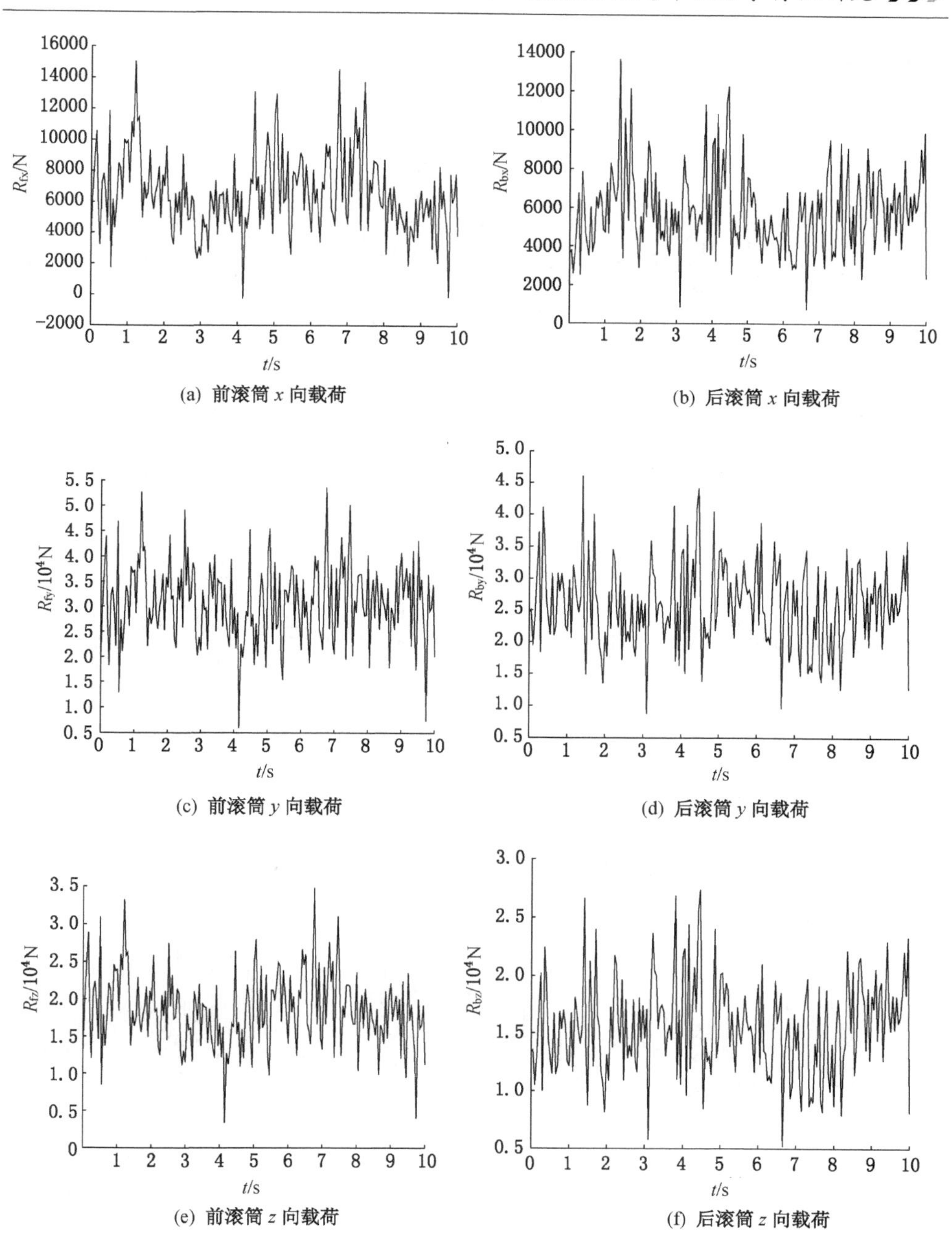

16000
14000
12000
10000
8000
6000
4000
2000
0
−2000
R_{fx}/N
t/s
(a) 前滚筒 x 向载荷
14000
12000
10000
8000
6000
4000
2000
0
R_{bx}/N
t/s
(b) 后滚筒 x 向载荷
$R_{fy}/10^4$N
t/s
(c) 前滚筒 y 向载荷
$R_{by}/10^4$N
t/s
(d) 后滚筒 y 向载荷
$R_{fz}/10^4$N
t/s
(e) 前滚筒 z 向载荷
$R_{bz}/10^4$N
t/s
(f) 后滚筒 z 向载荷

图 7-3 滚筒三向力载荷

下的采煤机滑靴三向振动加速度时间历程曲线图，如图 7-4、图 7-5 所示。

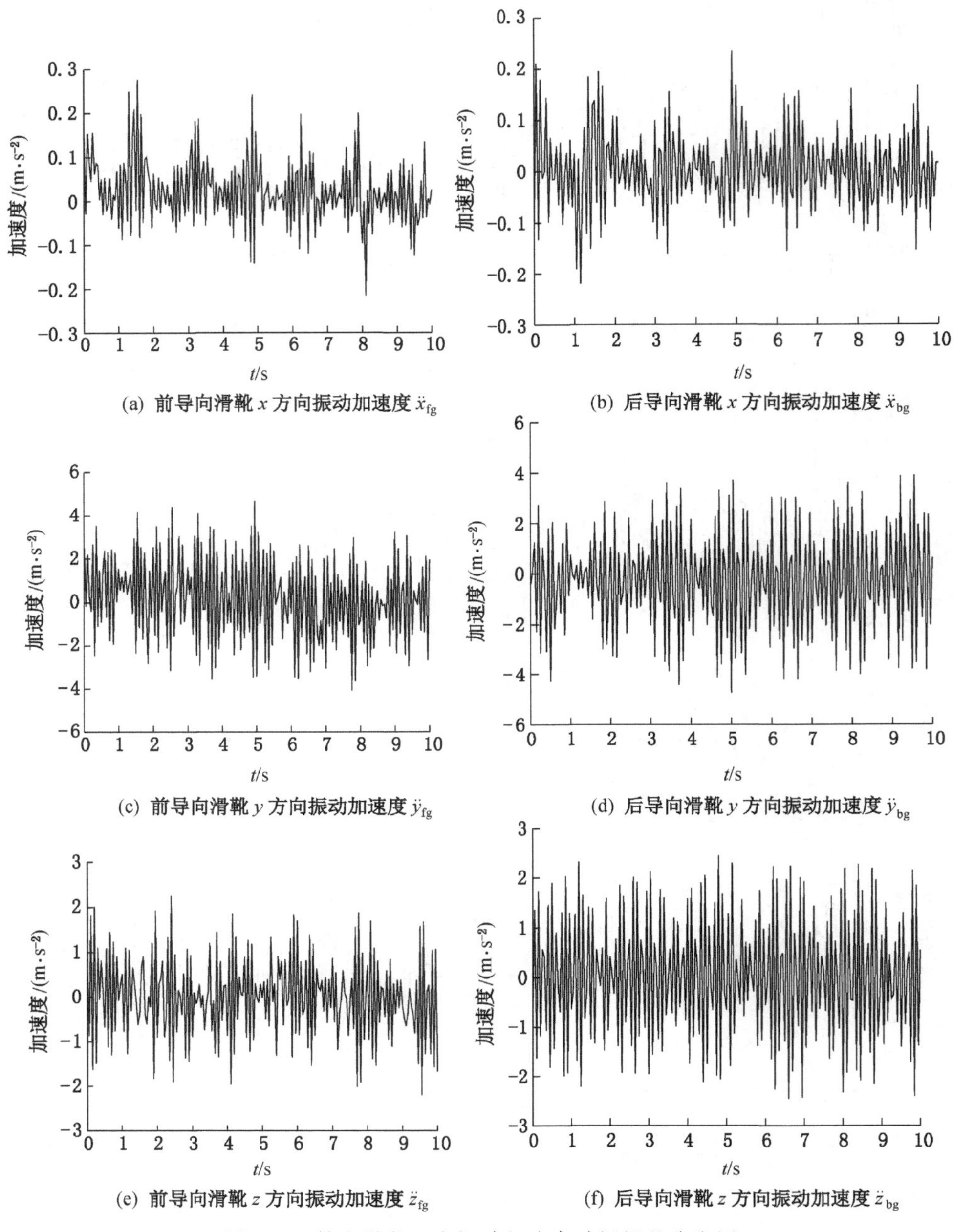

图 7-4 导向滑靴三向振动加速度时间历程曲线图

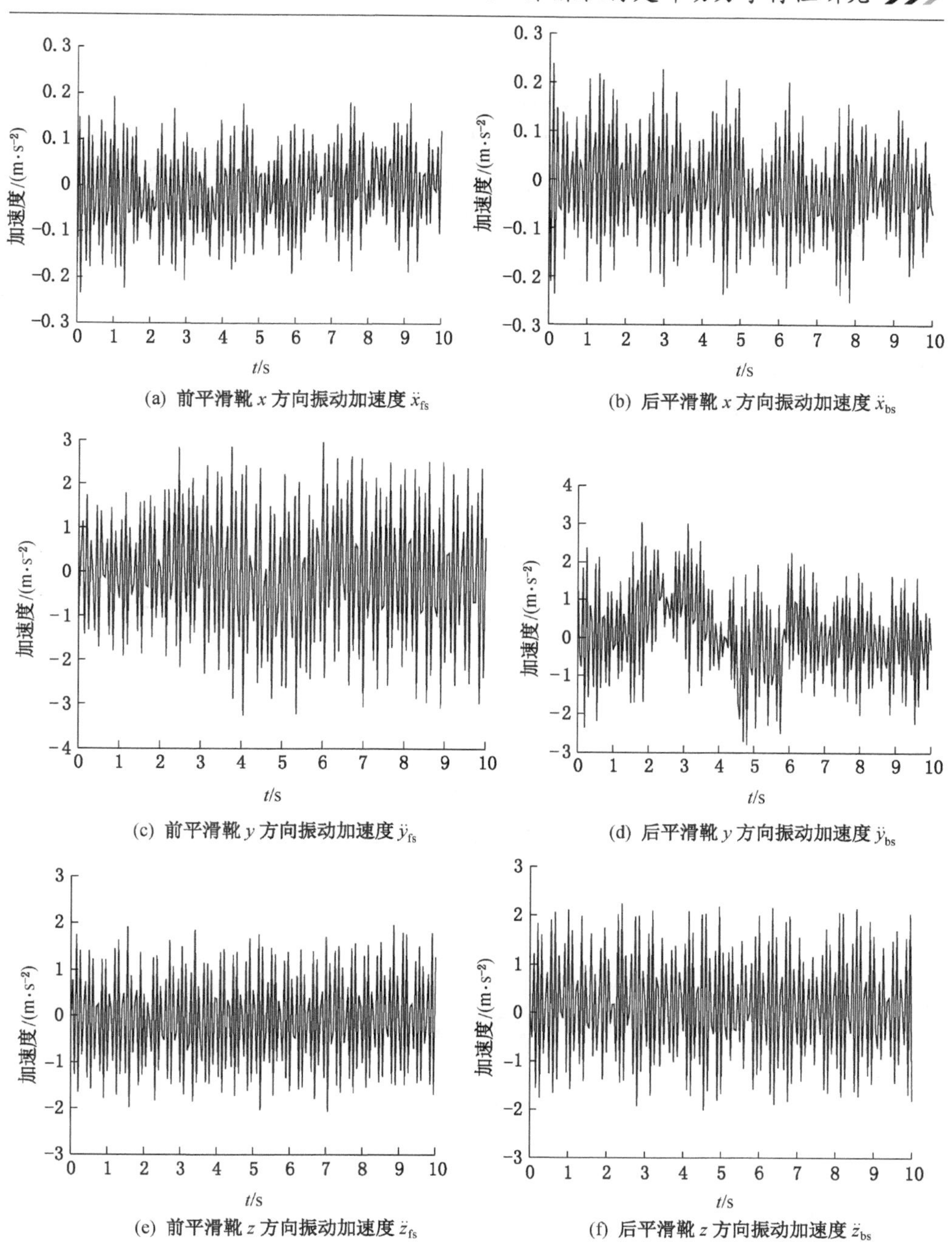

(a) 前平滑靴 x 方向振动加速度 $\ddot{x}_{fs}$

(b) 后平滑靴 x 方向振动加速度 $\ddot{x}_{bs}$

(c) 前平滑靴 y 方向振动加速度 $\ddot{y}_{fs}$

(d) 后平滑靴 y 方向振动加速度 $\ddot{y}_{bs}$

(e) 前平滑靴 z 方向振动加速度 $\ddot{z}_{fs}$

(f) 后平滑靴 z 方向振动加速度 $\ddot{z}_{bs}$

图 7-5 平滑靴三向振动加速度时间历程曲线图

通过对图 7-4、图 7-5 分析可知，导向滑靴与平滑靴振动加速度带有一定弱周期性和随机性，导向滑靴和平滑靴在 y 向振动时加速度要大于其他两个方向的振动加速度，导向滑靴最大振动加速度约为 5 m/s^2，平滑靴最大振动加速度约为 3 m/s^2，导向滑靴的总体振动加速度要大于平滑靴的振动加速度；导向滑靴和平滑靴在前、后对比下，其各个方向振动加速度相差不大。

7.2 俯仰工况下采煤机行走部动力学特性

俯仰工况是指采煤机在截割行进过程中，由于工作面底板沿前进方向有一定的坡度，采煤机机身与牵引方向有一定的俯仰角。将采煤机划分成前后滚筒、前后摇臂、机身、前后导向滑靴、前后平滑靴等 9 部分，构建采煤机俯仰工况下的动力学模型如图 7-6、图 7-7 所示。

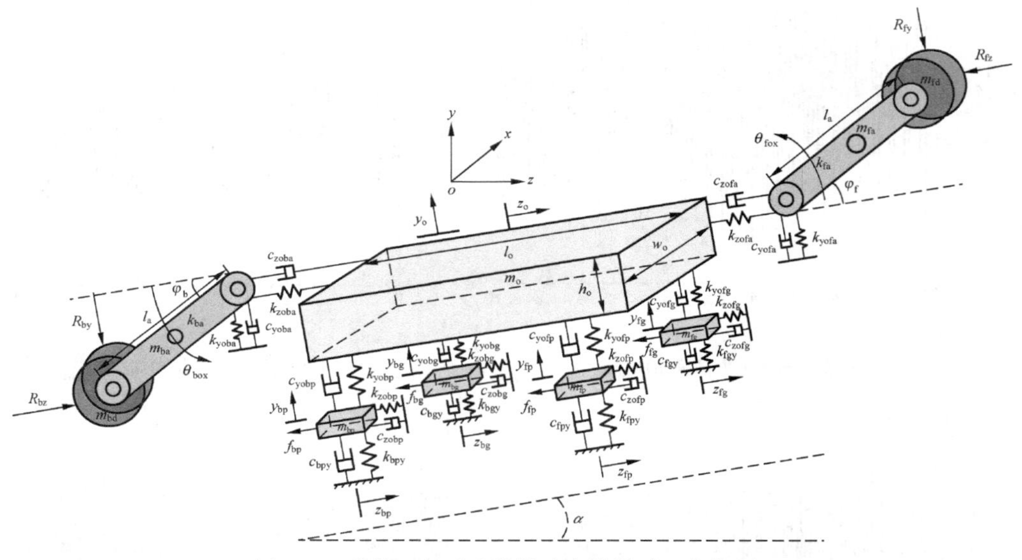

图 7-6 俯仰工况下采煤机动力学模型（主视图）

采用拉格朗日法，根据图 7-6、图 7-7 建立采煤机振动方程，则系统的动能为

$$T=\frac{1}{2}m_{\mathrm{fd}}(v_{\mathrm{fdx}}^{2}+v_{\mathrm{fdy}}^{2}+v_{\mathrm{fdz}}^{2})+\frac{1}{2}m_{\mathrm{fa}}(v_{\mathrm{fax}}^{2}+v_{\mathrm{fay}}^{2}+v_{\mathrm{faz}}^{2})+\frac{1}{2}m_{\mathrm{o}}(\dot{x}_{\mathrm{o}}^{2}+\dot{y}_{\mathrm{o}}^{2}+\dot{z}_{\mathrm{o}}^{2})+$$

$$\frac{1}{2}m_{\mathrm{fg}}(\dot{x}_{\mathrm{fg}}^{2}+\dot{y}_{\mathrm{fg}}^{2}+\dot{z}_{\mathrm{fg}}^{2})+\frac{1}{2}m_{\mathrm{bg}}(\dot{x}_{\mathrm{bg}}^{2}+\dot{y}_{\mathrm{bg}}^{2}+\dot{z}_{\mathrm{bg}}^{2})+\frac{1}{2}m_{\mathrm{fp}}(\dot{x}_{\mathrm{fp}}^{2}+\dot{y}_{\mathrm{fp}}^{2}+\dot{z}_{\mathrm{fp}}^{2})+$$

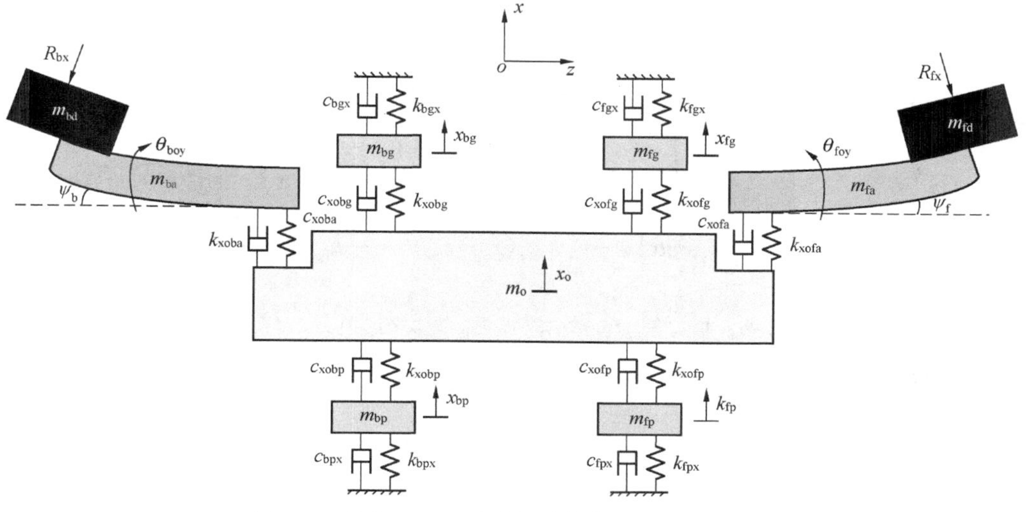

图 7-7　俯仰工况下采煤机动力学模型（俯视图）

$$\frac{1}{2}m_{bp}(\dot{x}_{bp}^2+\dot{y}_{bp}^2+\dot{z}_{bp}^2)+\frac{1}{2}m_{bd}(v_{bdx}^2+v_{bdy}^2+v_{bdz}^2)+\frac{1}{2}m_{ba}(v_{bax}^2+v_{bay}^2+v_{baz}^2) \tag{7-6}$$

式中，$\begin{cases}v_{fdx}=l_a\dot{\theta}_{foy}\cos\psi_f\\ v_{fdy}=l_a\dot{\theta}_{fox}\cos\varphi_f\\ v_{fdz}=-l_a\dot{\theta}_{fox}\sin\varphi_f-l_a\dot{\theta}_{foy}\sin\psi_f\end{cases}$，$\begin{cases}v_{fax}=0.5l_a\dot{\theta}_{foy}\cos\psi_f\\ v_{fay}=0.5l_a\dot{\theta}_{fox}\cos\varphi_f\\ v_{faz}=-0.5l_a\dot{\theta}_{fox}\sin\varphi_f-0.5l_a\dot{\theta}_{foy}\sin\psi_f\end{cases}$，

$\begin{cases}v_{bdx}=l_a\dot{\theta}_{boy}\cos\psi_b\\ v_{bdy}=-l_a\dot{\theta}_{box}\cos\varphi_b\\ v_{bdz}=l_a\dot{\theta}_{box}\sin\varphi_b+l_a\dot{\theta}_{boy}\sin\psi_b\end{cases}$，$\begin{cases}v_{bax}=0.5l_a\dot{\theta}_{boy}\cos\psi_b\\ v_{bay}=-0.5l_a\dot{\theta}_{box}\cos\varphi_b\\ v_{baz}=0.5l_a\dot{\theta}_{box}\sin\varphi_b+0.5l_a\dot{\theta}_{boy}\sin\psi_b\end{cases}$。

系统的势能为

$$U=\frac{1}{2}k_{xofa}\left(x_o-\frac{1}{2}l_a\theta_{foy}\cos\psi_f\right)^2+\frac{1}{2}k_{yofa}\left(y_o-\frac{1}{2}l_a\theta_{fox}\cos\varphi_f+\frac{1}{2}l_o\sin\alpha\right)^2+$$
$$\frac{1}{2}k_{zofa}\left[y_o+\frac{1}{2}l_a(\theta_{fox}\sin\varphi_f+\theta_{foy}\sin\psi_f)\right]^2+\frac{1}{2}k_{xoba}\left(x_o-\frac{1}{2}l_a\theta_{boy}\cos\psi_b\right)^2+$$
$$\frac{1}{2}k_{yoba}\left(y_o+\frac{1}{2}l_a\theta_{box}\cos\varphi_b-\frac{1}{2}l_o\sin\alpha\right)^2+\frac{1}{2}k_{zoba}\left[y_o-\frac{1}{2}l_a(\theta_{box}\sin\varphi_b+\theta_{boy}\sin\psi_b)\right]^2+$$

$$\frac{1}{2}k_{xofg}(x_o - x_{fg})^2 + \frac{1}{2}k_{yofg}\left(y_o - y_{fg} + \frac{1}{2}l_o\sin\alpha\right)^2 + \frac{1}{2}k_{zofg}(z_o - z_{fg})^2 +$$
$$\frac{1}{2}k_{xobg}(x_o - x_{bg})^2 + \frac{1}{2}k_{yobg}\left(y_o - y_{bg} - \frac{1}{2}l_o\sin\alpha\right)^2 + \frac{1}{2}k_{zobg}(z_o - z_{bg})^2 +$$
$$\frac{1}{2}k_{xofp}(x_o - x_{fp})^2 + \frac{1}{2}k_{yofp}\left(y_o - y_{fp} + \frac{1}{2}l_o\sin\alpha\right)^2 + \frac{1}{2}k_{zofp}(z_o - z_{fp})^2 + \frac{1}{2}k_{xobp}(x_o - x_{bp})^2 +$$
$$\frac{1}{2}k_{yobp}\left(y_o - y_{bp} - \frac{1}{2}l_o\sin\alpha\right)^2 + \frac{1}{2}k_{zobp}(z_o - z_{bp})^2 + \frac{1}{2}k_{fgx}x_{fg}^2 + \frac{1}{2}k_{fgy}y_{fg}^2 + \frac{1}{2}k_{fpx}x_{fp}^2 +$$
$$\frac{1}{2}k_{fpy}y_{fp}^2 + \frac{1}{2}k_{bgx}x_{bg}^2 + \frac{1}{2}k_{bgy}y_{bg}^2 + \frac{1}{2}k_{bpx}x_{bp}^2 + \frac{1}{2}k_{bpy}y_{bp}^2 \tag{7-7}$$

系统的耗散能为

$$D = \frac{1}{2}c_{xofa}(\dot{x}_o - v_{xfa})^2 + \frac{1}{2}c_{yofa}(\dot{y}_o - v_{yfa})^2 + \frac{1}{2}k_{zofa}(\dot{z}_o - v_{zfa})^2 + \frac{1}{2}c_{xosa}(\dot{x}_o - v_{xba})^2 +$$
$$\frac{1}{2}c_{yosa}(\dot{y}_o - v_{yba})^2 + \frac{1}{2}c_{zosa}(\dot{z}_o - v_{zba})^2 + \frac{1}{2}c_{xofg}(\dot{x}_o - \dot{x}_{fg})^2 + \frac{1}{2}c_{yofg}(\dot{y}_o - \dot{y}_{fg})^2 +$$
$$\frac{1}{2}c_{zofg}(\dot{z}_o - \dot{z}_{fg})^2 + \frac{1}{2}c_{xobg}(\dot{x}_o - \dot{x}_{bg})^2 + \frac{1}{2}c_{yobg}(\dot{y}_o - \dot{y}_{bg})^2 + \frac{1}{2}c_{zobg}(\dot{z}_o - \dot{z}_{bg})^2 +$$
$$\frac{1}{2}c_{xofp}(\dot{x}_o - \dot{x}_{fp})^2 + \frac{1}{2}c_{yofp}(\dot{y}_o - \dot{y}_{fp})^2 + \frac{1}{2}c_{zofp}(\dot{z}_o - \dot{z}_{fp})^2 + \frac{1}{2}c_{xobp}(\dot{x}_o - \dot{x}_{bp})^2 +$$
$$\frac{1}{2}c_{yobp}(\dot{y}_o - \dot{y}_{bp})^2 + \frac{1}{2}c_{zofg}(\dot{z}_o - \dot{z}_{bp})^2 + \frac{1}{2}c_{fgx}\dot{x}_{fg}^2 + \frac{1}{2}c_{fgy}\dot{y}_{fg}^2 + \frac{1}{2}c_{fpx}\dot{x}_{fp}^2 + \frac{1}{2}c_{fpy}\dot{y}_{fp}^2 +$$
$$\frac{1}{2}c_{bgx}\dot{x}_{bg}^2 + \frac{1}{2}c_{bgy}\dot{y}_{bg}^2 + \frac{1}{2}c_{bpx}\dot{x}_{bp}^2 + \frac{1}{2}k_{bpy}\dot{y}_{bp}^2 \tag{7-8}$$

将式（7-6）~式（7-8）代入到拉格朗日公式中可得

$$\boldsymbol{M\ddot{q}}+\boldsymbol{Kq}+\boldsymbol{Cq}=\boldsymbol{Q} \tag{7-9}$$

式中，$\boldsymbol{q}$ = [θ_{fox}，θ_{box}，θ_{foy}，θ_{boy}，x_o，y_o，z_o，x_{fg}，y_{fg}，z_{fg}，x_{bg}，y_{bg}，z_{bg}，x_{fp}，y_{fp}，z_{fp}，x_{bp}，y_{bp}，z_{bp}]^T；

$\boldsymbol{Q}$= [$-R_{fy}\cos$（$\varphi_f+\alpha$）$+R_{fz}\sin$（$\varphi_f+\alpha$），$R_{by}\cos$（$\varphi_b-\alpha$）$+R_{bz}\sin$（$\varphi_b-\alpha$），$-R_{fx}\cos\psi_f+R_{fz}\sin\psi_f$，$-R_{bx}\cos\psi_b+R_{bz}\sin\psi_b$，0，0，0，0，0，$-f_{fg}$，0，0，$-f_{fp}$，0，0，$-f_{bg}$，0，0，$-f_{bp}$]。

由于振动方程的19个自由度的稀疏矩阵，可将质量矩阵、刚度矩阵、阻尼矩阵表示为

$$\boldsymbol{M}=\begin{bmatrix} M_{1,1} & \cdots & M_{1,19} \\ \vdots & & \vdots \\ M_{19,1} & \cdots & M_{19,19} \end{bmatrix},\ \boldsymbol{K}=\begin{bmatrix} K_{1,1} & \cdots & K_{1,19} \\ \vdots & & \vdots \\ K_{19,1} & \cdots & K_{19,19} \end{bmatrix},\ \boldsymbol{C}=\begin{bmatrix} C_{1,1} & \cdots & C_{1,19} \\ \vdots & & \vdots \\ C_{19,1} & \cdots & C_{19,19} \end{bmatrix} \tag{7-10}$$

质量矩阵 **M** 主对角线上的元素为

$$\text{diag}(\boldsymbol{M})=\left[\frac{l_a^2(m_{fa}+4m_{fd})}{4},\frac{l_a^2(m_{ba}+4m_{bd})}{4},\frac{l_a^2(m_{fa}+4m_{fd})}{4},\frac{l_a^2(m_{ba}+4m_{bd})}{4},\right.$$

$$\left.m_o,m_o,m_o,m_{fg},m_{fg},m_{fg},m_{bg},m_{bg},m_{bg},m_{fp},m_{fp},m_{fp},m_{fp},m_{fp},m_{fp}\right]$$

其他非零元素为：$M_{1,3}=M_{3,1}=\frac{l_a^2\sin\varphi_f\sin\psi_f(m_{fa}+4m_{fd})}{4}$，

$M_{2,4}=M_{4,2}=\frac{l_a^2\sin\varphi_b\sin\psi_b(m_{ba}+4m_{bd})}{4}$。

刚度矩阵 **K** 主对角线上的元素为

$$\text{diag}(\boldsymbol{K})=\frac{[l_a^2(k_{yoba}\cos^2\psi_b+k_{yofa}\cos^2\psi_f+k_{zofa}\sin^2\varphi_f)}{4},\frac{k_{zoba}l_a^2\sin^2\varphi_b}{4},$$

$$\frac{l_a^2(k_{xoba}\cos^2\psi_b+k_{xofa}\cos^2\psi_f+k_{zofa}\sin^2\psi_f)}{4},\frac{k_{zoba}l_a^2\sin^2\psi_b}{4},k_{xoba}+k_{xofa}+k_{xobg}+k_{xofg}+k_{xobp}+$$

$$k_{xofp},k_{yoba}+k_{yofa}+k_{yobg}+k_{yofg}+k_{yobp}+k_{yofp},k_{zoba}+k_{zofa}+k_{zobg}+k_{zofg}+k_{zobp}+k_{zofp},k_{fgx}+k_{xofg},k_{fgy}+k_{yofg},k_{zofg},k_{bgx}+k_{xobg},k_{bgy}+k_{yobg},k_{zobg},k_{fpx}+k_{xofp},k_{fpy}+k_{yofp},k_{zofp},k_{bpx}+k_{xobp},k_{bpy}+k_{yobp},k_{zobp}]$$

其他非零元素为

$K_{1,3}=K_{3,1}=\frac{k_{zofa}l_a^2\sin\varphi_f\sin\psi_f}{4}$，$\frac{k_{yoba}l_a\cos\psi_b}{2}-\frac{k_{yofa}l_a\cos\psi_f}{2}$，$K_{1,7}=K_{7,1}=\frac{k_{zofa}l_a\sin\varphi_f}{2}$，$K_{2,4}=K_{4,2}=\frac{k_{zoba}l_a^2\sin\varphi_b\sin\psi_b}{4}$，$K_{2,7}=K_{7,2}=\frac{k_{zoba}l_a\sin\varphi_b}{2}$，$K_{3,5}=K_{5,3}=\frac{-k_{xoba}l_a\cos\psi_b}{2}-\frac{k_{xofa}l_a\cos\psi_f}{2}$，$K_{3,7}=K_{7,3}=\frac{k_{zofa}l_a\sin\psi_f}{2}$，$K_{4,7}=\frac{k_{zoba}l_a\sin\psi_b}{2}$，$K_{5,8}=K_{8,5}=-k_{xofg}$，$K_{5,11}=K_{11,5}=-k_{xobg}$，$K_{5,14}=K_{14,5}=-k_{xofp}$，$K_{5,17}=K_{17,5}=-k_{xobp}$，$K_{6,9}=K_{9,6}=-k_{yofg}$，$K_{6,12}=K_{12,6}=-k_{yobg}$，$K_{6,15}=K_{15,6}=-k_{yofp}$，$K_{6,18}=K_{18,6}=-k_{yobp}$，$K_{7,10}=K_{10,7}=-k_{zofg}$，$K_{7,13}=K_{13,7}=-k_{zobg}$，$K_{7,16}=K_{16,7}=-k_{zofp}$，$K_{7,19}=K_{19,7}=-k_{zobp}$。

阻尼矩阵 **C** 主对角线上的元素为

$$\text{diag}(\boldsymbol{C})=\left[\frac{l_a^2(c_{yoba}\cos^2\psi_b+c_{yofa}\cos^2\psi_f+c_{zofa}\sin^2\varphi_f)}{4},\frac{c_{zoba}l_a^2\sin^2\varphi_b}{4},\right.$$

$$\frac{l_a^2(c_{xoba}\cos^2\psi_b+c_{xofa}\cos^2\psi_f+c_{zofa}\sin^2\psi_f)}{4},\frac{c_{zoba}l_a^2\sin^2\psi_b}{4},c_{xoba}+c_{xofa}+c_{xobg}+c_{xofg}+c_{xobp}+$$

$$c_{xofp},c_{yoba}+c_{yofa}+c_{yobg}+c_{yofg}+c_{yobp}+c_{yofp},c_{zoba}+c_{zofa}+c_{zobg}+c_{zofg}+c_{zobp}+c_{zofp},c_{fgx}+c_{xofg},$$

$$c_{fgy}+c_{yofg},\ c_{zofg},\ c_{bgx}+c_{xobg},\ c_{bgy}+c_{yobg},\ c_{zobg},\ c_{fpx}+c_{xofp},\ c_{fpy}+c_{yofp},\ c_{zofp},\ c_{bpx}+c_{xobp},\ c_{bpy}+c_{yobp},\ c_{zobp}\Big]$$

其他非零元素为

$$C_{1,3}=C_{3,1}=\frac{c_{zofa}l_a^2\sin\varphi_f\sin\psi_f}{4},\ \frac{c_{yoba}l_a\cos\psi_b}{2}\quad -\frac{c_{yofa}l_a\cos\psi_f}{2},\ C_{1,7}=C_{7,1}=\frac{c_{zofa}l_a\sin\varphi_f}{2},$$

$$C_{2,4}=C_{4,2}=\frac{c_{zoba}l_a^2\sin\varphi_b\sin\psi_b}{4},\ C_{2,6}=C_{6,2}=-\frac{c_{yoba}l_a\cos\varphi_b}{2},\ C_{2,7}=C_{7,2}=\frac{c_{zoba}l_a\sin\varphi_b}{2},\ C_{3,5}=$$

$$C_{5,3}=-\frac{c_{xoba}l_a\cos\psi_b}{2}-\frac{c_{xofa}l_a\cos\psi_f}{2},\ C_{3,7}=C_{7,3}=\frac{c_{zofa}l_a\sin\psi_f}{2},\ C_{4,5}=C_{5,4}=-\frac{c_{xoba}l_a\cos\psi_b}{2},$$

$$C_{4,7}=\frac{c_{zoba}l_a\sin\psi_b}{2},\ C_{5,8}=C_{8,5}=-c_{xofg},\ C_{5,11}=C_{11,5}=-c_{xobg},\ C_{5,14}=C_{14,5}=-c_{xofp},\ C_{5,17}=$$

$C_{17,5}=-c_{xobp}$，$C_{6,9}=C_{9,6}=-c_{yofg}$，$C_{6,12}=C_{12,6}=-c_{yobg}$，$C_{6,15}=C_{15,6}=-c_{yofp}$，$C_{6,18}=C_{18,6}=-c_{yobp}$，$C_{7,10}=C_{10,7}=-c_{zofg}$，$C_{7,13}=C_{13,7}=-c_{zobg}$，$C_{7,16}=C_{16,7}=-c_{zofp}$，$C_{7,19}=C_{19,7}=-c_{zobp}$。

对于导向滑靴与销排的接触刚度 k_{fgx}、k_{fgy}、k_{bgx}、k_{bgy} 计算可参考 3.2.2 节内容，对于平滑靴与铲煤板的接触刚度 k_{fpx}、k_{fpy}、k_{bpx}、k_{bpy} 计算可参考 3.3.2 节内容；导向滑靴与平滑靴所受的摩擦力 f_{fg}、f_{bg}、f_{fp}、f_{bp}，由于采煤机俯仰截割工况，采煤机滑靴与导轨间接触面是多边形的面面接触，其计算可参考式（2-49）和式（2-55）。

设置采煤机的俯仰角变化范围为 $\alpha=0°\sim30°$，其他参数设置同 7.1 节，采用龙格库塔方法对式（7-9）进行数值求解，在仿真时长为 10 s 时，得到俯仰工况下的采煤机滑靴三向振动加速度时间历程云图，如图 7-8、图 7-9 所示。

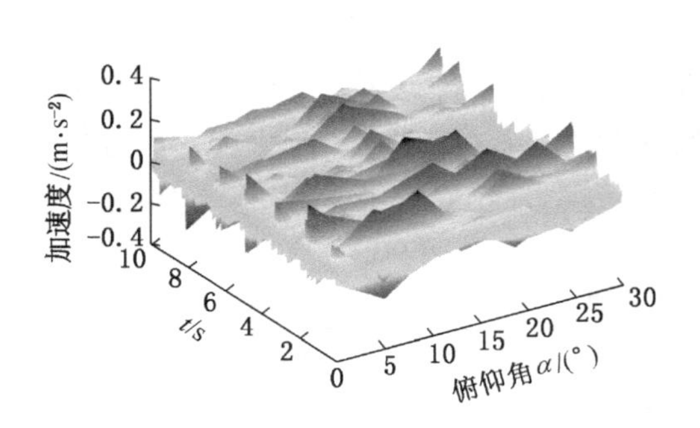

(a) 前导向滑靴 x 方向振动加速度 $\ddot{x}_{fg}$

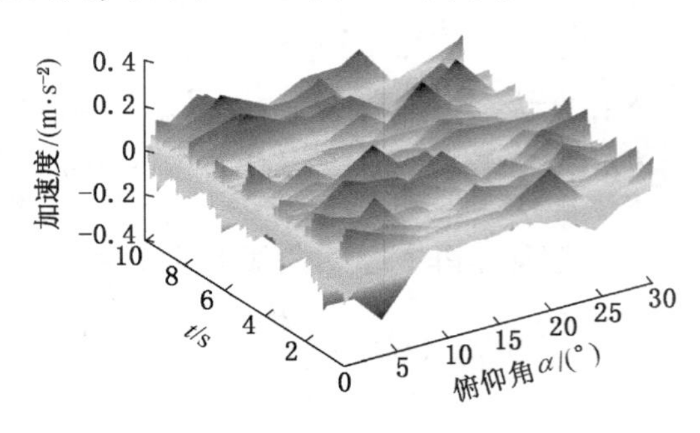

(b) 后导向滑靴 x 方向振动加速度 $\ddot{x}_{bg}$

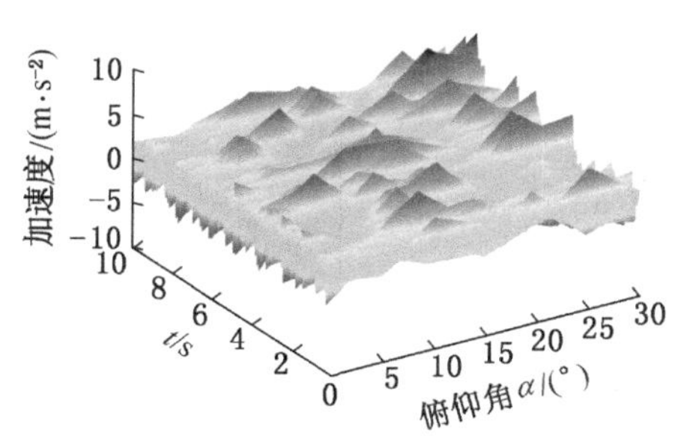

(c) 前导向滑靴 y 方向振动加速度 $\ddot{y}_{fg}$

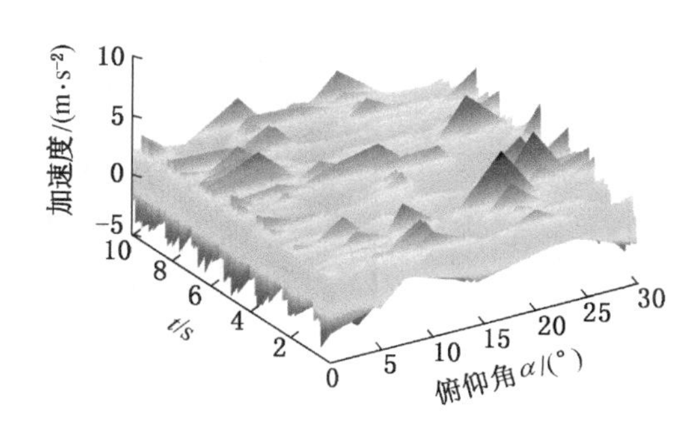

(d) 后导向滑靴 y 方向振动加速度 $\ddot{y}_{bg}$

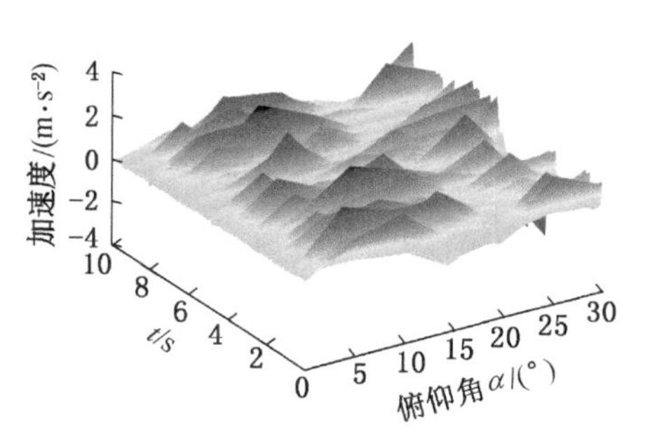

(e) 前导向滑靴 z 方向振动加速度 $\ddot{z}_{fg}$

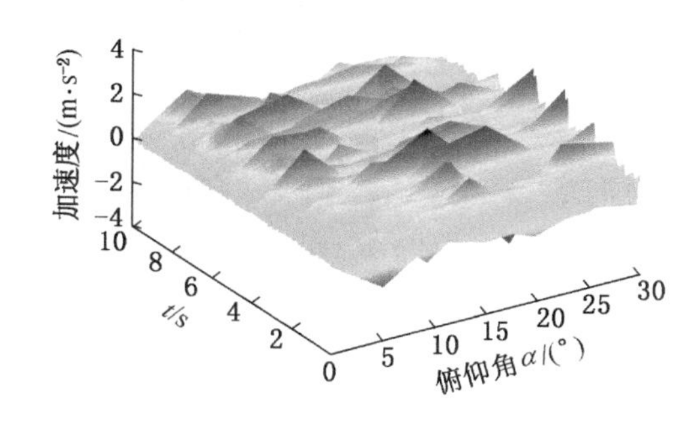

(f) 后导向滑靴 z 方向振动加速度 $\ddot{z}_{bg}$

图 7-8 不同俯仰角下的导向滑靴三向振动加速度时间历程云图

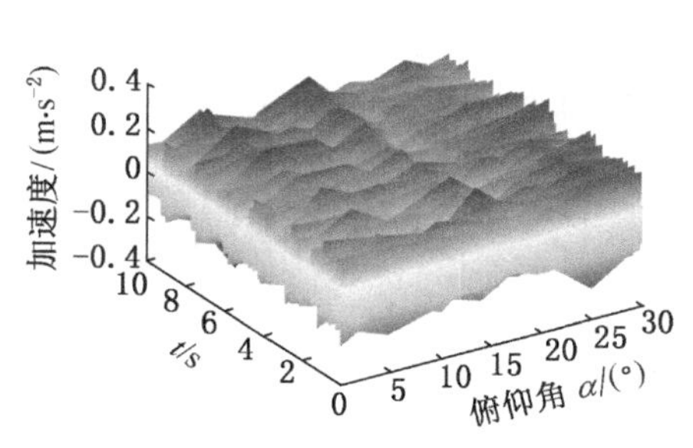

(a) 前平滑靴 x 方向振动加速度 $\ddot{x}_{fs}$

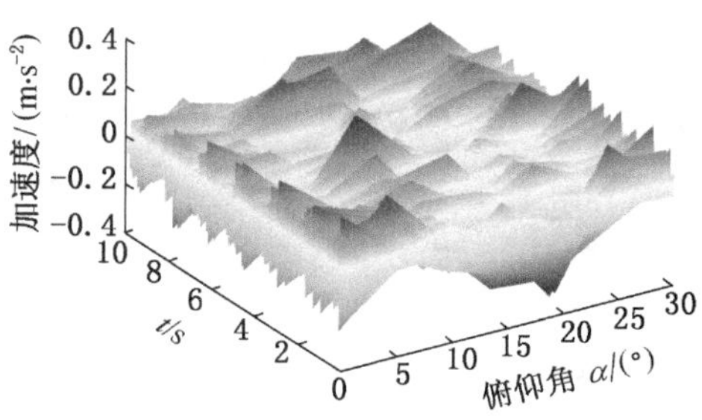

(b) 后平滑靴 x 方向振动加速度 $\ddot{x}_{bs}$

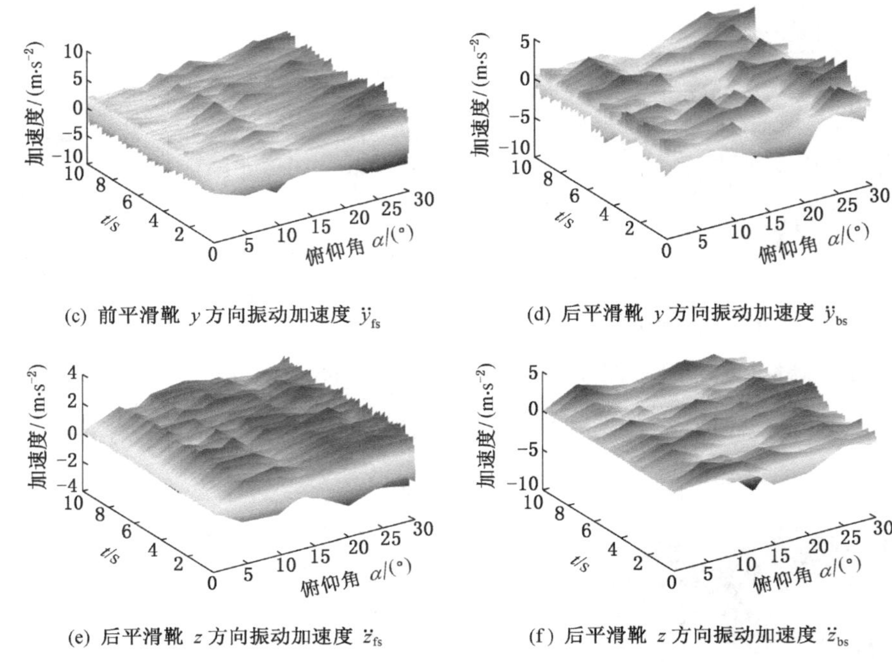

(c) 前平滑靴 y 方向振动加速度 $\ddot{y}_{fs}$　　(d) 后平滑靴 y 方向振动加速度 $\ddot{y}_{bs}$

(e) 后平滑靴 z 方向振动加速度 $\ddot{z}_{fs}$　　(f) 后平滑靴 z 方向振动加速度 $\ddot{z}_{bs}$

图 7-9　不同俯仰角下的平滑靴三向振动加速度时间历程云图

通过对图 7-8、图 7-9 分析可知，导向滑靴和平滑靴在 y 向振动加速度要大于其他两个方向的振动加速度，导向滑靴最大振动加速度约为 10 m/s^2，平滑靴最大振动加速度约为 7 m/s^2，导向滑靴的总体振动加速度要大于平滑靴的振动加速度；导向滑靴和平滑靴在前、后对比下，其各个方向振动加速度有一定的差距。

为了进一步研究俯仰角变化对采煤机滑靴的振动幅度的影响，对不同俯仰角下的滑靴三向最大振动加速度进行对比，其曲线图如图 7-10 所示。

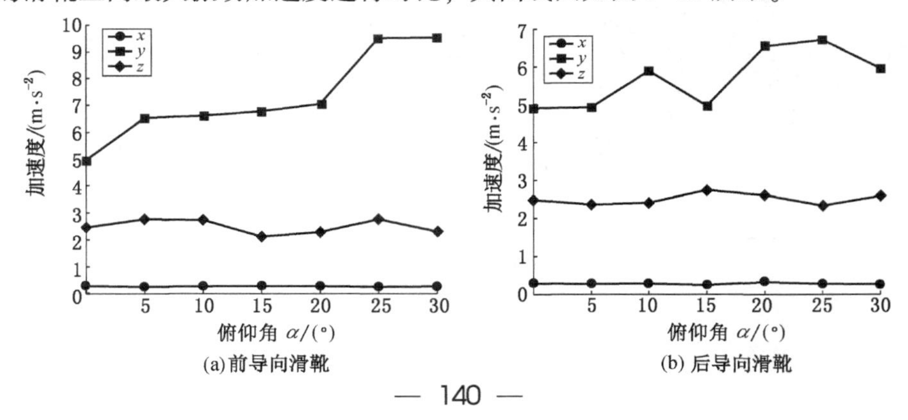

(a) 前导向滑靴　　(b) 后导向滑靴

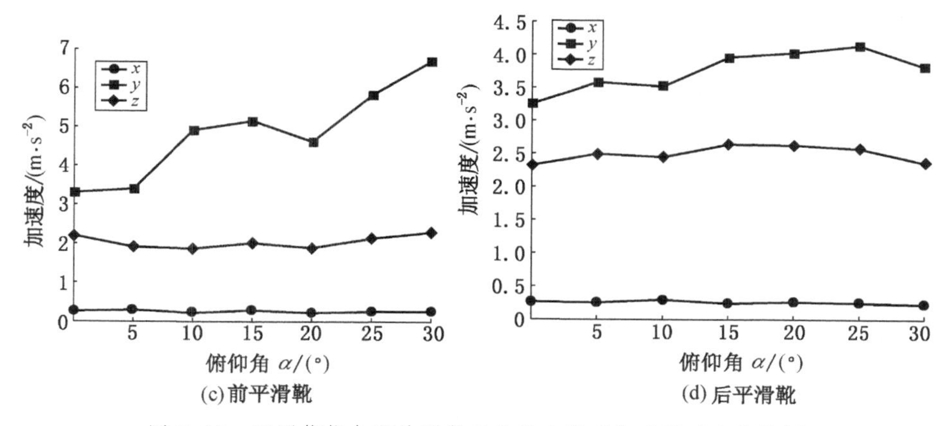

图 7-10 不同俯仰角下的滑靴三向最大振动加速度对比曲线图

通过对图 7-10 分析可知，随着俯仰角的增大，导向滑靴和平滑靴在 y 方向上变化比较明显，前导向滑靴和前平滑靴的振动加速度增幅较大，说明俯仰角越大前导向滑靴和前平滑靴振动越剧烈；与 y 方向不同，俯仰角变化对 x、z 方向的振动影响不明显，仅有微幅波动。

7.3 侧倾工况下采煤机行走部动力学特性

侧倾工况是指采煤机在截割行进过程中，由于工作面底板不平，采煤机机身发生侧向倾斜的情况。将采煤机划分成前后滚筒、前后摇臂、机身、前后导向滑靴、前后平滑靴等 9 部分，构建采煤机在侧倾工况下的动力学模型如图 7-11、图 7-12 所示。

采用拉格朗日法，根据图 7-11、图 7-12 建立采煤机振动方程，则系统的动能为

$$\begin{aligned}T=&\frac{1}{2}m_{\mathrm{fd}}(v_{\mathrm{fdx}}^2+v_{\mathrm{fdy}}^2+v_{\mathrm{fdz}}^2)+\frac{1}{2}m_{\mathrm{fa}}(v_{\mathrm{fax}}^2+v_{\mathrm{fay}}^2+v_{\mathrm{faz}}^2)+\frac{1}{2}m_{\mathrm{o}}(\dot{x}_{\mathrm{o}}^2+\dot{y}_{\mathrm{o}}^2+\dot{z}_{\mathrm{o}}^2)+\\&\frac{1}{2}m_{\mathrm{fg}}(\dot{x}_{\mathrm{fg}}^2+\dot{y}_{\mathrm{fg}}^2+\dot{z}_{\mathrm{fg}}^2)+\frac{1}{2}m_{\mathrm{bg}}(\dot{x}_{\mathrm{bg}}^2+\dot{y}_{\mathrm{bg}}^2+\dot{z}_{\mathrm{bg}}^2)+\frac{1}{2}m_{\mathrm{fp}}(\dot{x}_{\mathrm{fp}}^2+\dot{y}_{\mathrm{fp}}^2+\dot{z}_{\mathrm{fp}}^2)+\\&\frac{1}{2}m_{\mathrm{bp}}(\dot{x}_{\mathrm{bp}}^2+\dot{y}_{\mathrm{bp}}^2+\dot{z}_{\mathrm{bp}}^2)+\frac{1}{2}m_{\mathrm{bd}}(v_{\mathrm{bdx}}^2+v_{\mathrm{bdy}}^2+v_{\mathrm{bdz}}^2)+\frac{1}{2}m_{\mathrm{ba}}(v_{\mathrm{bax}}^2+v_{\mathrm{bay}}^2+v_{\mathrm{baz}}^2)\end{aligned}\tag{7-11}$$

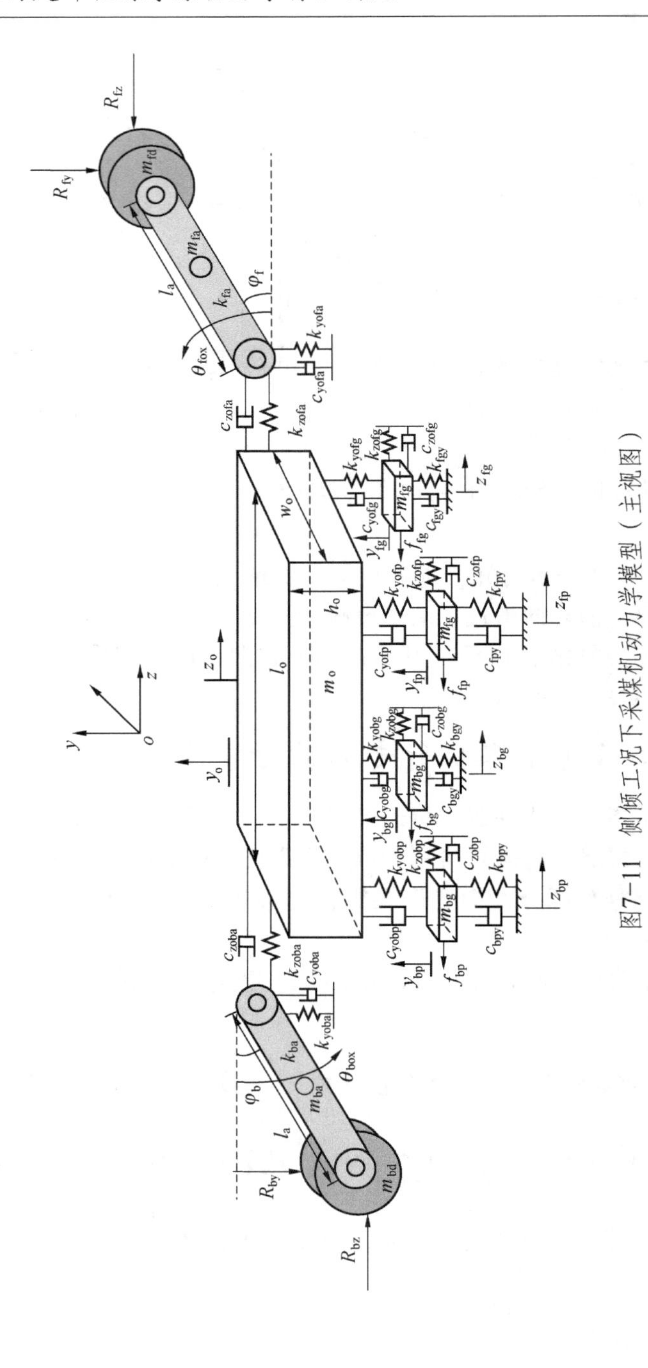

图7-11 侧倾工况下采煤机动力学模型（主视图）

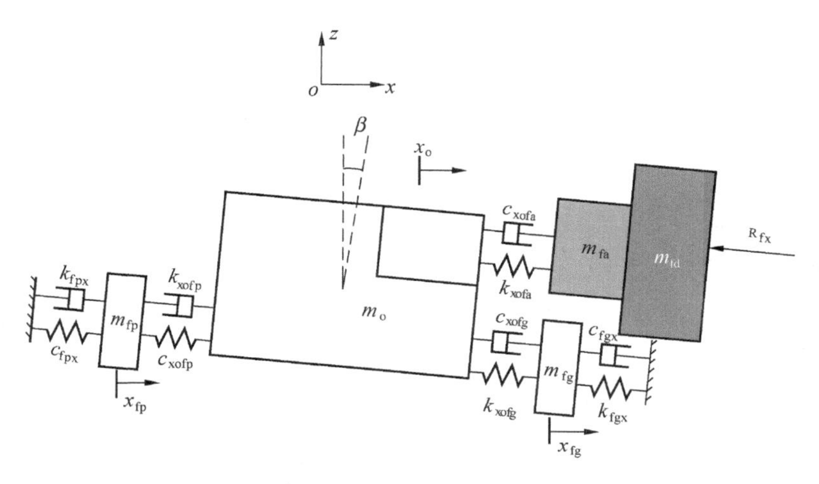

图 7-12　侧倾工况下采煤机动力学模型（右视图）

式中，$\begin{cases} v_{fdx}=l_a\dot{\theta}_{foy}\cos\psi_f \\ v_{fdy}=l_a\dot{\theta}_{fox}\cos\varphi_f \\ v_{fdz}=-l_a\dot{\theta}_{fox}\sin\varphi_f-l_a\dot{\theta}_{foy}\sin\psi_f \end{cases}$，$\begin{cases} v_{fax}=0.5l_a\dot{\theta}_{foy}\cos\psi_f \\ v_{fay}=0.5l_a\dot{\theta}_{fox}\cos\varphi_f \\ v_{faz}=-0.5l_a\dot{\theta}_{fox}\sin\varphi_f-0.5l_a\dot{\theta}_{foy}\sin\psi_f \end{cases}$，

$\begin{cases} v_{bdx}=l_a\dot{\theta}_{boy}\cos\psi_b \\ v_{bdy}=-l_a\dot{\theta}_{box}\cos\varphi_b \\ v_{bdz}=l_a\dot{\theta}_{box}\sin\varphi_b+l_a\dot{\theta}_{boy}\sin\psi_b \end{cases}$，$\begin{cases} v_{bax}=0.5l_a\dot{\theta}_{boy}\cos\psi_b \\ v_{bay}=-0.5l_a\dot{\theta}_{box}\cos\varphi_b \\ v_{baz}=0.5l_a\dot{\theta}_{box}\sin\varphi_b+0.5l_a\dot{\theta}_{boy}\sin\psi_b \end{cases}$。

系统的势能为

$$U=\frac{1}{2}k_{xofa}\left(x_o-\frac{1}{2}l_a\theta_{foy}\cos\psi_f\right)^2+\frac{1}{2}k_{yofa}\left(y_o-\frac{1}{2}l_a\theta_{fox}\cos\varphi_f-\frac{1}{2}w_o\sin\beta\right)^2+$$
$$\frac{1}{2}k_{zofa}\left[y_o+\frac{1}{2}l_a(\theta_{fox}\sin\varphi_f+\theta_{foy}\sin\psi_f)\right]^2+\frac{1}{2}k_{xoba}\left(x_o-\frac{1}{2}l_a\theta_{boy}\cos\psi_b\right)^2+$$
$$\frac{1}{2}k_{yoba}\left(y_o+\frac{1}{2}l_a\theta_{box}\cos\varphi_b-\frac{1}{2}w_o\sin\beta\right)^2+\frac{1}{2}k_{zoba}\left[y_o-\frac{1}{2}l_a(\theta_{box}\sin\varphi_b+\theta_{boy}\sin\psi_b)\right]^2+$$
$$\frac{1}{2}k_{xofg}(x_o-x_{fg})^2+\frac{1}{2}k_{yofg}\left(y_o-y_{fg}-\frac{1}{2}w_o\sin\beta\right)^2+\frac{1}{2}k_{zofg}(z_o-z_{fg})^2+\frac{1}{2}k_{xobg}(x_o-x_{bg})^2$$
$$+$$
$$\frac{1}{2}k_{yobg}\left(y_o-y_{bg}-\frac{1}{2}w_o\sin\beta\right)^2+\frac{1}{2}k_{zobg}(z_o-z_{bg})^2+\frac{1}{2}k_{xofp}(x_o-x_{fp})^2+$$

$$\frac{1}{2}k_{yofp}\left(y_o-y_{fp}+\frac{1}{2}w_o\sin\beta\right)^2+\frac{1}{2}k_{zofp}(z_o-z_{fp})^2+\frac{1}{2}k_{xobp}(x_o-x_{bp})^2+$$

$$\frac{1}{2}k_{yobp}\left(y_o-y_{bp}+\frac{1}{2}w_o\sin\beta\right)^2+\frac{1}{2}k_{zobp}(z_o-z_{bp})^2+\frac{1}{2}k_{fgx}x_{fg}^2+\frac{1}{2}k_{fgy}y_{fg}^2+\frac{1}{2}k_{fpx}x_{fp}^2+$$

$$\frac{1}{2}k_{fpy}y_{fp}^2+\frac{1}{2}k_{bgx}x_{bg}^2+\frac{1}{2}k_{bgy}y_{bg}^2+\frac{1}{2}k_{bpx}x_{bp}^2+\frac{1}{2}k_{bpy}y_{bp}^2 \tag{7-12}$$

系统的耗散能为

$$D=\frac{1}{2}c_{xofa}(\dot{x}_o-v_{xfa})^2+\frac{1}{2}c_{yofa}(\dot{y}_o-v_{yfa})^2+\frac{1}{2}k_{zofa}(\dot{z}_o-v_{zfa})^2+\frac{1}{2}c_{xosa}(\dot{x}_o-v_{xba})^2+$$

$$\frac{1}{2}c_{yosa}(\dot{y}_o-v_{yba})^2+\frac{1}{2}c_{zosa}(\dot{z}_o-v_{zba})^2+\frac{1}{2}c_{xofg}(\dot{x}_o-\dot{x}_{fg})^2+\frac{1}{2}c_{yofg}(\dot{y}_o-\dot{y}_{fg})^2+$$

$$\frac{1}{2}c_{zofg}(\dot{z}_o-\dot{z}_{fg})^2+\frac{1}{2}c_{xobg}(\dot{x}_o-\dot{x}_{bg})^2+\frac{1}{2}c_{yobg}(\dot{y}_o-\dot{y}_{bg})^2+\frac{1}{2}c_{zobg}(\dot{z}_o-\dot{z}_{bg})^2+$$

$$\frac{1}{2}c_{xofp}(\dot{x}_o-\dot{x}_{fp})^2+\frac{1}{2}c_{yofp}(\dot{y}_o-\dot{y}_{fp})^2+\frac{1}{2}c_{zofp}(\dot{z}_o-\dot{z}_{fp})^2+\frac{1}{2}c_{xobp}(\dot{x}_o-\dot{x}_{bp})^2+$$

$$\frac{1}{2}c_{yobp}(\dot{y}_o-\dot{y}_{bp})^2+\frac{1}{2}c_{zofg}(\dot{z}_o-\dot{z}_{bp})^2+\frac{1}{2}c_{fgx}\dot{x}_{fg}^2+\frac{1}{2}c_{fgy}\dot{y}_{fg}^2+\frac{1}{2}c_{fpx}\dot{x}_{fp}^2+\frac{1}{2}c_{fpy}\dot{y}_{fp}^2+$$

$$\frac{1}{2}c_{bgx}\dot{x}_{bg}^2+\frac{1}{2}c_{bgy}\dot{y}_{bg}^2+\frac{1}{2}c_{bpx}\dot{x}_{bp}^2+\frac{1}{2}k_{bpy}\dot{y}_{bp}^2 \tag{7-13}$$

将式（7-11）~式（7-13）代入到拉格朗日公式中可得

$$\boldsymbol{M}\ddot{\boldsymbol{q}}+\boldsymbol{K}\boldsymbol{q}+\boldsymbol{C}\boldsymbol{q}=\boldsymbol{Q} \tag{7-14}$$

式中，$\boldsymbol{q}=[\theta_{fox},\ \theta_{box},\ \theta_{foy},\ \theta_{boy},\ x_o,\ y_o,\ z_o,\ x_{fg},\ y_{fg},\ z_{fg},\ x_{bg},\ y_{bg},\ z_{bg},\ x_{fp},\ y_{fp},\ z_{fp},\ x_{bp},\ y_{bp},\ z_{bp}]^T$；

$\boldsymbol{Q}=[-R_{fy}\cos\varphi_f+R_{fz}\sin\varphi_f,\ R_{by}\cos\varphi_b+R_{bz}\sin\varphi_b,\ -R_{fx}\cos\psi_f+R_{fz}\sin\psi_f,\ -R_{bx}\cos\psi_b+R_{bz}\sin\psi_b,\ 0,\ 0,\ 0,\ 0,\ 0,\ -f_{fg},\ 0,\ 0,\ -f_{fp},\ 0,\ 0,\ -f_{bg},\ 0,\ 0,\ -f_{bp}]$。

由于振动方程的19个自由度的稀疏矩阵，可将质量矩阵、刚度矩阵、阻尼矩阵表示为

$$\boldsymbol{M}=\begin{bmatrix}M_{1,1} & \cdots & M_{1,19}\\ \vdots & & \vdots\\ M_{19,1} & \cdots & M_{19,19}\end{bmatrix},\ \boldsymbol{K}=\begin{bmatrix}K_{1,1} & \cdots & K_{1,19}\\ \vdots & & \vdots\\ K_{19,1} & \cdots & K_{19,19}\end{bmatrix},\ \boldsymbol{C}=\begin{bmatrix}C_{1,1} & \cdots & C_{1,19}\\ \vdots & & \vdots\\ C_{19,1} & \cdots & C_{19,19}\end{bmatrix} \tag{7-15}$$

质量矩阵 $\boldsymbol{M}$ 主对角线上的元素为

$$\mathrm{diag}(\boldsymbol{M})=\left[\frac{l_a^2\ (m_{fa}+4m_{fd})}{4},\ \frac{l_a^2\ (m_{ba}+4m_{bd})}{4},\ \frac{l_a^2\ (m_{fa}+4m_{fd})}{4},\ \frac{l_a^2\ (m_{ba}+4m_{bd})}{4},\right.$$

m_o, m_o, m_o, m_{fg}, m_{fg}, m_{fg}, m_{bg}, m_{bg}, m_{bg}, m_{fp}, m_{fp}, m_{fp}, m_{fp}, m_{fp}, m_{fp}]

其他非零元素为：$M_{1,3}=M_{3,1}=\dfrac{l_a^2\sin\varphi_f\sin\psi_f\ (m_{fa}+4m_{fd})}{4}$,

$M_{2,4}=M_{4,2}=\dfrac{l_a^2\sin\varphi_b\sin\psi_b\ (m_{ba}+4m_{bd})}{4}$。

刚度矩阵 $\boldsymbol{K}$ 主对角线上的元素为

$$\text{diag}\ (\boldsymbol{K})\ =\frac{l_a^2\ (k_{yoba}\cos^2\psi_b+k_{yofa}\cos^2\psi_f+k_{zofa}\sin^2\varphi_f)}{4},\ \frac{k_{zoba}l_a^2\sin^2\varphi_b}{4},$$

$\dfrac{l_a^2\ (k_{xoba}\cos^2\psi_b+k_{xofa}\cos^2\psi_f+k_{zofa}\sin^2\psi_f)}{4}$, $\dfrac{k_{zoba}l_a^2\sin^2\psi_b}{4}$, $k_{xoba}+k_{xofa}+k_{xobg}+k_{xofg}+k_{xobp}+k_{xofp}$, $k_{yoba}+k_{yofa}+k_{yobg}+k_{yofg}+k_{yobp}+k_{yofp}$, $k_{zoba}+k_{zofa}+k_{zobg}+k_{zofg}+k_{zobp}+k_{zofp}$, $k_{fgx}+k_{xofg}$, $k_{fgy}+k_{yofg}$, k_{zofg}, $k_{bgx}+k_{xobg}$, $k_{bgy}+k_{yobg}$, k_{zobg}, $k_{fpx}+k_{xofp}$, $k_{fpy}+k_{yofp}$, k_{zofp}, $k_{bpx}+k_{xobp}$, $k_{bpy}+k_{yobp}$, k_{zobp}

其他非零元素为

$K_{1,3}=K_{3,1}=\dfrac{k_{zofa}l_a^2\sin\varphi_f\sin\psi_f}{4}$, $\dfrac{k_{yoba}l_a\cos\psi_b}{2}-\dfrac{k_{yofa}l_a\cos\psi_f}{2}$, $K_{1,7}=K_{7,1}=\dfrac{k_{zofa}l_a\sin\varphi_f}{2}$, $K_{2,4}=K_{4,2}=\dfrac{k_{zoba}l_a^2\sin\varphi_b\sin\psi_b}{4}$, $K_{2,7}=K_{7,2}=\dfrac{k_{zoba}l_a\sin\varphi_b}{2}$, $K_{3,5}=K_{5,3}=-\dfrac{k_{xoba}l_a\cos\psi_b}{2}-\dfrac{k_{xofa}l_a\cos\psi_f}{2}$, $K_{3,7}=K_{7,3}=\dfrac{k_{zofa}l_a\sin\psi_f}{2}$, $K_{4,7}=\dfrac{k_{zoba}l_a\sin\psi_b}{2}$, $K_{5,8}=K_{8,5}=-k_{xofg}$, $K_{5,11}=K_{11,5}=-k_{xobg}$, $K_{5,14}=K_{14,5}=-k_{xofp}$, $K_{5,17}=K_{17,5}=-k_{xobp}$, $K_{6,9}=K_{9,6}=-k_{yofg}$, $K_{6,12}=K_{12,6}=-k_{yobg}$, $K_{6,15}=K_{15,6}=-k_{yofp}$, $K_{6,18}=K_{18,6}=-k_{yobp}$, $K_{7,10}=K_{10,7}=-k_{zofg}$, $K_{7,13}=K_{13,7}=-k_{zobg}$, $K_{7,16}=K_{16,7}=-k_{zofp}$, $K_{7,19}=K_{19,7}=-k_{zobp}$。

阻尼矩阵 $\boldsymbol{C}$ 主对角线上的元素为

$$\text{diag}\ (\boldsymbol{C})\ =\frac{l_a^2\ (c_{yoba}\cos^2\psi_b+c_{yofa}\cos^2\psi_f+c_{zofa}\sin^2\varphi_f)}{4},\ \frac{c_{zoba}l_a^2\sin^2\varphi_b}{4},$$

$\dfrac{l_a^2\ (c_{xoba}\cos^2\psi_b+c_{xofa}\cos^2\psi_f+c_{zofa}\sin^2\psi_f)}{4}$, $\dfrac{c_{zoba}l_a^2\sin^2\psi_b}{4}$, $c_{xoba}+c_{xofa}+c_{xobg}+c_{xofg}+c_{xobp}+c_{xofp}$, $c_{yoba}+c_{yofa}+c_{yobg}+c_{yofg}+c_{yobp}+c_{yofp}$, $c_{zoba}+c_{zofa}+c_{zobg}+c_{zofg}+c_{zobp}+c_{zofp}$, $c_{fgx}+c_{xofg}$, $c_{fgy}+c_{yofg}$, c_{zofg}, $c_{bgx}+c_{xobg}$, $c_{bgy}+c_{yobg}$, c_{zobg}, $c_{fpx}+c_{xofp}$, $c_{fpy}+c_{yofp}$, c_{zofp}, $c_{bpx}+c_{xobp}$, $c_{bpy}+c_{yobp}$, c_{zobp}

其他非零元素为

$C_{1,3}=C_{3,1}=\frac{c_{zofa}l_a^2\sin\varphi_f\sin\psi_f}{4}$，$\frac{c_{yoba}l_a\cos\psi_b}{2}-\frac{c_{yofa}l_a\cos\psi_f}{2}$，$C_{1,7}=C_{7,1}=\frac{c_{zofa}l_a\sin\varphi_f}{2}$，$C_{2,4}=C_{4,2}=\frac{c_{zoba}l_a^2\sin\varphi_b\sin\psi_b}{4}$，$C_{2,6}=C_{6,2}=\frac{-c_{yoba}l_a\cos\varphi_b}{2}$，$C_{2,7}=C_{7,2}=\frac{c_{zoba}l_a\sin\varphi_b}{2}$，$C_{3,5}=C_{5,3}=\frac{-c_{xoba}l_a\cos\psi_b}{2}-\frac{c_{xofa}l_a\cos\psi_f}{2}$，$C_{3,7}=C_{7,3}=\frac{c_{zofa}l_a\sin\psi_f}{2}$，$C_{4,5}=C_{5,4}=\frac{-c_{xoba}l_a\cos\psi_b}{2}$，$C_{4,7}=\frac{c_{zoba}l_a\sin\psi_b}{2}$，$C_{5,8}=C_{8,5}=-c_{xofg}$，$C_{5,11}=C_{11,5}=-c_{xobg}$，$C_{5,14}=C_{14,5}=-c_{xofp}$，$C_{5,17}=C_{17,5}=-c_{xobp}$，$C_{6,9}=C_{9,6}=-c_{yofg}$，$C_{6,12}=C_{12,6}=-c_{yobg}$，$C_{6,15}=C_{15,6}=-c_{yofp}$，$C_{6,18}=C_{18,6}=-c_{yobp}$，$C_{7,10}=C_{10,7}=-c_{zofg}$，$C_{7,13}=C_{13,7}=-c_{zobg}$，$C_{7,16}=C_{16,7}=-c_{zofp}$，$C_{7,19}=C_{19,7}=-c_{zobp}$。

对于导向滑靴与销排的接触刚度 k_{fgx}、k_{fgy}、k_{bgx}、k_{bgy} 计算可参考 3.2.2 节内容，对于平滑靴与铲煤板的接触刚度 k_{fpx}、k_{fpy}、k_{bpx}、k_{bpy} 计算可参考 3.3.2 节内容；导向滑靴与平滑靴所受的摩擦力 f_{fg}、f_{bg}、f_{fp}、f_{bp}，由于采煤机侧倾截割工况，采煤机滑靴与导轨间接触面是多边形的面面接触，其计算可参考式（2-49）和式（2-55）。

设置采煤机的侧倾角变化范围为 $\beta=0°\sim10°$，其他参数设置同 7.1 节，采用龙格库塔方法对式（7-14）进行数值求解，在仿真时长为 10 s 时，得到侧倾工况下的采煤机滑靴三向振动加速度时间历程云图，如图 7-13、图 7-14 所示。

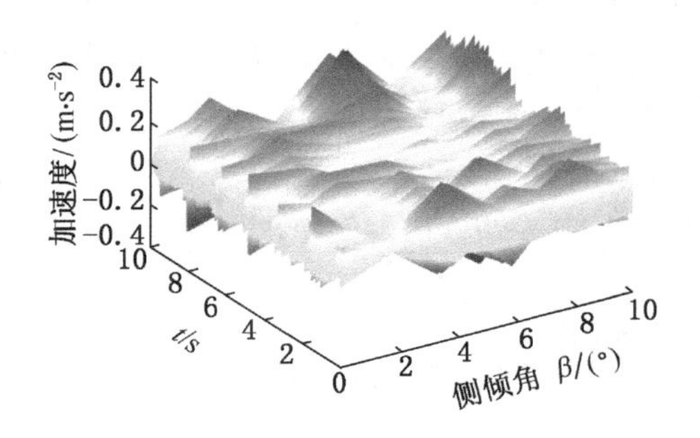

(a) 前导向滑靴 x 方向振动加速度 $\ddot{x}_{fg}$

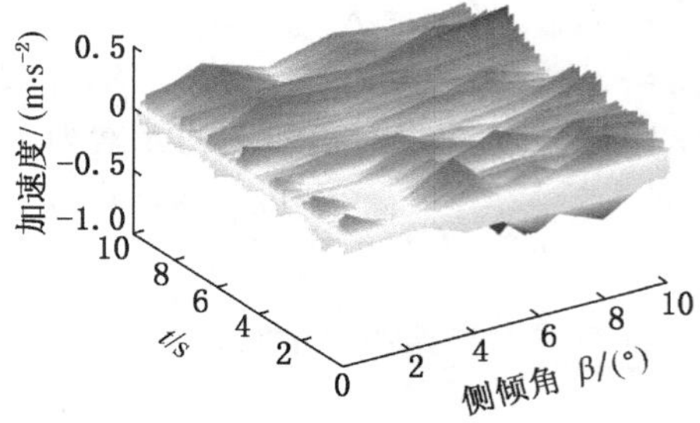

(b) 后导向滑靴 x 方向振动加速度 $\ddot{x}_{bg}$

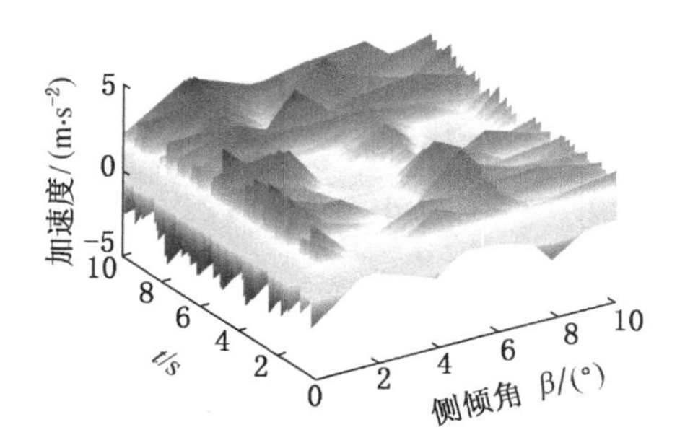

(c) 前导向滑靴 y 方向振动加速度 $\ddot{y}_{fg}$

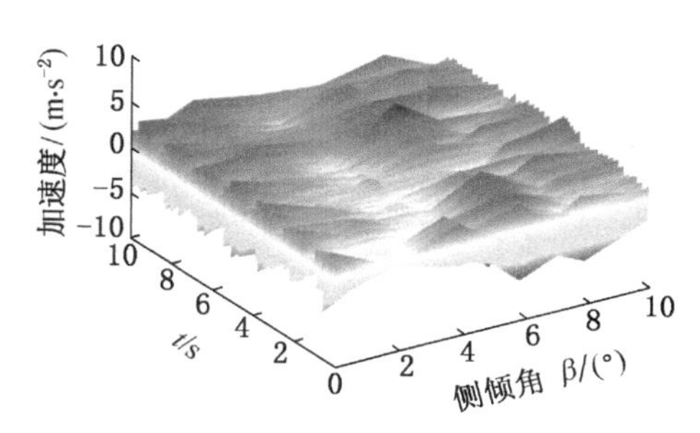

(d) 后导向滑靴 y 方向振动加速度 $\ddot{y}_{bg}$

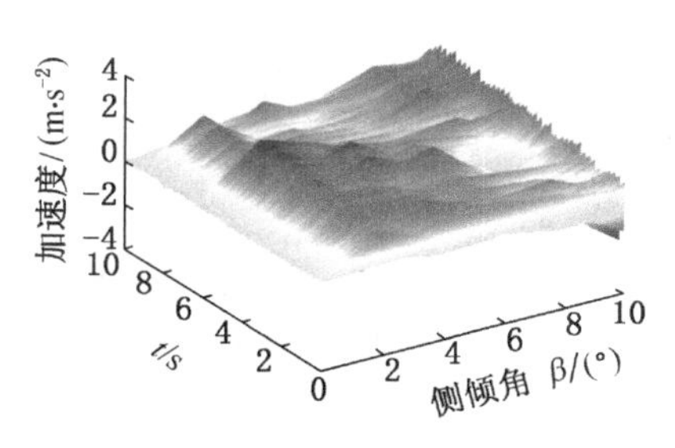

(e) 前导向滑靴 z 方向振动加速度 $\ddot{z}_{fg}$

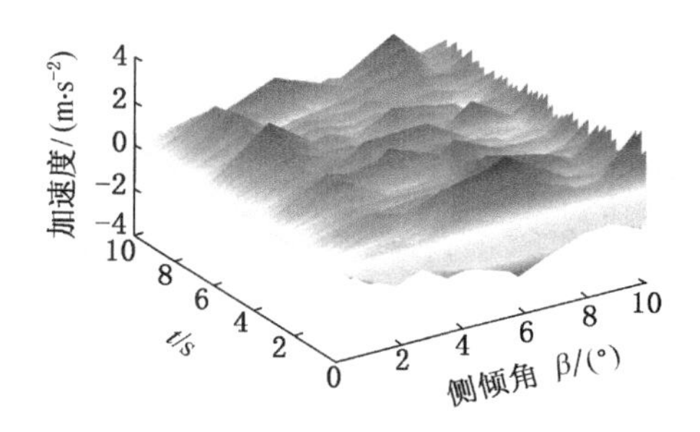

(f) 后导向滑靴 z 方向振动加速度 $\ddot{z}_{bg}$

图 7-13　不同侧倾角下的导向滑靴三向振动加速度时间历程云图

通过对图 7-13、图 7-14 分析可知，导向滑靴和平滑靴在 y 向振动加速度要大于其他两个方向的振动加速度，导向滑靴最大振动加速度约为 6 m/s^2，平滑靴最大振动加速度约为 7.5 m/s^2，导向滑靴在 x、z 的振动加速度与平滑靴的振动

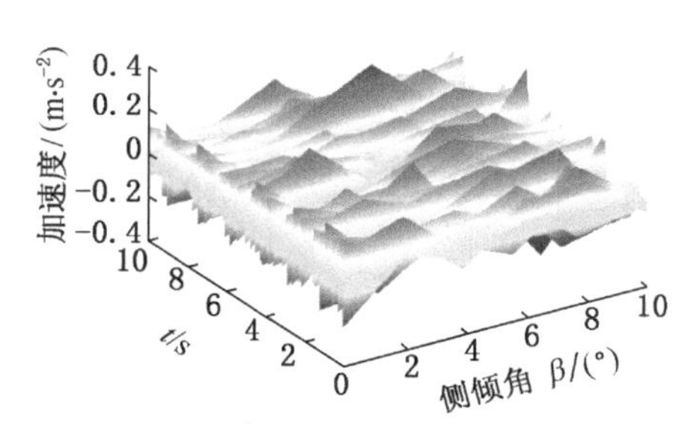

(a) 前平滑靴 x 方向振动加速度 $\ddot{x}_{fs}$

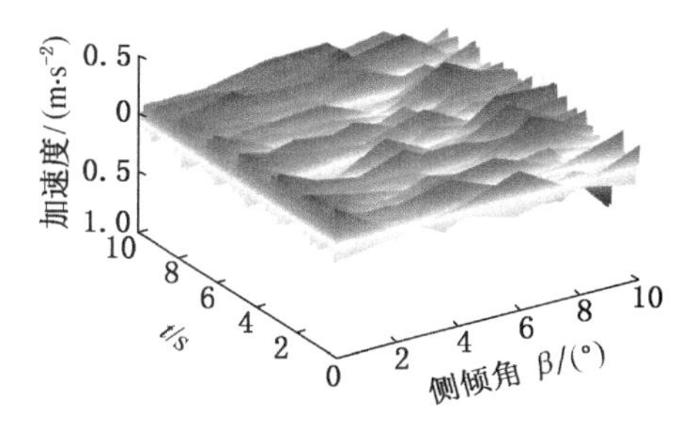

(b) 后平滑靴 x 方向振动加速度 $\ddot{x}_{bs}$

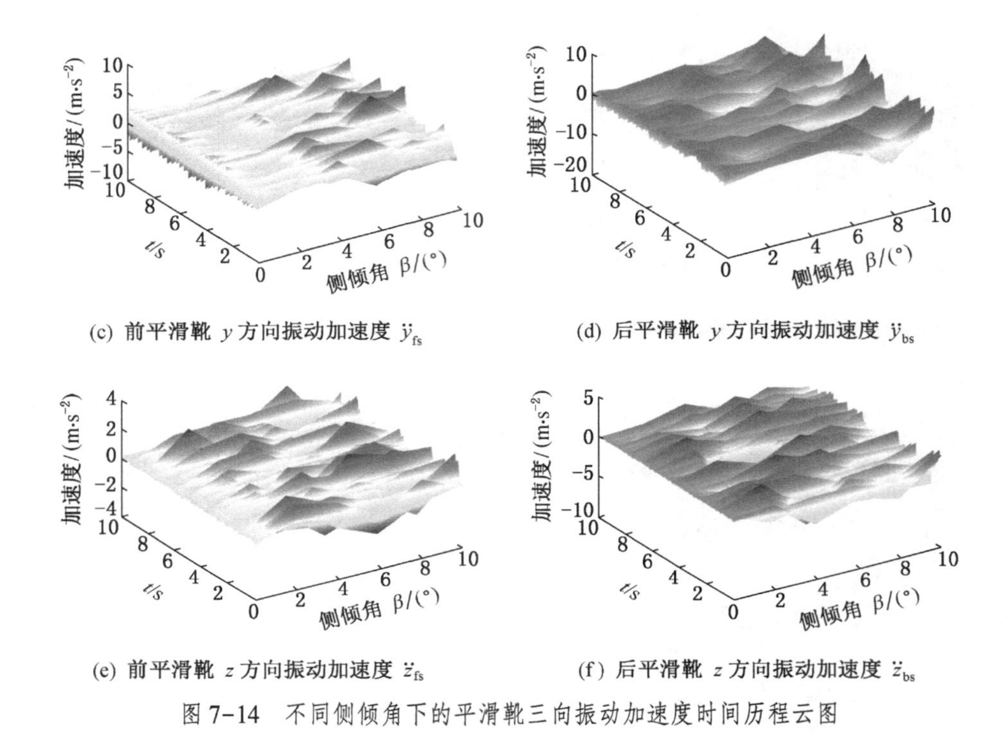

(c) 前平滑靴 y 方向振动加速度 $\ddot{y}_{fs}$　　(d) 后平滑靴 y 方向振动加速度 $\ddot{y}_{bs}$

(e) 前平滑靴 z 方向振动加速度 $\ddot{z}_{fs}$　　(f) 后平滑靴 z 方向振动加速度 $\ddot{z}_{bs}$

图 7-14　不同侧倾角下的平滑靴三向振动加速度时间历程云图

加速度范围近似，但在 y 方向上有明显区别；导向滑靴和平滑靴在前、后对比下，其各个方向振动加速度相差不大。

为了进一步研究侧倾角变化对采煤机滑靴的振动幅度的影响，对不同侧倾角下的滑靴三向最大振动加速度进行对比，其曲线图如图 7-15 所示。

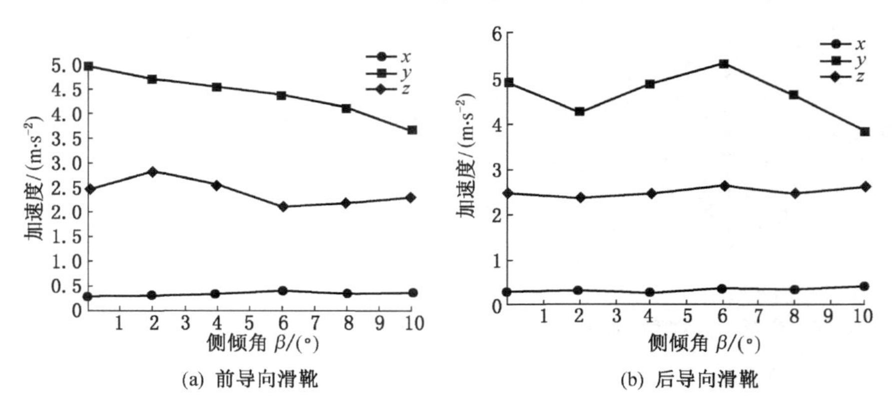

(a) 前导向滑靴　　(b) 后导向滑靴

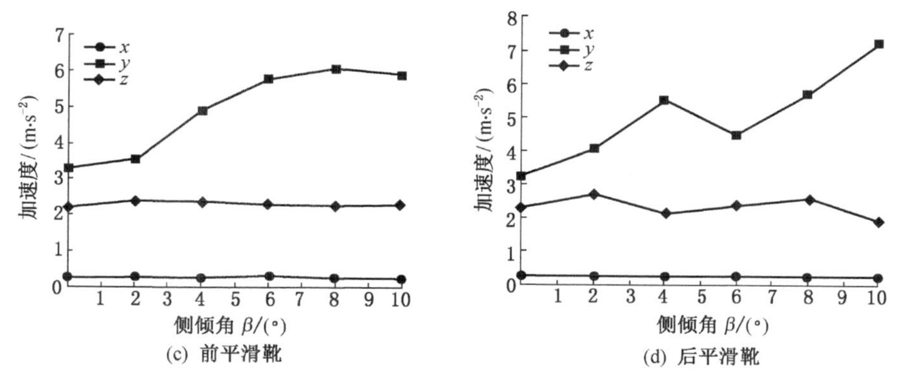

图 7-15 不同侧倾角下的滑靴三向最大振动加速度对比曲线图

通过对图 7-15 分析可知，随着侧倾角的增大，导向滑靴和平滑靴在 y 方向上变化比较明显，前导向滑靴和后导向滑靴的振动加速度呈负相关，说明侧倾角越大前导向滑靴 y 方向和前平滑靴振动幅度越小，平滑靴 y 方向却相反，侧倾角越大振动越剧烈；与 y 方向不同，侧倾角变化对 x、z 方向的振动影响不明显，仅有微幅波动。

7.4 斜切工况下采煤机行走部动力学特性

斜切工况是指采煤机在截割行进过程中进行斜切进刀，采煤机机身沿着刮板输送机发生扭摆。现将采煤机划分成前后滚筒、前后摇臂、机身、前后导向滑靴、前后平滑靴等 9 部分，斜切工况下采煤机的动力学模型如图 7-16、图 7-17 所示。

采用拉格朗日法，根据图 7-16、图 7-17 建立采煤机振动方程，则系统的动能为

$$T = \frac{1}{2}m_{fd}(v_{fdx}^2 + v_{fdy}^2 + v_{fdz}^2) + \frac{1}{2}m_{fa}(v_{fax}^2 + v_{fay}^2 + v_{faz}^2) + \frac{1}{2}m_o(\dot{x}_o^2 + \dot{y}_o^2 + \dot{z}_o^2) + \frac{1}{2}m_{fg}(\dot{x}_{fg}^2 + \dot{y}_{fg}^2 + \dot{z}_{fg}^2) + \frac{1}{2}m_{bg}(\dot{x}_{bg}^2 + \dot{y}_{bg}^2 + \dot{z}_{bg}^2) + \frac{1}{2}m_{fp}(\dot{x}_{fp}^2 + \dot{y}_{fp}^2 + \dot{z}_{fp}^2) + \frac{1}{2}m_{bp}(\dot{x}_{bp}^2 + \dot{y}_{bp}^2 + \dot{z}_{bp}^2) + \frac{1}{2}m_{bd}(v_{bdx}^2 + v_{bdy}^2 + v_{bdz}^2) + \frac{1}{2}m_{ba}(v_{bax}^2 + v_{bay}^2 + v_{baz}^2) \tag{7-16}$$

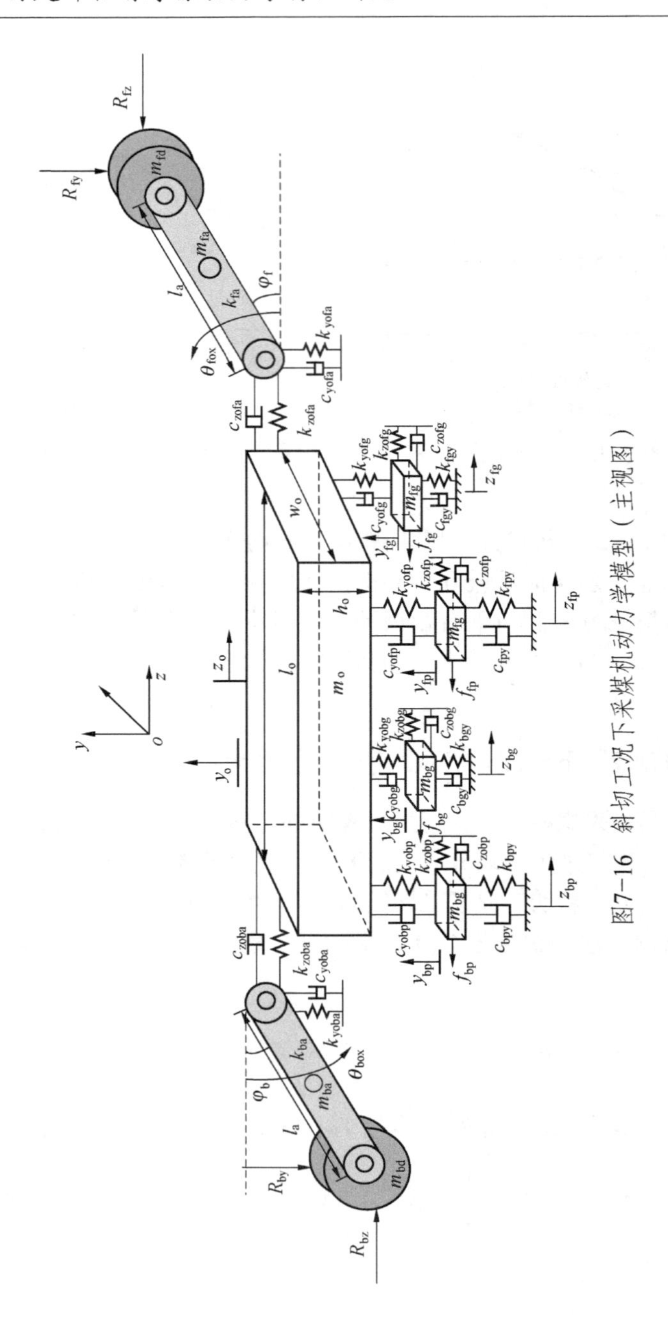

图7-16 斜切工况下采煤机动力学模型（主视图）

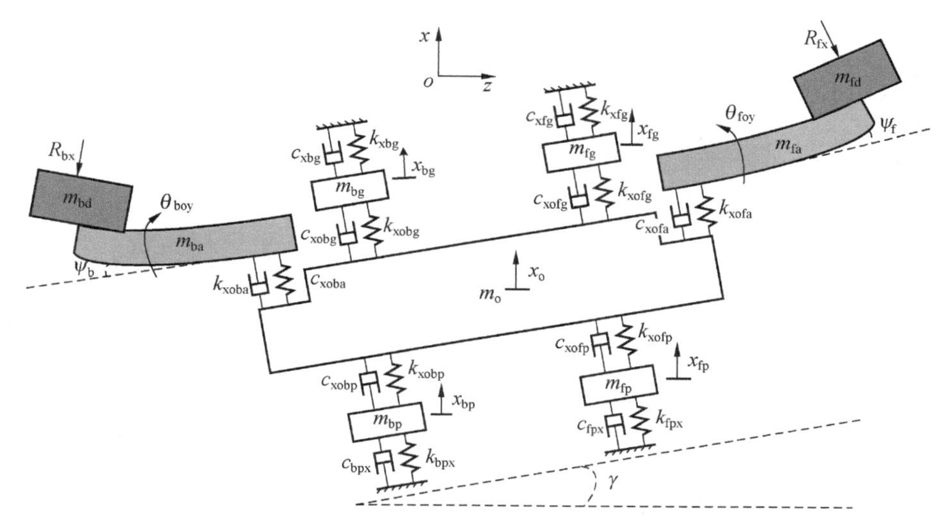

图 7-17 斜切工况下采煤机动力学模型（俯视图）

式中，$\begin{cases} v_{fdx}=l_a\dot{\theta}_{foy}\cos\psi_f \\ v_{fdy}=l_a\dot{\theta}_{fox}\cos\varphi_f \\ v_{fdz}=-l_a\dot{\theta}_{fox}\sin\varphi_f-l_a\dot{\theta}_{foy}\sin\psi_f \end{cases}$，$\begin{cases} v_{fax}=0.5l_a\dot{\theta}_{foy}\cos\psi_f \\ v_{fay}=0.5l_a\dot{\theta}_{fox}\cos\varphi_f \\ v_{faz}=-0.5l_a\dot{\theta}_{fox}\sin\varphi_f-0.5l_a\dot{\theta}_{foy}\sin\psi_f \end{cases}$，

$\begin{cases} v_{bdx}=l_a\dot{\theta}_{boy}\cos\psi_b \\ v_{bdy}=-l_a\dot{\theta}_{box}\cos\varphi_b \\ v_{bdz}=l_a\dot{\theta}_{box}\sin\varphi_b+l_a\dot{\theta}_{boy}\sin\psi_b \end{cases}$，$\begin{cases} v_{bax}=0.5l_a\dot{\theta}_{boy}\cos\psi_b \\ v_{bay}=-0.5l_a\dot{\theta}_{box}\cos\varphi_b \\ v_{baz}=0.5l_a\dot{\theta}_{box}\sin\varphi_b+0.5l_a\dot{\theta}_{boy}\sin\psi_b \end{cases}$。

系统的势能为

$$U=\frac{1}{2}k_{xofa}\left(x_o-\frac{1}{2}l_a\theta_{foy}\cos\psi_f-\frac{1}{2}l_o\sin\gamma\right)^2+\frac{1}{2}k_{yofa}\left(y_o-\frac{1}{2}l_a\theta_{fox}\cos\varphi_f\right)^2+$$
$$\frac{1}{2}k_{zofa}\left[y_o+\frac{1}{2}l_a(\theta_{fox}\sin\varphi_f+\theta_{foy}\sin\psi_f)\right]^2+\frac{1}{2}k_{xoba}\left(x_o-\frac{1}{2}l_a\theta_{boy}\cos\psi_b+\right.$$
$$\left.\frac{1}{2}l_o\sin\gamma\right)^2+\frac{1}{2}k_{yoba}\left(y_o+\frac{1}{2}l_a\theta_{box}\cos\varphi_b\right)^2+\frac{1}{2}k_{zoba}\left[y_o-\frac{1}{2}l_a(\theta_{box}\sin\varphi_b+\theta_{boy}\sin\psi_b)\right]^2+$$
$$\frac{1}{2}k_{xofg}\left(x_o-x_{fg}-\frac{1}{2}l_o\sin\gamma\right)^2+\frac{1}{2}k_{yofg}(y_o-y_{fg})^2+\frac{1}{2}k_{zofg}(z_o-z_{fg})^2+$$

$$\frac{1}{2}k_{xobg}\left(x_o - x_{bg} - \frac{1}{2}l_o\sin\gamma\right)^2 + \frac{1}{2}k_{yobg}(y_o - y_{bg})^2 + \frac{1}{2}k_{zobg}(z_o - z_{bg})^2 +$$
$$\frac{1}{2}k_{xofp}\left(x_o - x_{fp} + \frac{1}{2}l_o\sin\gamma\right)^2 + \frac{1}{2}k_{yofp}(y_o - y_{fp})^2 + \frac{1}{2}k_{zofp}(z_o - z_{fp})^2 +$$
$$\frac{1}{2}k_{xobp}\left(x_o - x_{bp} - \frac{1}{2}l_o\sin\gamma\right)^2 + \frac{1}{2}k_{yobp}(y_o - y_{bp})^2 + \frac{1}{2}k_{zobp}(z_o - z_{bp})^2 + \frac{1}{2}k_{fgx}x_{fg}^2$$
$$+$$
$$\frac{1}{2}k_{fgy}y_{fg}^2 + \frac{1}{2}k_{fpx}x_{fp}^2 + \frac{1}{2}k_{fpy}y_{fp}^2 + \frac{1}{2}k_{bgx}x_{bg}^2 + \frac{1}{2}k_{bgy}y_{bg}^2 + \frac{1}{2}k_{bpx}x_{bp}^2 + \frac{1}{2}k_{bpy}y_{bp}^2 \tag{7-17}$$

系统的耗散能为

$$D = \frac{1}{2}c_{xofa}(\dot{x}_o - v_{xfa})^2 + \frac{1}{2}c_{yofa}(\dot{y}_o - v_{yfa})^2 + \frac{1}{2}k_{zofa}(\dot{z}_o - v_{zfa})^2 + \frac{1}{2}c_{xosa}(\dot{x}_o - v_{xba})^2 +$$
$$\frac{1}{2}c_{yosa}(\dot{y}_o - v_{yba})^2 + \frac{1}{2}c_{zosa}(\dot{z}_o - v_{zba})^2 + \frac{1}{2}c_{xofg}(\dot{x}_o - \dot{x}_{fg})^2 + \frac{1}{2}c_{yofg}(\dot{y}_o - \dot{y}_{fg})^2 +$$
$$\frac{1}{2}c_{zofg}(\dot{z}_o - \dot{z}_{fg})^2 + \frac{1}{2}c_{xobg}(\dot{x}_o - \dot{x}_{bg})^2 + \frac{1}{2}c_{yobg}(\dot{y}_o - \dot{y}_{bg})^2 + \frac{1}{2}c_{zobg}(\dot{z}_o - \dot{z}_{bg})^2 +$$
$$\frac{1}{2}c_{xofp}(\dot{x}_o - \dot{x}_{fp})^2 + \frac{1}{2}c_{yofp}(\dot{y}_o - \dot{y}_{fp})^2 + \frac{1}{2}c_{zofp}(\dot{z}_o - \dot{z}_{fp})^2 + \frac{1}{2}c_{xobp}(\dot{x}_o - \dot{x}_{bp})^2 +$$
$$\frac{1}{2}c_{yobp}(\dot{y}_o - \dot{y}_{bp})^2 + \frac{1}{2}c_{zofg}(\dot{z}_o - \dot{z}_{bp})^2 + \frac{1}{2}c_{fgx}\dot{x}_{fg}^2 + \frac{1}{2}c_{fgy}\dot{y}_{fg}^2 + \frac{1}{2}c_{fpx}\dot{x}_{fp}^2 + \frac{1}{2}c_{fpy}\dot{y}_{fp}^2 +$$
$$\frac{1}{2}c_{bgx}\dot{x}_{bg}^2 + \frac{1}{2}c_{bgy}\dot{y}_{bg}^2 + \frac{1}{2}c_{bpx}\dot{x}_{bp}^2 + \frac{1}{2}k_{bpy}\dot{y}_{bp}^2 \tag{7-18}$$

将式（7-16）~式（7-18）代入到拉格朗日公式中可得

$$\boldsymbol{M}\ddot{\boldsymbol{q}}+\boldsymbol{K}\boldsymbol{q}+\boldsymbol{C}\boldsymbol{q}=\boldsymbol{Q} \tag{7-19}$$

式中，$\boldsymbol{q}$ = [θ_{fox}，θ_{box}，θ_{foy}，θ_{boy}，x_o，y_o，z_o，x_{fg}，y_{fg}，z_{fg}，x_{bg}，y_{bg}，z_{bg}，x_{fp}，y_{fp}，z_{fp}，x_{bp}，y_{bp}，z_{bp}]^T；

$\boldsymbol{Q}$= [$-R_{fy}\cos\varphi_f+R_{fz}\sin\varphi_f$，$R_{by}\cos\varphi_b+R_{bz}\sin\varphi_b$，$-R_{fx}\cos$（$\psi_f+\gamma$）$+R_{fz}\sin$（$\psi_f+\gamma$），$-R_{bx}\cos$（$\psi_b+\gamma$）$+R_{bz}\sin$（$\psi_b+\gamma$），0，0，0，0，0，$-f_{fg}$，0，0，$-f_{fp}$，0，0，$-f_{bg}$，0，0，$-f_{bp}$]。

由于振动方程的19个自由度的稀疏矩阵可将质量矩阵、刚度矩阵、阻尼矩阵表示为

$$\boldsymbol{M}=\begin{bmatrix} M_{1,1} & \cdots & M_{1,19} \\ \vdots & & \vdots \\ M_{19,1} & \cdots & M_{19,19} \end{bmatrix},\ \boldsymbol{K}=\begin{bmatrix} K_{1,1} & \cdots & K_{1,19} \\ \vdots & & \vdots \\ K_{19,1} & \cdots & K_{19,19} \end{bmatrix},\ \boldsymbol{C}=\begin{bmatrix} C_{1,1} & \cdots & C_{1,19} \\ \vdots & & \vdots \\ C_{19,1} & \cdots & C_{19,19} \end{bmatrix} \tag{7-20}$$

质量矩阵 $\boldsymbol{M}$ 主对角线上的元素为

$$\mathrm{diag}(\boldsymbol{M})=\left[\frac{l_a^2(m_{fa}+4m_{fd})}{4},\frac{l_a^2(m_{ba}+4m_{bd})}{4},\frac{l_a^2(m_{fa}+4m_{fd})}{4},\frac{l_a^2(m_{ba}+4m_{bd})}{4},\right.$$
$$\left.m_o,m_o,m_o,m_{fg},m_{fg},m_{fg},m_{bg},m_{bg},m_{bg},m_{fp},m_{fp},m_{fp},m_{fp},m_{fp},m_{fp}\right]$$

其他非零元素为：$M_{1,3}=M_{3,1}=\dfrac{l_a^2\sin\varphi_f\sin\psi_f(m_{fa}+4m_{fd})}{4}$，

$M_{2,4}=M_{4,2}=\dfrac{l_a^2\sin\varphi_b\sin\psi_b(m_{ba}+4m_{bd})}{4}$；

刚度矩阵 $\boldsymbol{K}$ 主对角线上的元素为

$$\mathrm{diag}(\boldsymbol{K})=\frac{[l_a^2(k_{yoba}\cos^2\psi_b+k_{yofa}\cos^2\psi_f+k_{zofa}\sin^2\varphi_f)}{4},\frac{k_{zoba}l_a^2\sin^2\varphi_b}{4},$$
$$\frac{l_a^2(k_{xoba}\cos^2\psi_b+k_{xofa}\cos^2\psi_f+k_{zofa}\sin^2\psi_f)}{4},\frac{k_{zoba}l_a^2\sin^2\psi_b}{4},k_{xoba}+k_{xofa}+k_{xobg}+k_{xofg}+k_{xobp}+$$
$$k_{xofp},k_{yoba}+k_{yofa}+k_{yobg}+k_{yofg}+k_{yobp}+k_{yofp},k_{zoba}+k_{zofa}+k_{zobg}+k_{zofg}+k_{zobp}+k_{zofp},k_{fgx}+$$
$$k_{xofg},k_{fgy}+k_{yofg},k_{zofg},k_{bgx}+k_{xobg},k_{bgy}+k_{yobg},k_{zobg},k_{fpx}+k_{xofp},k_{fpy}+k_{yofp},k_{zofp},k_{bpx}+$$
$$k_{xobp},k_{ybp}+k_{yobp},k_{zobp}]$$

其他非零元素为

$K_{1,3}=K_{3,1}=\dfrac{k_{zofa}l_a^2\sin\varphi_f\sin\psi_f}{4}$，$\dfrac{k_{yoba}l_a\cos\psi_b}{2}-\dfrac{k_{yofa}l_a\cos\psi_f}{2}$，$K_{1,7}=K_{7,1}=\dfrac{k_{zofa}l_a\sin\varphi_f}{2}$，$K_{2,4}=K_{4,2}=\dfrac{k_{zoba}l_a^2\sin\varphi_b\sin\psi_b}{4}$，$K_{2,7}=K_{7,2}=\dfrac{k_{zoba}l_a\sin\varphi_b}{2}$，$K_{3,5}=K_{5,3}=-\dfrac{k_{xoba}l_a\cos\psi_b}{2}-\dfrac{k_{xofa}l_a\cos\psi_f}{2}$，$K_{3,7}=K_{7,3}=\dfrac{k_{zofa}l_a\sin\psi_f}{2}$，$K_{4,7}=\dfrac{k_{zoba}l_a\sin\psi_b}{2}$，$K_{5,8}=K_{8,5}=-k_{xofg}$，$K_{5,11}=K_{11,5}=-k_{xobg}$，$K_{5,14}=K_{14,5}=-k_{xofp}$，$K_{5,17}=K_{17,5}=-k_{xobp}$，$K_{6,9}=K_{9,6}=-k_{yofg}$，$K_{6,12}=K_{12,6}=-k_{yobg}$，$K_{6,15}=K_{15,6}=-k_{yofp}$，$K_{6,18}=K_{18,6}=-k_{yobp}$，$K_{7,10}=K_{10,7}=-k_{zofg}$，$K_{7,13}=K_{13,7}=-k_{zobg}$，$K_{7,16}=K_{16,7}=-k_{zofp}$，$K_{7,19}=K_{19,7}=-k_{zobp}$。

阻尼矩阵 $\boldsymbol{C}$ 主对角线上的元素为

$$\mathrm{diag}(\boldsymbol{C})=\frac{[l_a^2(c_{yoba}\cos^2\psi_b+c_{yofa}\cos^2\psi_f+c_{zofa}\sin^2\varphi_f)}{4},\frac{c_{zoba}l_a^2\sin^2\varphi_b}{4},$$
$$\frac{l_a^2(c_{xoba}\cos^2\psi_b+c_{xofa}\cos^2\psi_f+c_{zofa}\sin^2\psi_f)}{4},\frac{c_{zoba}l_a^2\sin^2\psi_b}{4},c_{xoba}+c_{xofa}+c_{xobg}+$$
$$c_{xofg}+c_{xobp}+c_{xofp},c_{yoba}+c_{yofa}+c_{yobg}+c_{yofg}+c_{yobp}+c_{yofp},c_{zoba}+c_{zofa}+c_{zobg}+$$
$$c_{zofg}+c_{zobp}+c_{zofp},c_{fgx}+c_{xofg},c_{fgy}+c_{yofg},c_{zofg},c_{bgx}+c_{xobg},c_{bgy}+c_{yobg},c_{zobg},$$

$c_{fpx}+c_{xofp}$， $c_{fpy}+c_{yofp}$， c_{zofp}， $c_{bpx}+c_{xobp}$， $c_{bpy}+c_{yobp}$， c_{zobp}]

其他非零元素为

$C_{1,3}=C_{3,1}=\dfrac{c_{zofa}l_a^2\sin\varphi_f\sin\psi_f}{4}$， $\dfrac{c_{yoba}l_a\cos\psi_b}{2}-\dfrac{c_{yofa}l_a\cos\psi_f}{2}$， $C_{1,7}=C_{7,1}=\dfrac{c_{zofa}l_a\sin\varphi_f}{2}$， $C_{2,4}=C_{4,2}=\dfrac{c_{zoba}l_a^2\sin\varphi_b\sin\psi_b}{4}$， $C_{2,6}=C_{6,2}=\dfrac{-c_{yoba}l_a\cos\varphi_b}{2}C_{2,7}=C_{7,2}=\dfrac{c_{zoba}l_a\sin\varphi_b}{2}$， $C_{3,5}=C_{5,3}=\dfrac{-c_{xoba}l_a\cos\psi_b}{2}-\dfrac{c_{xofa}l_a\cos\psi_f}{2}$， $C_{3,7}=C_{7,3}=\dfrac{c_{zofa}l_a\sin\psi_f}{2}$， $C_{4,5}=C_{5,4}=\dfrac{-c_{xoba}l_a\cos\psi_b}{2}$， $C_{4,7}=\dfrac{c_{zoba}l_a\sin\psi_b}{2}$， $C_{5,8}=C_{8,5}=-c_{xofg}$， $C_{5,11}=C_{11,5}=-c_{xobg}$， $C_{5,14}=C_{14,5}=-c_{xofp}$， $C_{5,17}=C_{17,5}=-c_{xobp}$， $C_{6,9}=C_{9,6}=-c_{yofg}$， $C_{6,12}=C_{12,6}=-c_{yobg}$， $C_{6,15}=C_{15,6}=-c_{yofp}$， $C_{6,18}=C_{18,6}=-c_{yobp}$， $C_{7,10}=C_{10,7}=-c_{zofg}$， $C_{7,13}=C_{13,7}=-c_{zobg}$， $C_{7,16}=C_{16,7}=-c_{zofp}$， $C_{7,19}=C_{19,7}=-c_{zobp}$。

对于导向滑靴与销排的接触刚度 k_{fgx}、k_{fgy}、k_{bgx}、k_{bgy} 计算可参考 3.2.2 节内容，对于平滑靴与铲煤板的接触刚度 k_{fpx}、k_{fpy}、k_{bpx}、k_{bpy} 计算可参考 3.3.2 节内容；导向滑靴与平滑靴所受的摩擦力 f_{fg}、f_{bg}、f_{fp}、f_{bp}，由于采煤机斜切截割工况，采煤机滑靴与导轨间接触面是多边形的面面接触或线面接触，其计算可参考式（7-49）和式（7-55）。

设置采煤机的摆角变化范围为 $\gamma=0°\sim10°$，其他参数设置同 7.1 节，采用龙格库塔方法对式（7-19）进行数值求解，在仿真时长为 10 s 时，得到斜切工况下的采煤机滑靴三向振动加速度时间历程云图，如图 7-18、图 7-19 所示。

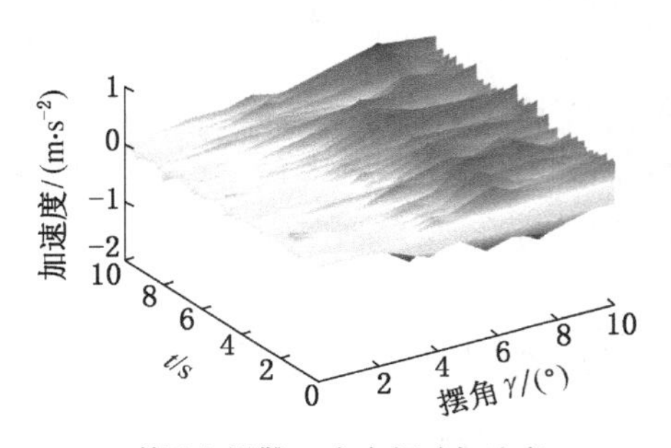

(a) 前导向滑靴 x 方向振动加速度 $\ddot{x}_{fg}$

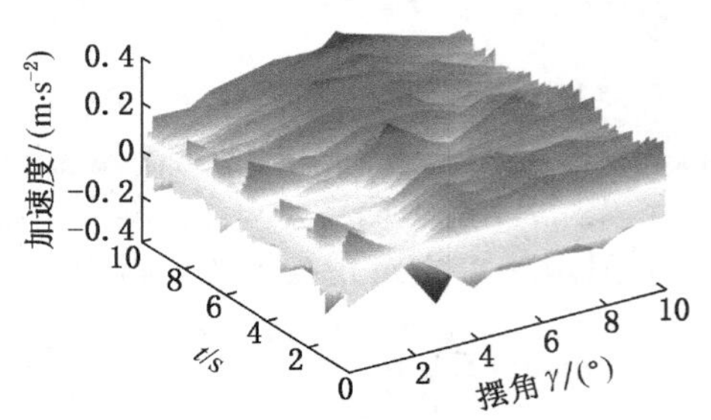

(b) 后导向滑靴 x 方向振动加速度 $\ddot{x}_{bg}$

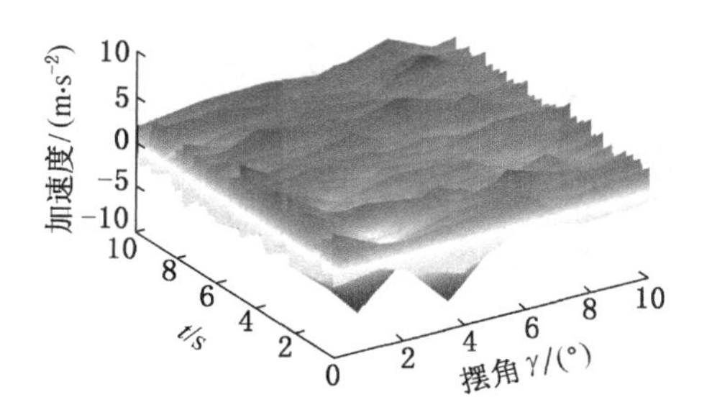

(c) 前导向滑靴 y 方向振动加速度 $\ddot{y}_{fg}$

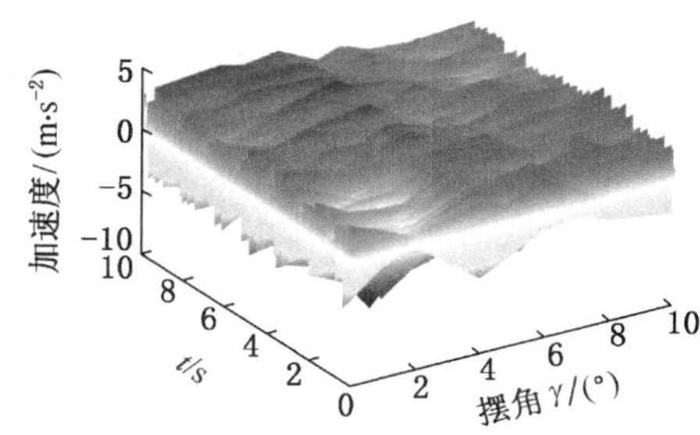

(d) 后导向滑靴 y 方向振动加速度 $\ddot{y}_{bg}$

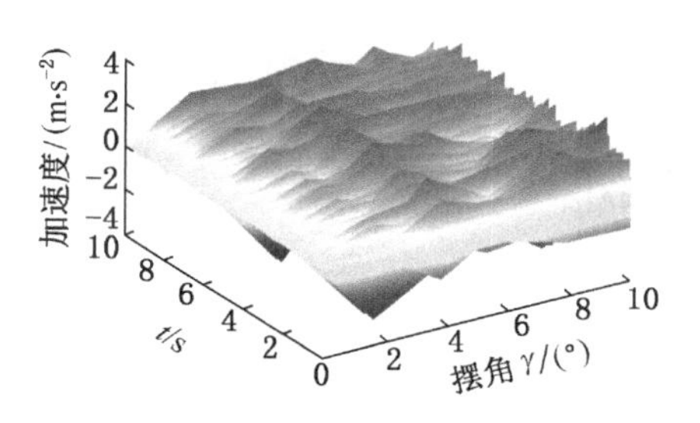

(e) 前导向滑靴 z 方向振动加速度 $\ddot{z}_{fg}$

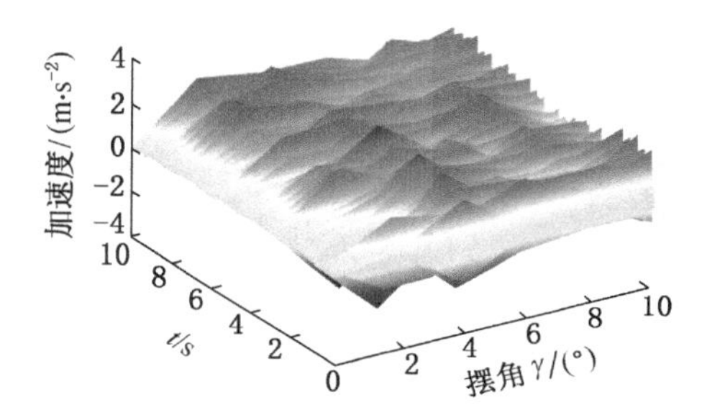

(f) 后导向滑靴 z 方向振动加速度 $\ddot{z}_{bg}$

图 7-18 不同摆角下的导向滑靴三向振动加速度时间历程云图

通过对图 7-18、图 7-19 分析可知，导向滑靴和平滑靴在 y 向振动加速度要大于其他两个方向的振动加速度，导向滑靴最大振动加速度约为 6 m/s²，平滑靴最大振动加速度约为 4 m/s²，导向滑靴的总体振动加速度要大于平滑靴的振动加速度；导向滑靴和平滑靴在前、后对比下，其各个方向振动加速度基本相同。

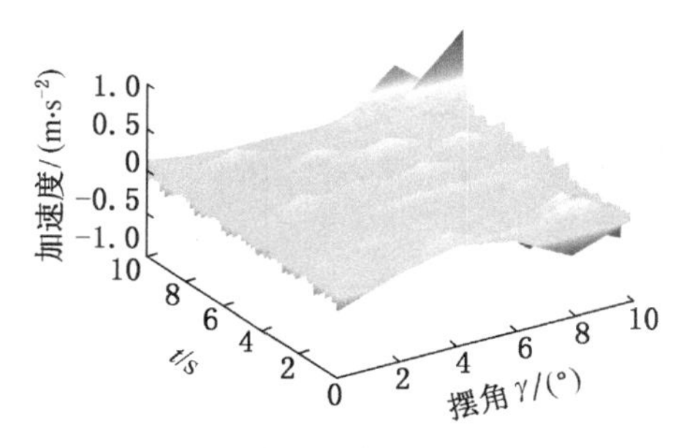

(a) 前平滑靴 x 方向振动加速度 $\ddot{x}_{fs}$

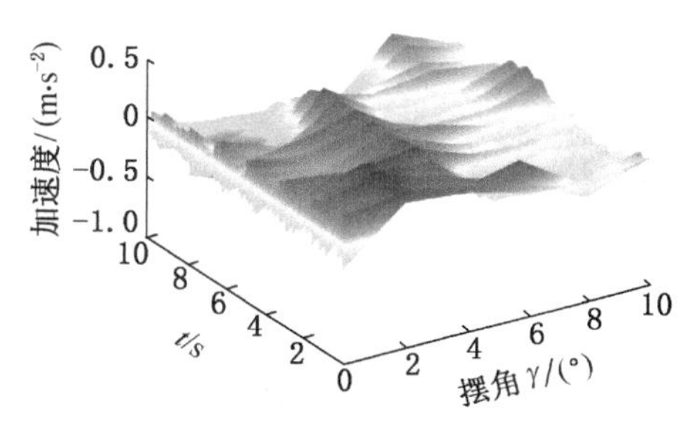

(b) 后平滑靴 x 方向振动加速度 $\ddot{x}_{bs}$

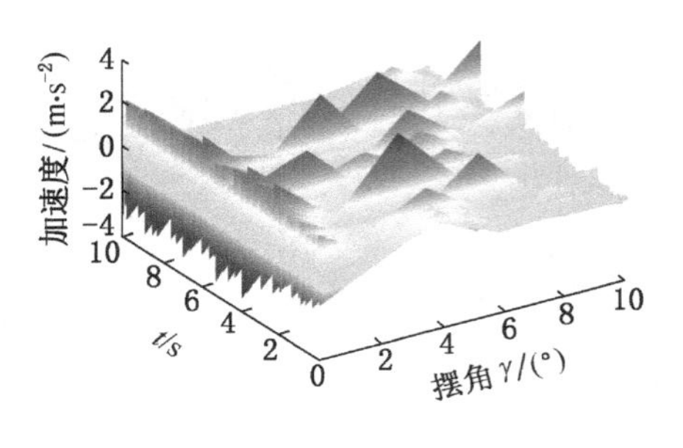

(c) 前平滑靴 y 方向振动加速度 $\ddot{y}_{fs}$

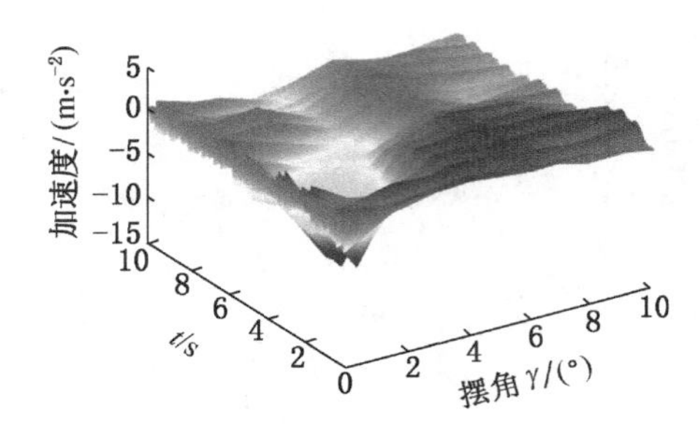

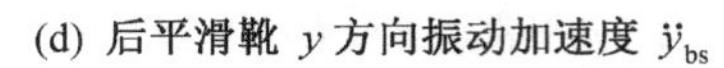

(d) 后平滑靴 y 方向振动加速度 $\ddot{y}_{bs}$

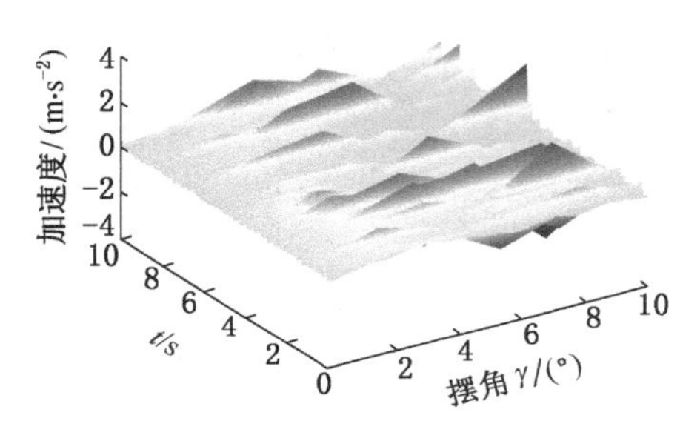

(e) 前平滑靴 z 方向振动加速度 $\ddot{z}_{fs}$

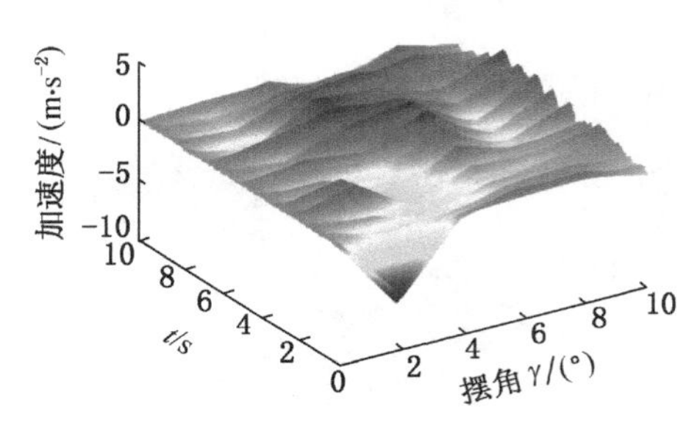

(f) 后平滑靴 z 方向振动加速度 $\ddot{z}_{bs}$

图 7-19　不同摆角下的平滑靴三向振动加速度时间历程曲线图

为了进一步研究摆角变化对采煤机滑靴的振动幅度的影响，对不同摆角下的滑靴三向最大振动加速度进行对比，其曲线图如图 7-20 所示。

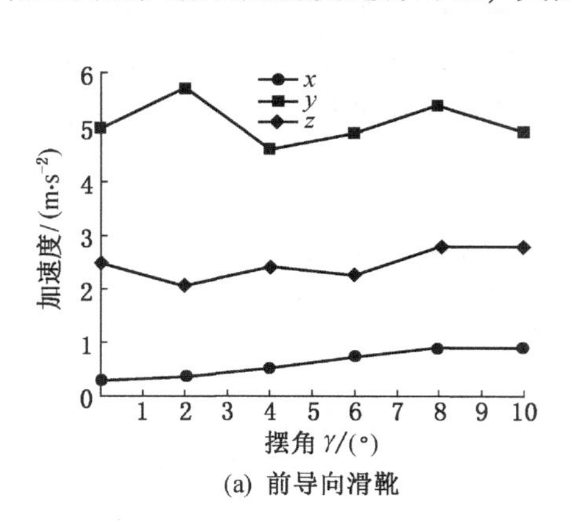

(a) 前导向滑靴

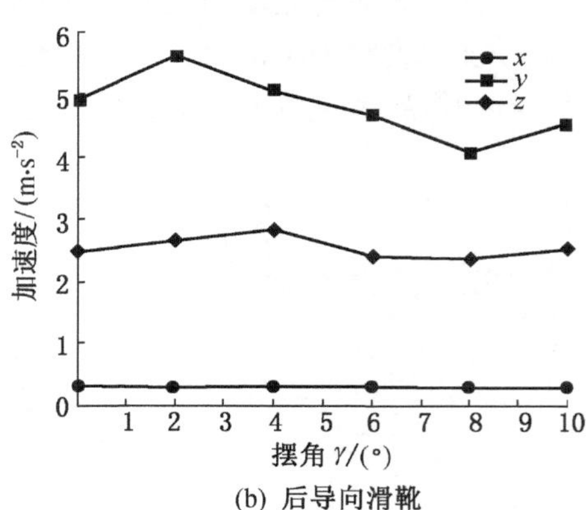

(b) 后导向滑靴

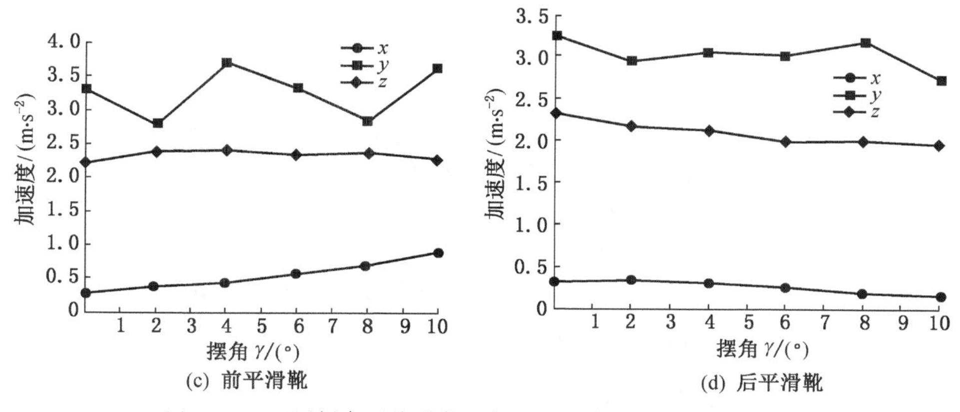

图 7-20 不同摆角下的滑靴三向最大振动加速度对比曲线图

通过对图 7-20 分析可知，随着摆角的增大，导向滑靴和平滑靴在 y 方向上变化最明显，前导向滑靴和前平滑靴在 x 方向振动加速度增幅次之，说明摆角越大前导向滑靴和前平滑靴振动越剧烈，而后平滑靴 x 方向和后导向滑靴 y 方向则相反，随着摆角增大振动则减弱；摆角变化对 z 方向的振动加速度影响不明显，仅有微幅波动。

8 实验室相似模拟试验研究

为了验证本文提出的采煤机行走部含粘滑碰撞动力学模型的正确性，以现流通使用的 MG500/1130 型采煤机为参照，依据相似原理对 MG500/1130 型采煤机进行 1：10 缩放，加工出试验样机并对行走部进行测试试验。

8.1 相似试验模型构建

MG500/1130 型滚筒采煤机的外观如图 8-1 所示，其主要技术参数见表 8-1。该型采煤机适用于中厚煤层的开采，其地质条件适应性强，广泛应用于山西、山东、内蒙古等地大中型煤矿，本书以 MG500/1130 型采煤机作为参照制造加工试验样机。

图 8-1 MG500/1130 型滚筒采煤机

表 8-1 MG500/1130 型滚筒采煤机技术参数

名称	参数	名称	参数	名称	参数
采高/m	1.80~3.76	频率/Hz	50	宽度/m	2.10
电压/V	3300	总功率/kW	1130	高度/m	1.54
滚筒转速/($r\cdot min^{-1}$)	27.73	总重量/t	57		
牵引速度/($m\cdot min^{-1}$)	13	长度/m	13.15		

通过表 8-1 可知，MG500/1130 型采煤机的实际尺寸约为 13. 15 m×2. 10 m×1. 54 m，综合考虑实验室场地因素、零件加工难度以及装配工艺等因素的限制，选择缩放比为 1∶10 的比例比较适宜，即按原采煤机 1/10 的大小进行制作。

依据相似原理对各量纲间缩放比进行确定，所有的量纲都可表示成 7 个基本物理指数幂相乘的形式，对本书只涉及长度 L、质量 M、时间 T 这 3 个基本物理量，其对应的缩放比为

$$a_L = \frac{L_r}{L_s} \qquad a_M = \frac{M_r}{M_s} \qquad a_T = \frac{T_r}{T_s} \tag{8-1}$$

式中 L_r——缩放后的长度；

M_r——缩放后的质量；

T_r——缩放后的时间；

L_s——原始的长度；

M_s——原始的质量；

T_s——原始的时间；

a_L——对应的长度缩放比（缩放系数）；

a_M——对应的质量的缩放比（缩放系数）；

a_T——对应的时间的缩放比（缩放系数）。

对于长度缩放比 a_L 在前文已经提到即 $a_L = 1/10$，对于时间缩放比 a_T 不进行缩放即 $a_T = 1$，对于质量缩放比 a_M 可以通过间接推导得到，本书所加工的试验采煤机与实际采煤机的材料基本一致，则其材料密度与原采煤机材料密度相同，即

$$a_\rho = \frac{\rho_r}{\rho_s} = \frac{M_r L_r^{-3}}{M_s L_s^{-3}} = a_M a_L^{-3} = 1 \tag{8-2}$$

式中 ρ_r——缩放后的密度，kg/m^3；

ρ_s——原始的密度，kg/m^3；

a_ρ——对应的密度缩放比。

由式（8-2）可推导出质量的缩放比 a_M 为

$$a_M = \frac{M_r}{M_s} = a_L^3 = 1:1000 \tag{8-3}$$

各物理量对应的量纲及缩放比见表 8-2。

表 8-2 各物理量对应的量纲及缩放比

参数	符号	量纲	M	L	T	缩放比
长度	l	L	0	1	0	1：10
宽度	w	L	0	1	0	1：10
高度	h	L	0	1	0	1：10
面积	A	L^2	0	2	0	1：100
体积	V	L^3	0	3	0	1：1000
质量	m	M	1	0	0	1：1000
密度	ρ	ML^{-3}	1	−3	0	1：10
压力	p	$ML^{-1}T^{-2}$	1	−1	−2	1：100
力	F	MLT^{-2}	1	1	−2	1：10^4
位移	x	L	0	1	0	1：10
速度	v	LT^{-1}	0	1	−1	1：10
加速度	a	LT^{-2}	0	1	−2	1：10
功率	P	$ML^{-1}T^{-2}$	1	−1	−2	1：10^5
刚度	k	ML^2T^{-2}	1	2	−2	1：10^5
阻尼	c	ML^2T^{-3}	1	2	−3	1：10^5

确定采煤机整机尺寸缩放比之后，在 Creo 软件中建立采煤机的三维模型，同时依据采煤机导向滑靴及齿轨轮的几何尺寸，设计与采煤机配套的刮板输送机。

依据采煤机和刮板输送机三维模型制定加工图纸，加工装配完成之后的试验样机的实物图如图 8-2 所示，采煤机机身长度为 540 mm、宽度为 183 mm、高度为 155 mm、重量为 54 kg，总体尺寸参数满足相似原理，同时在前后两个滚筒上安装激振器用于模拟滚筒载荷激励。所选激振器型号为 PUTA100/2S-19，额定电压为 220 V、功率为 100 W、最大激振力为 1 kN、激振频率为 0~3000 Hz；为了满足在试验过程中对采煤机牵引速度的实时控制，本试验采用 51 单片机+驱动器+步进电机的控制策略，综合考虑牵引部内部尺寸、整机重量以及牵引功率等影响因素，选用电机型号为 57HS22、两相 57 步进电机、供电电压为直流 24 V、输出扭矩为 2. 1 N · m。

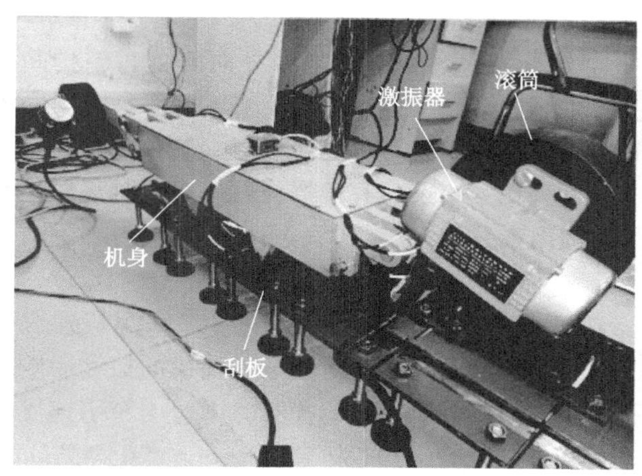

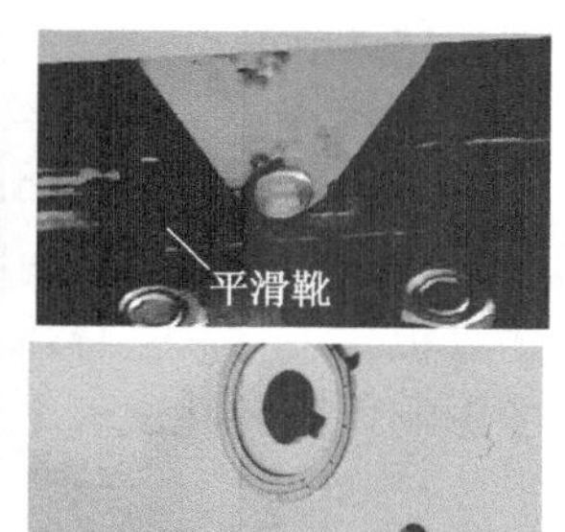

图 8-2 试验样机实物图

8.2 正交试验方案设计

为了达到预期试验目的，现对试验方案进行详细的叙述。本书旨在研究多因素影响下的采煤机行走部振动特性，即通过试验获取采煤机行走部的振动信号并与理论进行分析对比，以验证本书所提出的基于粘滑—碰撞的采煤机行走部动力学模型的正确性。针对采煤机行走部振动测试试验所考虑的影响因素主要分为以下 4 个方面：

（1）工况因素。对于工况因素主要是指采煤机在煤矿井下工作时所历经的各种工况，采煤机截割工况主要分为正常截割和斜切进刀两大类，除了要考虑这两大类之外还需要考虑工作面底板的影响，工作面底板的起伏会导致采煤机产生俯仰或侧倾现象，对采煤机振动会有一定的影响，因此综合考虑确定正常截割、俯仰、侧倾、斜切 4 种工况影响因素，与第 4 章的理论模型相对应。

（2）激励因素。激励因素主要是指滚筒截割载荷激励，本书主要采用激振器来模拟滚筒载荷激励，实际滚筒载荷激励主要与滚筒转速、煤岩硬度等因素有关，通常情况采煤机在没有截割到硬岩或夹矸时保持恒定的滚筒转速，因此在一段时间内滚筒载荷激励波动的频率是一定的，在试验中采用恒定的激振频率来模拟；煤岩硬度主要影响滚筒载荷激励的大小，MG500/1130 型采煤机开采煤岩的截割阻抗范围为 $\bar{A}=210\sim300$ N/mm，将煤岩截割阻抗为 $\bar{A}=210$ N/mm、$\bar{A}=300$ N/mm 分别对应小、大两种激振力，试验中将激励因素确定为无激励、小激励和大激励 3 种情况。

（3）摩擦因素。摩擦因素主要是指采煤机行走部中导向滑靴与销排间的摩擦，以及平滑靴与铲煤板间的摩擦。在第 2 章中详细讨论了不含煤粉时导向滑靴与销排间、平滑靴与铲煤板间的两体摩擦，以及考虑煤粉影响下滑靴—导轨（销排和铲煤板）—煤粉三体摩擦，此外第 2 章还研究了煤粉粒度对滑靴与导轨间摩擦力的影响。因此在试验中将摩擦因素分为无煤粉、小颗粒和大颗粒 3 种情况来讨论。

（4）速度因素。速度因素在试验中是采煤机的牵引速度，采煤机在煤矿井下实际开采过程中对于牵引速度的调节最为频繁，对采煤机整机的振动影响也最大，在不同工况下采煤机的牵引速度相差较大，因此在实验中对于牵引速度的划分最为详细，将速度因素划分成 6 种情况，分别为 10 cm/min、20 cm/min、30 cm/min、40 cm/min、50 cm/min、60 cm/min。

综上所述，整个试验确定为工况、激励、摩擦、速度 4 类影响因素，其中工况因素分为 4 种情况、激励因素分为 3 种情况、摩擦因素分为 3 种情况、速度因素分为 6 种情况。若采用全面试验法，总计需要 216 次试验，若每个试验做 5 组重复性试验，则需要 1080 次试验，很显然该试验方案过于烦琐，而且很难实现。

鉴于全面试验法的缺陷，本书采用正交试验设计法确定试验方案，首先需要确定试验的因素数和水平数，对于试验而言因素数为 4、最大水平数为 6，可表示为 L（$3^2 \times 4^1 \times 6^1$）属于混合正交试验，对于 L（$3^2 \times 4^1 \times 6^1$）没有与之对应的正交表，因此需要对某些因素对应的水平数作用做适当增添处理以获得正交表，对于 4 水平的工况因素可以增添两个水平数，例如将侧倾情况分为侧倾 5°和侧倾 10°，俯仰情况分为俯仰 5°和俯仰 10°。这时依据正交试验法就可得到四因素六水平的混合正交表 L_{36}（$3^2 \times 6^2$），其正交表见表 8-3。

表 8-3　L_{36}（$3^2 \times 6^2$）正交表

序号	因素				序号	因素			
	速度	工况	激励	摩擦		速度	工况	激励	摩擦
1	V_1	C_1	E_1	F_1	6	V_2	C_3	E_3	F_1
2	V_1	C_2	E_2	F_2	7	V_3	C_1	E_2	F_1
3	V_1	C_3	E_3	F_3	8	V_3	C_2	E_3	F_2
4	V_2	C_1	E_1	F_2	9	V_3	C_3	E_1	F_3
5	V_2	C_2	E_2	F_3	10	V_4	C_1	E_3	F_3

表 8-3（续）

序号	因素				序号	因素			
	速度	工况	激励	摩擦		速度	工况	激励	摩擦
11	V_4	C_2	E_1	F_1	24	V_2	C_6	E_3	F_1
12	V_4	C_3	E_2	F_2	25	V_3	C_4	E_2	F_1
13	V_5	C_1	E_2	F_3	26	V_3	C_5	E_3	F_2
14	V_5	C_2	E_3	F_1	27	V_3	C_6	E_1	F_3
15	V_5	C_3	E_1	F_2	28	V_4	C_4	E_3	F_3
16	V_6	C_1	E_3	F_2	29	V_4	C_5	E_1	F_1
17	V_6	C_2	E_1	F_3	30	V_4	C_6	E_2	F_2
18	V_6	C_3	E_2	F_1	31	V_5	C_4	E_2	F_3
19	V_1	C_4	E_1	F_1	32	V_5	C_5	E_3	F_1
20	V_1	C_5	E_2	F_2	33	V_5	C_6	E_1	F_2
21	V_1	C_6	E_3	F_3	34	V_6	C_4	E_3	F_2
22	V_2	C_4	E_1	F_2	35	V_6	C_5	E_1	F_3
23	V_2	C_5	E_2	F_3	36	V_6	C_6	E_2	F_1

注：V、C、E、F 分别表示速度、工况、激励、摩擦因素；$V_1 \sim V_6$ 分别表示 10 cm/min、20 cm/min、30 cm/min、40 cm/min、50 cm/min、60 cm/min；$C_1 \sim C_6$ 分别表示正常截割、斜切进刀、侧倾 5°、侧倾 10°、俯仰 5°、俯仰 10°；$E_1 \sim E_3$ 分别表示无激励、小激励、大激励；$F_1 \sim F_3$ 分别表示无煤粉、小颗粒、大颗粒。

若生成工况因素为 4 水平的混合正交表即 L（$3^2 \times 4^1 \times 6^1$），可以在 L_{36}（$3^2 \times 6^2$）正交表进行适当的修正得到，其正交表见表 8-4。

表 8-4 L_{24}（$3^2 \times 4^1 \times 6^1$）正交表

序号	因素				序号	因素			
	速度	工况	激励	摩擦		速度	工况	激励	摩擦
1	V_1	C_1	E_1	F_1	8	V_2	C_4	E_2	F_3
2	V_1	C_2	E_2	F_2	9	V_3	C_1	E_2	F_1
3	V_1	C_3	E_1	F_1	10	V_3	C_2	E_3	F_2
4	V_1	C_4	E_2	F_2	11	V_3	C_3	E_2	F_1
5	V_2	C_1	E_1	F_2	12	V_3	C_4	E_3	F_2
6	V_2	C_2	E_3	F_3	13	V_4	C_1	E_3	F_3
7	V_2	C_3	E_1	F_2	14	V_4	C_2	E_1	F_1

表 8-4（续）

序号	因素				序号	因素			
	速度	工况	激励	摩擦		速度	工况	激励	摩擦
15	V_4	C_3	E_3	F_3	20	V_5	C_4	E_3	F_1
16	V_4	C_4	E_1	F_1	21	V_6	C_1	E_3	F_2
17	V_5	C_1	E_2	F_3	22	V_6	C_2	E_1	F_3
18	V_5	C_2	E_3	F_1	23	V_6	C_3	E_3	F_2
19	V_5	C_3	E_2	F_3	24	V_6	C_4	E_1	F_3

注：V、C、E、F 分别表示速度、工况、激励、摩擦因素；$V_1 \sim V_6$ 分别表示 10 cm/min、20 cm/min、30 cm/min、40 cm/min、50 cm/min、60 cm/min；$C_1 \sim C_4$ 分别表示正常截割、斜切进刀、侧倾、俯仰；$E_1 \sim E_3$ 分别表示无激励、小激励、大激励；$F_1 \sim F_3$ 分别表示无煤粉、小颗粒、大颗粒。

通过正交试验设计法设计到的总试验次数仅为 24 组试验，相比全面试验法得到 216 组试验更为合理，仅占全面试验法的 11% 左右，因此选用 L_{24}（$3^2 \times 4^1 \times 6^1$）作为本文的试验方案。

8.3 试验设备及测试过程

8.3.1 试验设备

本试验说涉及的试验设备如图 8-3 所示，主要包括：采煤机、刮板、激振器、调节座、加速度传感器、倾角传感器、直流电源、动态测试仪、51 单片机、驱动器、上位机。

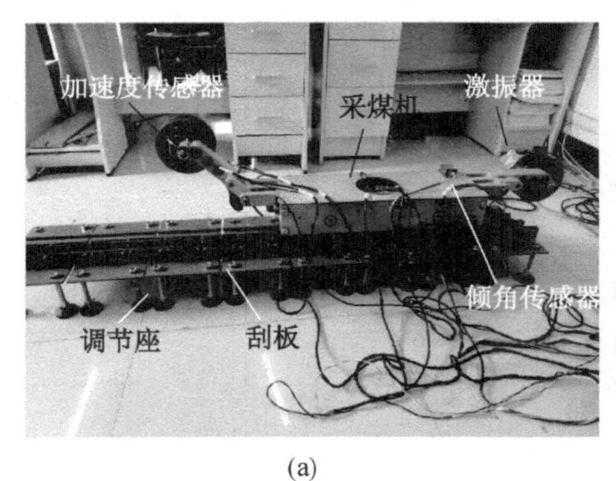

(a)

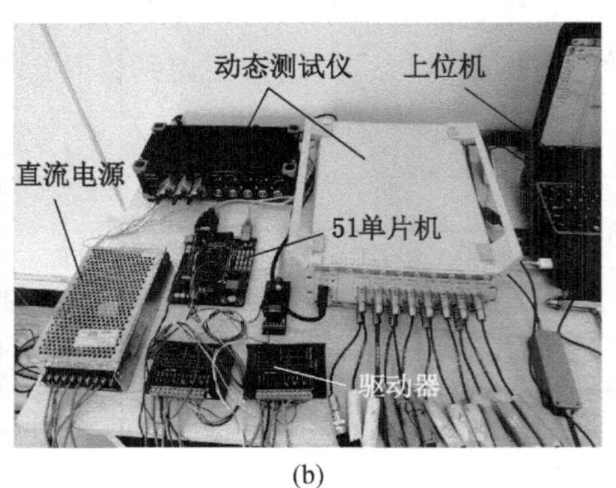

(b)

图 8-3 试验设备

（1）采煤机。试验用的采煤机模型依照 MG500/1130 型采煤机缩放得到。

（2）刮板。为了满足试验的需要共铺设 8 节刮板，每节刮板长度为 170 mm，总长约 1.4 m。两端刮板之间留有一定的间隙，刮板上端安装销排。

（3）激振器。所选激振器型号为 PUTA100/2S-19，额定电压为 220 V、功率为 100 W、最大激振力为 1 kN、激振频率为 0~3000 Hz，采煤机共安装两个激振器，分别装在前后两个滚筒。

（4）调节座。调节座安装在刮板底部，用于调节刮板的倾角、俯仰角实现工况布置。

（5）加速度传感器。加速度传感器采用东华测试 DH311E 型传感器，量程范围为 5000 m/s^2、灵敏度为 1 $mV/(m \cdot s^{-2})$、频率范围为 0~4000 Hz。

（6）倾角传感器。倾角传感器选用瑞芬科技的 LCA320T-30 型传感器，测量范围±30°、分辨率为 0.1°、响应时间为 0.02 s、响应频率为 1~20 Hz。

（7）直流电源。针对直流电源的选择主要依据步进电机的功率及输入电压，本试验中选用的 57 步进电机最大功率为 72 W、电压为 24 V，前后牵引部各布置一台电机，因此选用 24 V、200 W 的直流电源作为供电电源。

（8）动态测试仪。动态测试仪选用与加速度传感器相配套的东华 DH5922N 型动态信号测试分析仪，该动态测试仪应用范围广，可完成应力应变、振动、冲击、声学、温度、压力、流量、力、扭矩、电压、电流等各种物理量的测试和分析。

（9）51 单片机+驱动器。单片机和驱动器用于实现对步进电机转速的控制，驱动器型号为 TB6600，细分数为 200~6400，确保电机运转平稳；单片机芯片选择 STC89C52、晶振频率为 12 MHz。

（10）上位机。上位机安装有东华测试的 DHDAS 测试分析系统以及瑞芬科技的 LCA 倾角采集系统，用采集和处理加速度传感器与倾角传感器数据。

8.3.2 测试原理

试验测试原理图如图 8-4 所示，在采煤机滚筒、机身、导向滑靴、平滑靴分别安装 DH311E 型振动加速度传感器，机身上安装 LCA320T-30 型倾角传感器。加速度传感器将振动加速度信号转成电压值传递到 DH5922N 动态测试仪，倾角传感器 LCA320T-30 输出的电流信号采用 MINITAURs 信号数据测试仪进行采集，最终两台测试仪将采集到的数据传输给上位机，完成整个测试过程。

8.3.3 测试过程

在 8.2 节已经提到本次试验需要考虑摩擦、工况、速度、激励 4 种因素影响下的采煤机行走部振动情况，对应摩擦因素考虑无煤粉、小颗粒和大颗粒 3 种情况，其煤粉颗粒如图 8-5 所示。

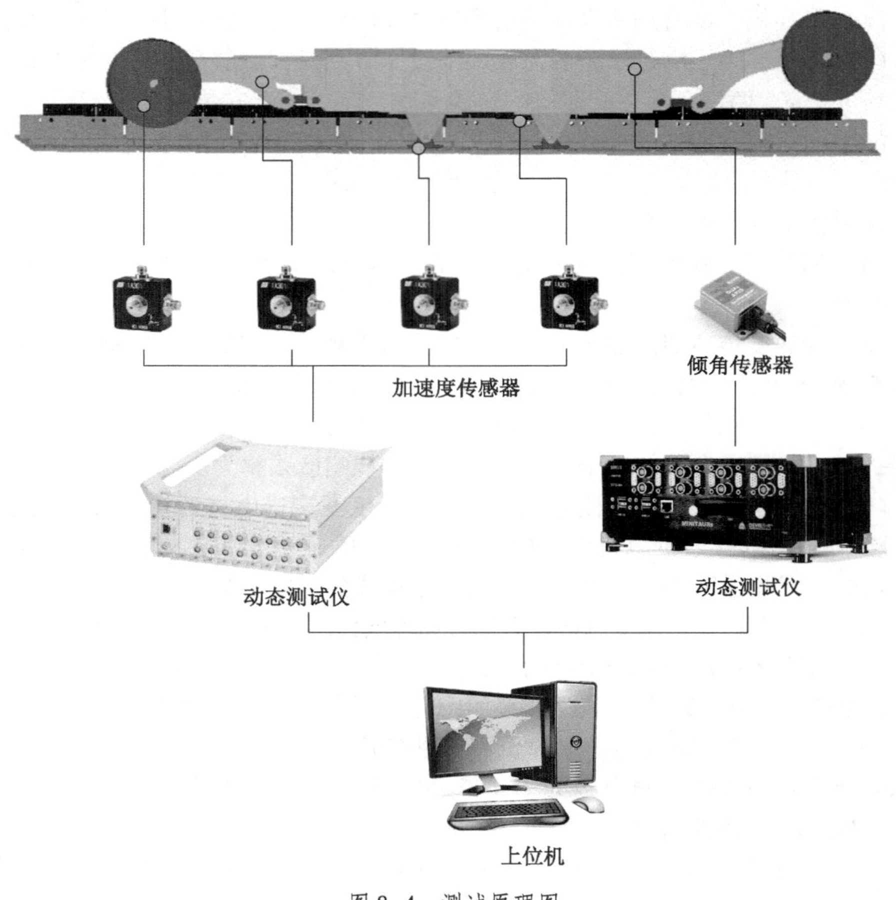

图 8-4　测试原理图

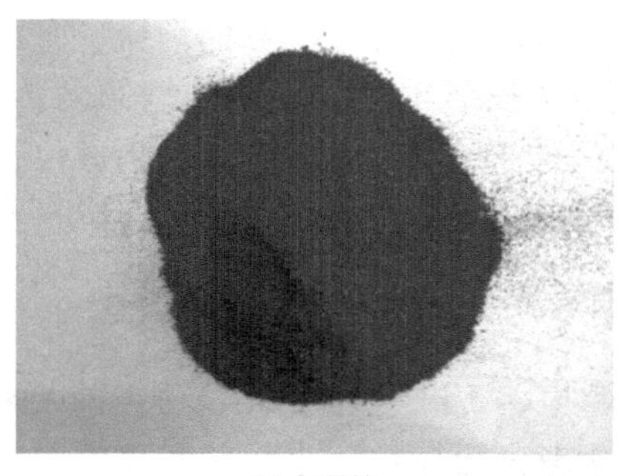

(a)小颗粒

(b)大颗粒

图 8-5　煤粉颗粒

对于工况因素主要分为正常截割、斜切、侧倾和俯仰 4 种情况，其示意图如图 8-6 所示。

(a) 正常工况

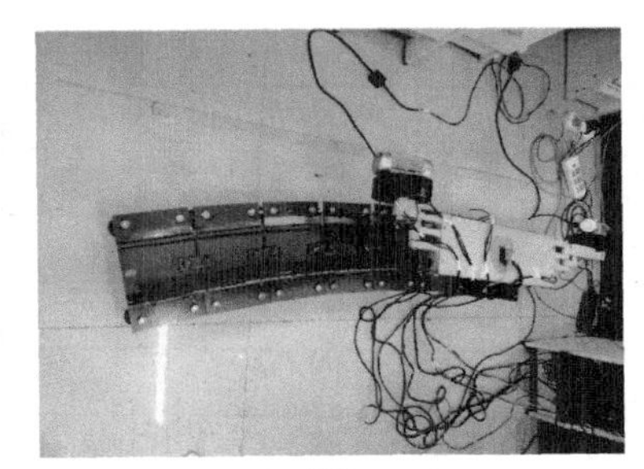

(b) 斜切工况

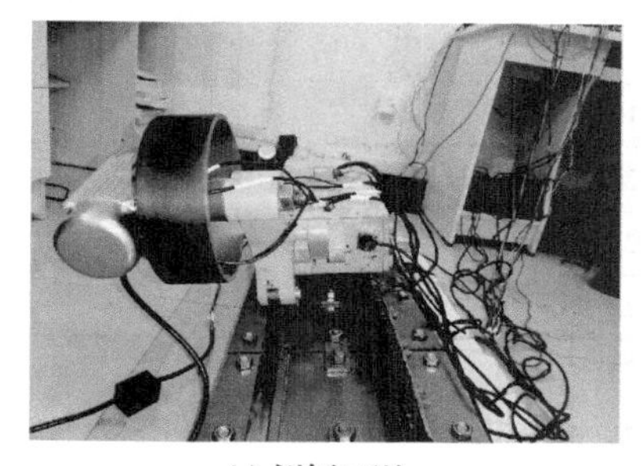

(c) 侧倾工况

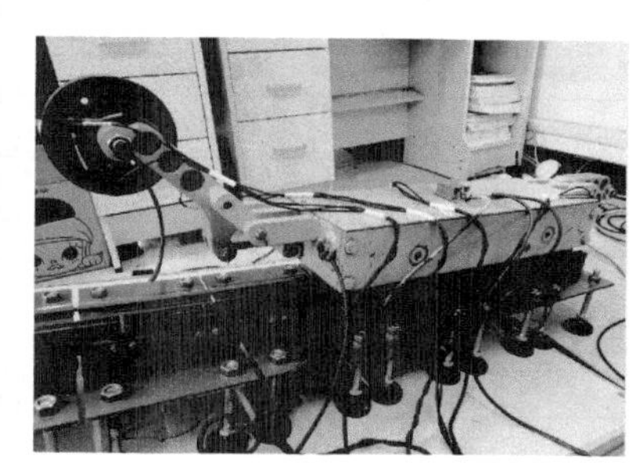

(d) 俯仰工况

图 8-6 各工况示意图

对于速度因素主要将采煤机的牵引速度划分成 6 种，即 10 cm/min、20 cm/min、30 cm/min、40 cm/min、50 cm/min、60 cm/min，依据 MG500/1130 型采煤机在空载时的牵引速度通常为 5~6 m/min，而截割时参照煤岩硬度不同，牵引速度的范围在 1.5~3 m/min，通过表 8-2 的缩放比可确定对应试验的牵引速度范围为 10~60 cm/min。

激励因素主要分为无激励、小激励和大激励 3 种情况，采煤机滚筒载荷激励大小主要依据煤岩硬度，对于 MG500/1130 型采煤机截割煤岩的截割阻抗范围为 $\bar{A}$=210~300 N/mm，滚筒载荷激励范围通常在 60 ~90 kN，参照表 8-2 的缩放比得到试验中激励为 6~9 N。

在 8.2 节中通过正交试验法得到完成整套试验需要至少进行 24 组试验，为了进一步提高试验效率需要优化试验次序，如在考虑摩擦因素影响的对比试验时先进行无煤粉试验，再进行小颗粒煤粉试验，最后进行大颗粒煤粉试验，这里缩短试验前布置时间以及清理时间以提高试验效率，其优化后的试验方案见表 8-5。

表 8-5　试验方案

序号	因素				序号	因素			
	速度	工况	激励	摩擦		速度	工况	激励	摩擦
1	V_1	C_1	E_1	F_1	13	V_2	C_3	E_1	F_2
2	V_3	C_1	E_2	F_1	14	V_6	C_3	E_3	F_2
3	V_4	C_2	E_1	F_1	15	V_1	C_4	E_2	F_2
4	V_5	C_2	E_3	F_1	16	V_3	C_4	E_3	F_2
5	V_1	C_3	E_1	F_1	17	V_4	C_1	E_3	F_3
6	V_3	C_3	E_2	F_1	18	V_5	C_1	E_2	F_3
7	V_4	C_4	E_1	F_1	19	V_2	C_2	E_2	F_3
8	V_5	C_4	E_3	F_1	20	V_6	C_2	E_1	F_3
9	V_2	C_1	E_1	F_2	21	V_4	C_3	E_3	F_3
10	V_6	C_1	E_3	F_2	22	V_5	C_3	E_2	F_3
11	V_1	C_2	E_2	F_2	23	V_2	C_4	E_2	F_3
12	V_3	C_2	E_3	F_2	24	V_6	C_4	E_1	F_3

注：V、C、E、F 分别表示速度、工况、激励、摩擦因素；$V_1 \sim V_6$ 分别表示 10 cm/min、20 cm/min、30 cm/min、40 cm/min、50 cm/min、60 cm/min；$C_1 \sim C_4$ 分别表示正常截割、斜切进刀、侧倾、俯仰；$E_1 \sim E_3$ 分别表示无激励、小激励、大激励；$F_1 \sim F_3$ 分别表示无煤粉、小颗粒、大颗粒。

试验过程：首先依据试验方案布置此次试验的工况环境，如在铲煤板和滑靴上撒煤粉、调节刮板姿态以满足试验工况、预先在单片机上设定好采煤机的牵引速度、在激振器上设定好激振力及激振频率，其次开启激振器、启动采煤机电机，随后启动测试仪开始采集采煤机的振动信号，当采煤机按照方案给牵引速度运行 1 m 后停止采集完成一次试验，为了减少试验误差每组试验进行 5 次重复试验。

8.4　试验结果分析

依次完成 24 个试验方案之后，需对试验结果进行分析，由于完成 24 组试验方案采集数据量庞大，无法一一进行展示分析，因此本文将以方案 1 为例进行分析，图 8-7 和图 8-8 分别为方案 1 中通过传感器测得一组采煤机导向滑靴和平滑靴三向振动加速度时间历程曲线图。

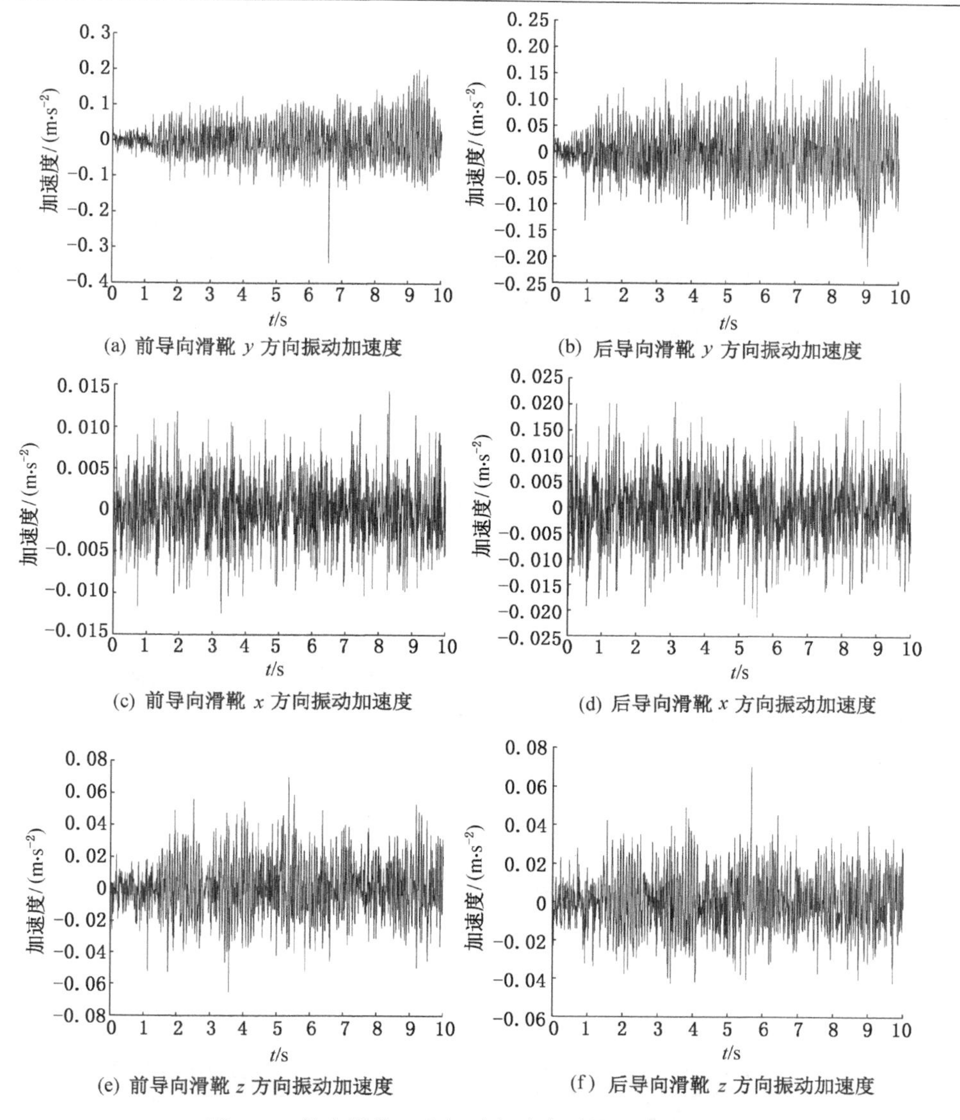

图 8-7 导向滑靴三向振动加速度时间历程曲线图

通过对图 8-7 观察可知前、后导向滑靴在 y 方向振动加速度范围分别为 $-0.3 \sim 0.3$ m/s^2、$-0.25 \sim 0.25$ m/s^2；前、后导向滑靴在 x 方向振动加速度范围分别为 $-0.015 \sim 0.015$ m/s^2、$-0.025 \sim 0.025$ m/s^2；前、后导向滑靴在 z 方向振动加速度范围分别为 $-0.08 \sim 0.08$ m/s^2、$-0.08 \sim 0.08$ m/s^2；导向滑靴在 y 方向上

振动加速度要远大于其他两个方向，前、后导向滑靴在 z 方向振动加速度范围相差不大，x、y 方向振动加速度范围有一定差距。

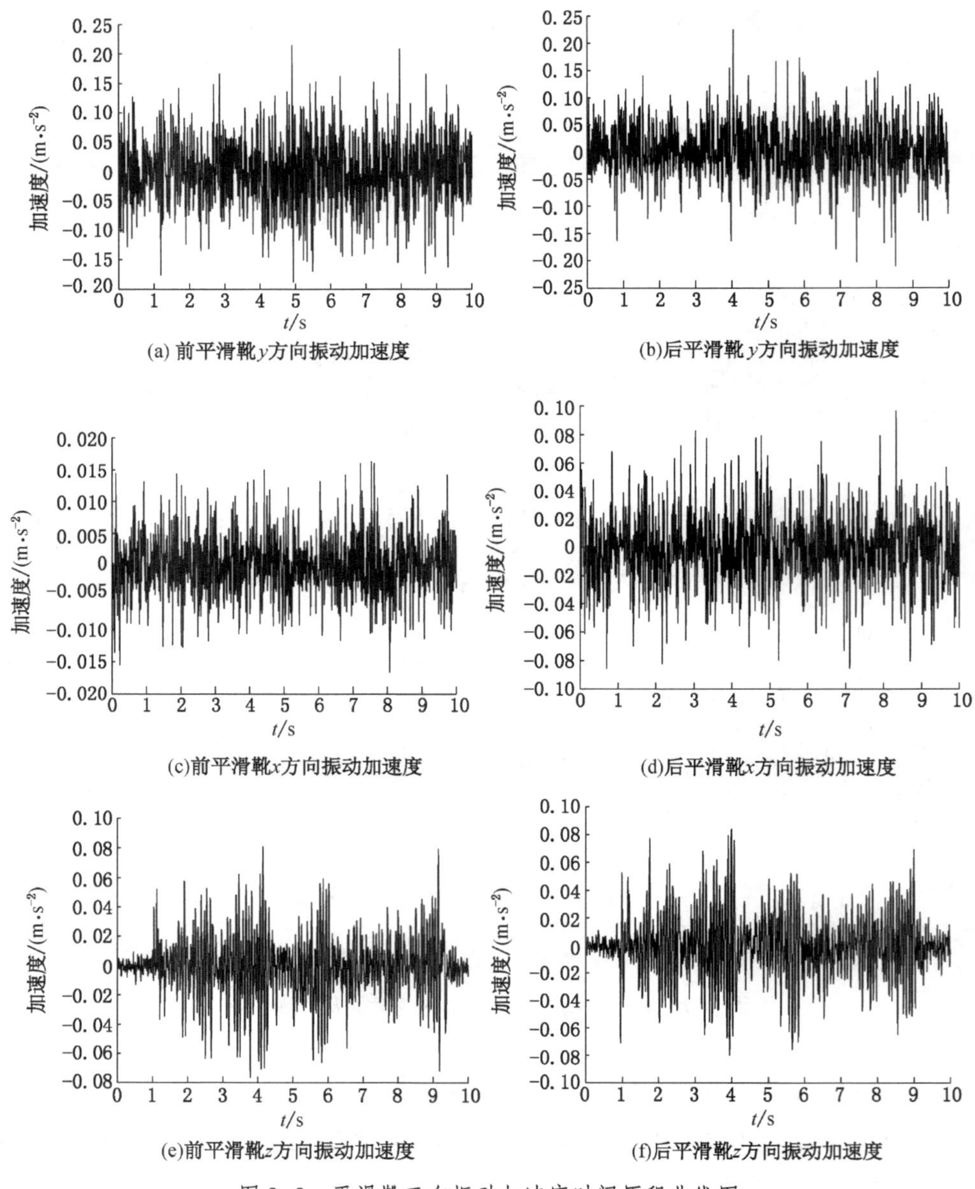

图 8-8　平滑靴三向振动加速度时间历程曲线图

通过对图 8-8 观察可知前、后平滑靴在 y 方向振动加速度范围分别为 $-0.25\sim0.25\ m/s^2$、$-0.25\sim0.25\ m/s^2$；前、后平滑靴在 x 方向振动加速度范围分别为 $-0.2\sim0.2\ m/s^2$、$-0.1\sim0.1\ m/s^2$；前、后平滑靴在 z 方向振动加速度范围分别为 $-0.1\sim0.1\ m/s^2$、$-0.1\sim0.1\ m/s^2$；同样平滑靴在 y 方向上振动加速度要远大于其他两个方向，前、后平滑靴在 y、z 方向上的振动加速度相差不大，但在 x 方向有一定差距。

综合对比图 8-7 和图 8-8 发现导向滑靴和平滑靴在各个方向上的振动范围相差不大，说明方案 1 在牵引速度为 10 cm/min、正常截割、无激励、无煤粉条件下采煤机滑靴振动相对平稳。

为了进一步对采煤机振动信号进行分析，引入评价指标这一概念，振动信号常采用的评价指标有峰值、篇态系数、峰态系数以及裕度系数，其中峰值用来描述信号最大振幅、偏态系数反映信号的不对称程度、峰态系数反映信号偏离平均值的程度、裕度系数反映信号的冲击程度，其表达式分别为

（1）峰值 κ_p：

$$\kappa_p = \max(|x_i|) \tag{8-4}$$

式中 x_i——振动加速度样本数据。

（2）偏态系数 κ_s：

$$\kappa_s = \frac{1}{N}\sum_{i=1}^{N}\frac{(x_i - \bar{x})^3}{\sigma^3} \tag{8-5}$$

式中 $\bar{x}$——振动加速度样本的平均值；

σ——振动加速度样本的标准差。

（3）峰态系数 κ_k：

$$\kappa_k = \frac{\frac{1}{N}\sum_{i=1}^{N}(x_i - \bar{x})^4}{\left[\frac{1}{N}\sum_{i=1}^{N}(x_i - \bar{x})^2\right]^2} - 3 \tag{8-6}$$

（4）裕度系数 κ_f：

$$\kappa_f = \frac{|x_{max}|}{\left(\frac{1}{N}\sum_{i=1}^{N}\sqrt{|x_i|}\right)^2} \tag{8-7}$$

本书将以峰值 κ_p、偏态系数 κ_s、峰态系数 κ_k 和裕度系数 κ_f 作为评价采煤机滑靴振动特性技术指标。在 8.2 节中通过正交试验设计方法构建了 L_{24}（$3^2\times4^1\times6^1$）试验方案，方案包括速度、工况、激励、摩擦 4 种影响因素，针对此类多指

标混合正交试验分析，可采用方差分析法进行研究。

方差分析的具体步骤如下：

（1）计算各因素同一水平同一试验指标之和 T_i、24 组试验方案同一试验指标之和 T 以及各因素同一水平试验同一试验指标的平均数 $\bar{x}$。

（2）计算各因素水平数 k_i、总自由度 n、各因素自由度 d_i、误差自由度 d_e 以及矫正数 ϑ_C，其中矫正数 ϑ_C 表达式为

$$\vartheta_c = \frac{T^2}{n} \tag{8-8}$$

（3）计算总平方和 SS_T、各因素平方和 SS_i 以及误差平方和 SS_e，即

$$\begin{cases} SS_T = \Sigma x_i^2 - \vartheta_c \\ SS_i = \dfrac{\Sigma T_i^2}{k_i - \vartheta_c} \\ SS_e = SS_T - \Sigma SS_i \end{cases} \tag{8-9}$$

（4）计算各因素均方 MS_i 以及误差均方 MS_e，即

$$\begin{cases} MS_i = \dfrac{SS_i}{d_i} \\ MS_e = \dfrac{SS_e}{d_e} \end{cases} \tag{8-10}$$

（5）计算得到样本的 F_i 值，与 90% 置信区间的 F 检验值 $F_{0.01(d_i,d_e)}$ 进行对比，判定各影响因素的显著性。

$$F_i = \frac{MS_i}{MS_e} \tag{8-11}$$

$$F_{0.01(d_i,\ d_e)} = G^{-1}(0.01,\ d_i,\ d_e) \tag{8-12}$$

式中，$G(0.01,\ d_i,\ d_e) = \displaystyle\int_0^{0.01} \frac{\Gamma\left(\frac{d_i + d_e}{2}\right)}{\Gamma\left(\frac{d_i}{2}\right)\Gamma\left(\frac{d_e}{2}\right)} \left(\frac{d_i}{d_e}\right)^{\frac{d_i}{2}} \frac{t^{\frac{d_i-2}{2}}}{\left[1 + \left(\frac{d_i}{d_e}\right)t\right]^{\frac{d_i+d_e}{2}}} \mathrm{d}t$，$\Gamma(x)$ 为伽马函数。

通过计算得到以峰值 κ_p、偏态系数 κ_s、峰态系数 κ_k 和裕度系数 κ_f 4 种技术指标的 F 检验值的分布直方图，如图 8-9~图 8-12 所示。

通过对图 8-9 分析可知，牵引速度因素对前导向滑靴 y、z、x 方向的振动加

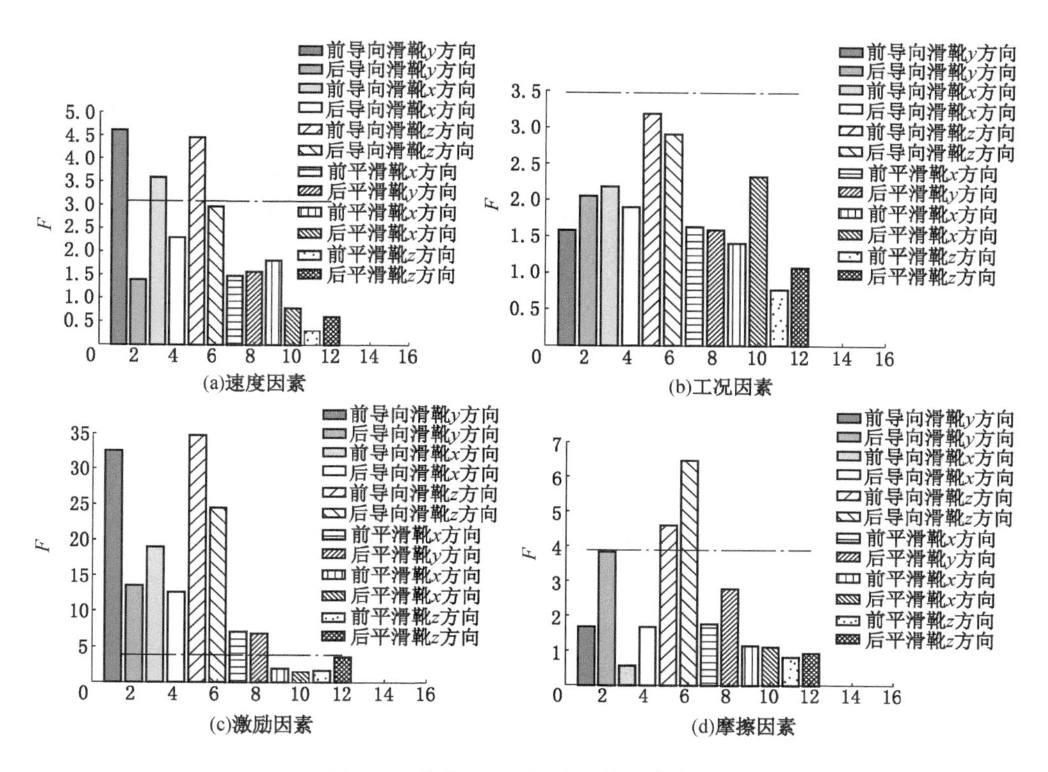

图 8-9 峰值 κ_p 指标的 F 检验直方图

速度峰值有显著影响；工况因素对前后导向滑靴以及前后平滑靴的 3 个方向振动加速度峰值均没有显著影响；激励因素对前后平滑靴 x、z 方向上振动加速度峰值没有显著影响之外，对于其他方向均有显著影响；摩擦因素对前后导向滑靴的 z 方向振动加速度峰值有显著影响。

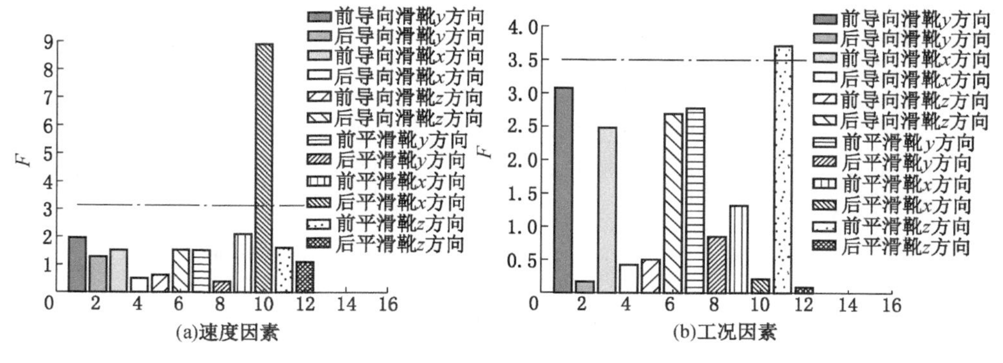

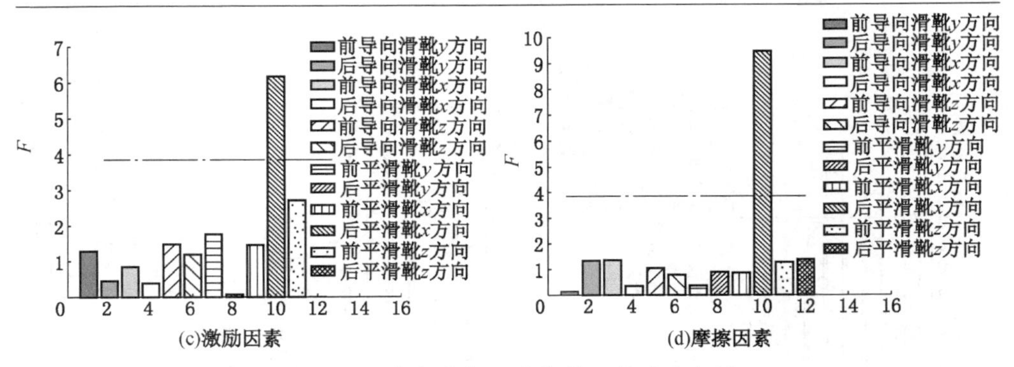

图 8-10 偏态系数 κ_s 指标的 F 检验直方图

通过对图 8-10 分析可知，牵引速度因素对后平滑靴 x 方向的振动加速度偏态系数有显著影响；工况因素对前平滑靴 z 方向振动加速度偏态系数有显著影响；激励因素对后平滑靴 x 方向上振动加速度偏态系数有显著影响；摩擦因素对后平滑靴的 x 方向振动加速度偏态系数有显著影响。

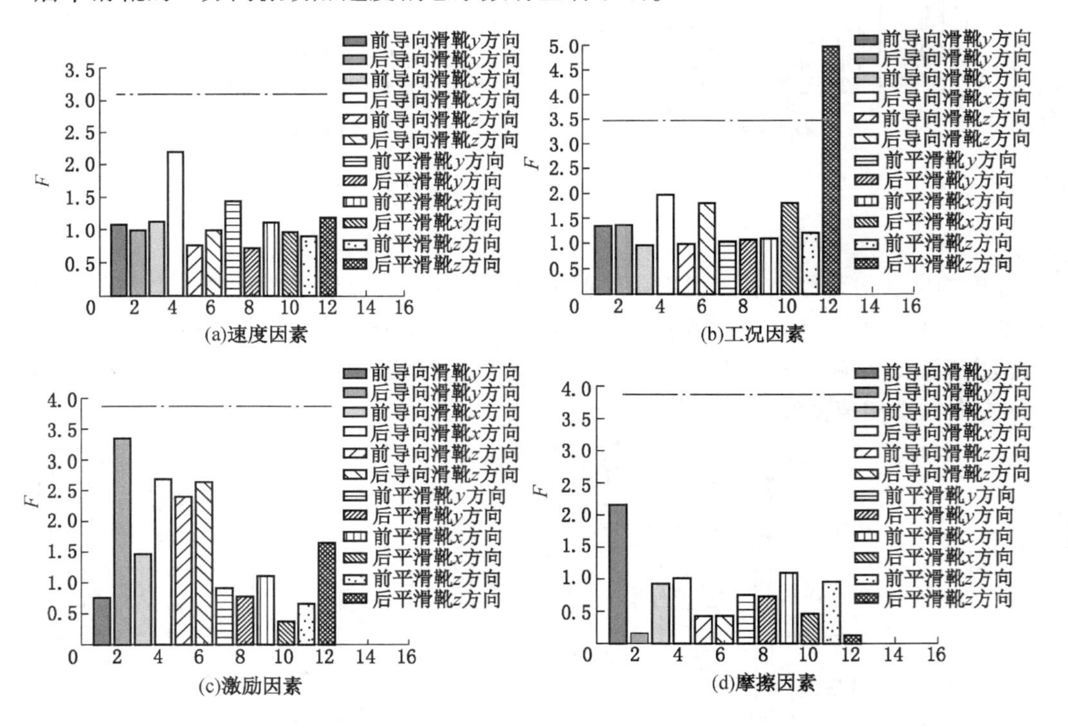

图 8-11 峰态系数 κ_k 指标的 F 检验直方图

通过对图 8-11 分析可知，牵引速度因素对导向滑靴以及平滑靴各个方向的振动加速度峰态系数没有显著影响；工况因素仅对后平滑靴 z 方向振动加速度峰态系数有显著影响；激励因素对导向滑靴以及平滑靴各个方向上的振动加速度峰态系数没有显著影响；摩擦因素对导向滑靴以及平滑靴各个方向振动加速度峰态系数没有显著影响。

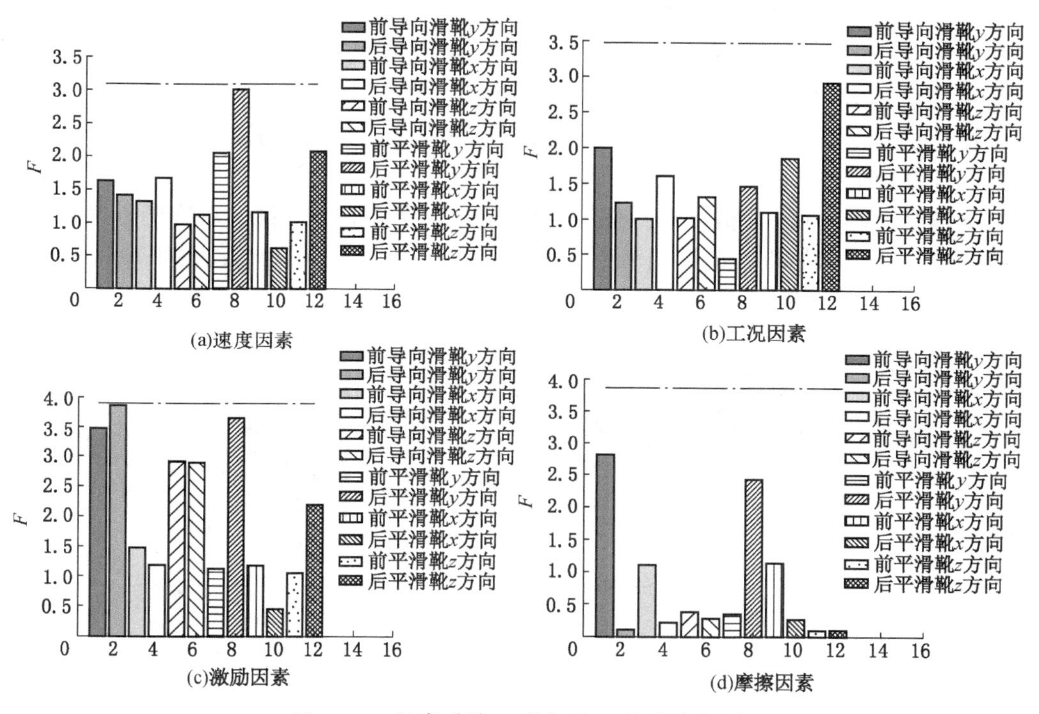

图 8-12 裕度系数 κ_f 指标的 F 检验直方图

通过对图 8-12 分析可知，牵引速度因素对导向滑靴以及平滑靴各个方向的振动加速度裕度系数没有显著影响；工况因素对导向滑靴以及平滑靴各个方向振动加速度裕度系数没有显著影响；激励因素对导向滑靴以及平滑靴各个方向上的振动加速度裕度系数没有显著影响；摩擦因素对导向滑靴以及平滑靴各个方向振动加速度裕度系数没有显著影响。

8.5 理论与试验对比分析

为了验证本文构建的理论模型正确性，将理论结果与试验数据进行对比，由于试验测试模型进行了比例缩放，与仿真结果进行对比时试验数据需要依照表8-2放大。测试时对滑靴的3个方向的振动加速度均进行了测量，但是y方向（垂直方向）的振动加速度最大且最为主要，因此对比分析过程中主要考虑y方向的振动加速度。

8.5.1 正常工况条件下理论与试验对比

设置参数，采煤机的滚筒转速为32 r/min、牵引速度为5 m/min、截割深度为0.8 m、煤岩截割阻抗$\bar{A}=210$ N/mm，采煤机的前摇臂举升角$\varphi_f=30°$，后摇臂的举升角$\varphi_b=-15°$，与表8-5中试验方案18（V_5、C_1、E_2、F_3）在滑靴y方向上振动加速度进行对比，得到正常截割工况下理论结果与试验结果对比曲线图，如图8-13所示。

通过对图8-13分析可知，理论结果与试验结果基本一致，在峰值方面理论结果要小于试验结果，前导向滑靴的峰值误差最大，为14.36%；前平滑靴的峰

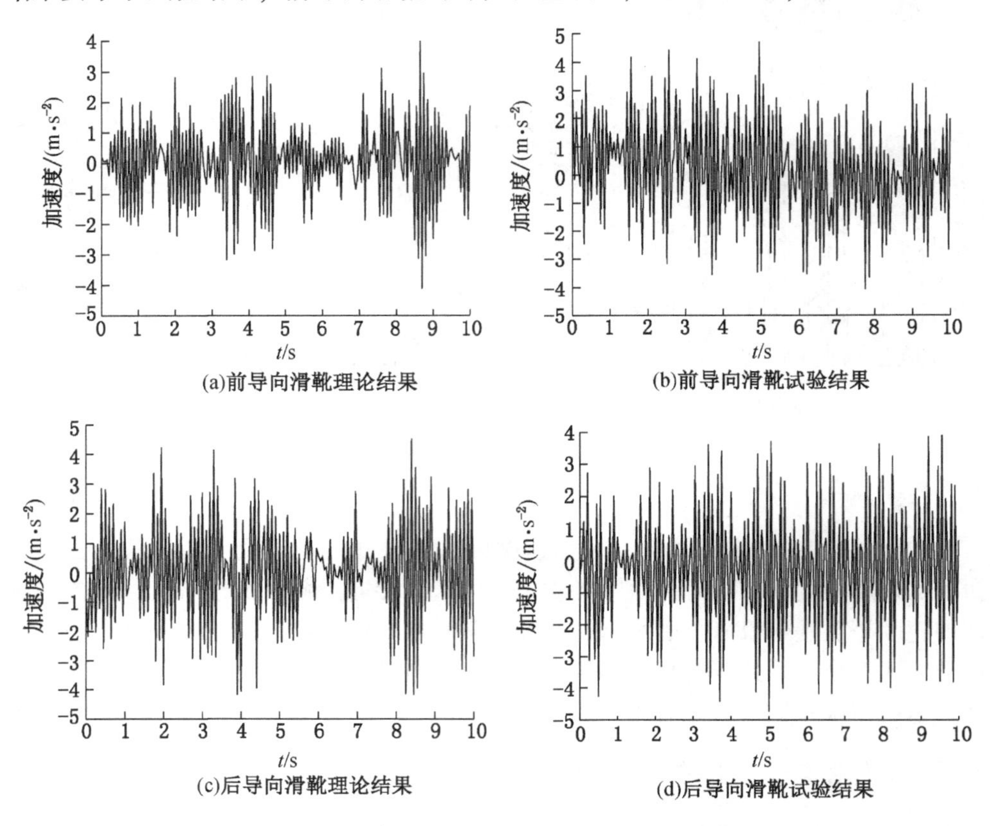

(a)前导向滑靴理论结果

(b)前导向滑靴试验结果

(c)后导向滑靴理论结果

(d)后导向滑靴试验结果

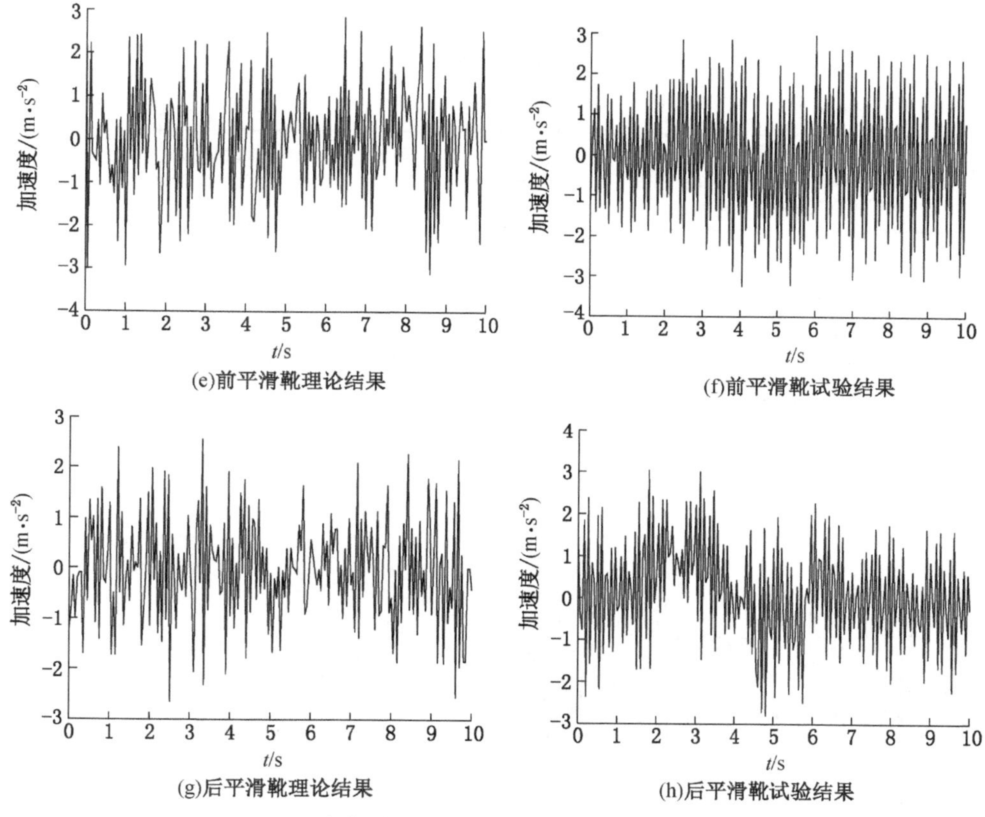

图 8-13 正常截割工况下理论结果与试验结果对比曲线图

值误差最小，为 4.15%。在裕度方面理论结果要略大于试验结果，前平滑靴的裕度误差最大，为 14.94%；后平滑靴的裕度误差最小，为 1.90%。整体误差小于 15%，详见表 8-6。

表 8-6 正常截割工况下试验结果与理论结果对比表

项目	前导向滑靴	后导向滑靴	前平滑靴	后平滑靴
试验峰值/($m\cdot s^{-2}$)	4.70	4.74	3.26	3.04
理论峰值/($m\cdot s^{-2}$)	4.11	4.54	3.13	2.66
峰值误差/%	14.36	4.41	4.15	14.29

表 8-6（续）

项目	前导向滑靴	后导向滑靴	前平滑靴	后平滑靴
试验裕度	3.77	3.73	2.79	3.09
理论裕度	4.07	3.88	3.28	3.15
裕度误差/%	7.37	3.87	14.94	1.90

8.5.2 俯仰工况条件下理论与试验对比

设置参数，采煤机的滚筒转速为 32 r/min、牵引速度为 1 m/min、截割深度为 0.8 m、煤岩截割阻抗 $\bar{A}=210$ N/mm，采煤机的前摇臂举升角 $\varphi_f=30°$，后摇臂的举升角 $\varphi_b=-15°$，俯仰角 $\alpha=10°$，与表 8-5 中试验方案 15（V_1、C_4、E_2、F_2）在滑靴 y 方向上振动加速度进行对比，得到俯仰截割工况下理论结果与试验结果对比曲线图，如图 8-14 所示。

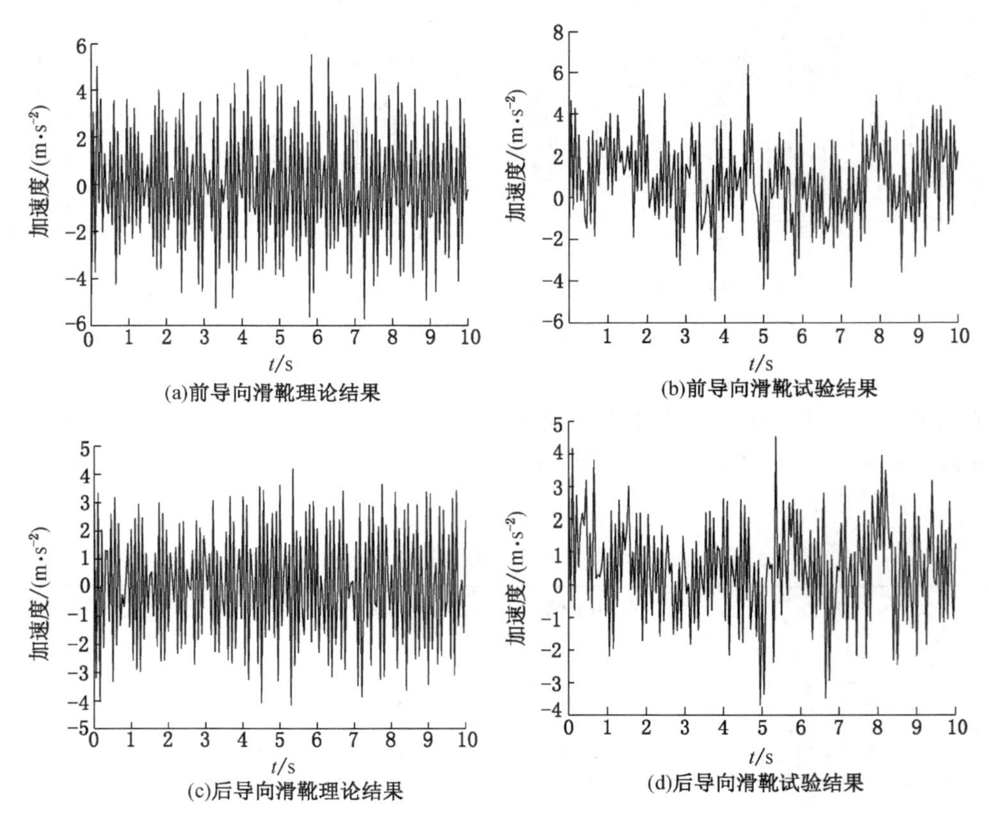

(a)前导向滑靴理论结果 (b)前导向滑靴试验结果

(c)后导向滑靴理论结果 (d)后导向滑靴试验结果

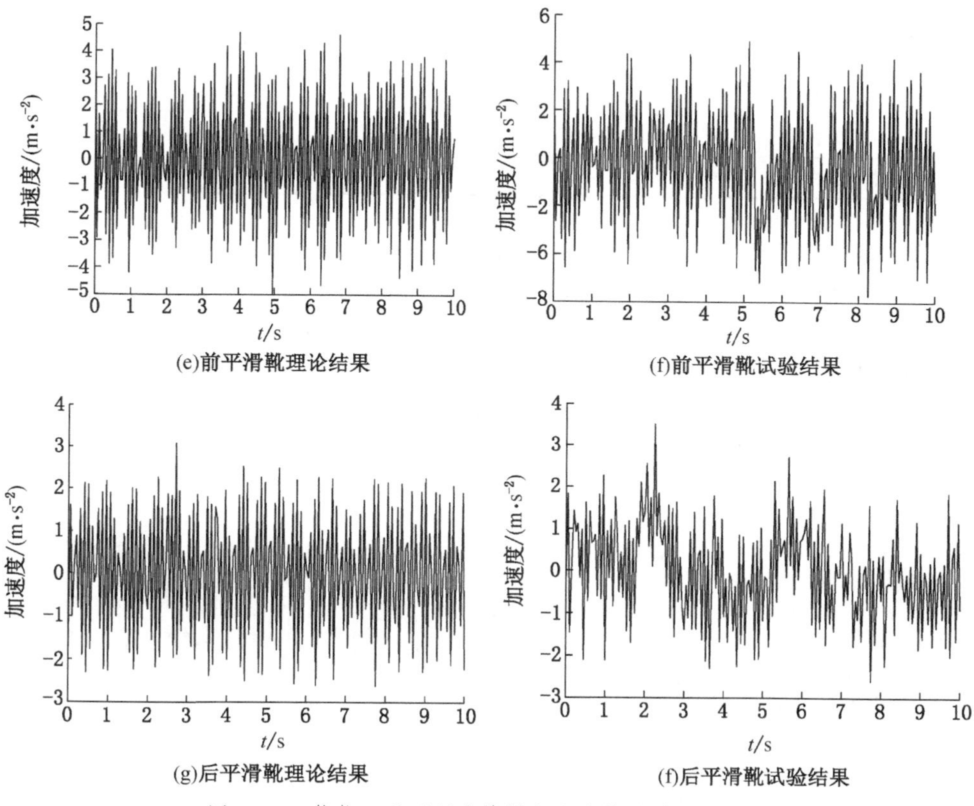

图 8-14　俯仰工况下理论结果与试验结果对比曲线图

通过对图 8-14 分析可知，理论结果与试验结果基本一致，在峰值方面理论结果要小于试验结果，前平滑靴的峰值误差最大，为 14.77%；后导向滑靴的峰值误差最小，为 7.60%。在裕度方面理论结果要略小于试验结果，前平滑靴的裕度误差最大，为 14.70%；后平滑靴的裕度误差最小，为 1.07%。整体误差小于 15%，详见表 8-7。

表 8-7　俯仰工况下试验结果与理论结果对比表

项目	前导向滑靴	后导向滑靴	前平滑靴	后平滑靴
试验峰值/($m\cdot s^{-2}$)	6.37	4.53	5.75	3.52
理论峰值/($m\cdot s^{-2}$)	5.73	4.21	5.01	3.09
峰值误差/%	11.17	7.60	14.77	13.92

表 8-7（续）

项目	前导向滑靴	后导向滑靴	前平滑靴	后平滑靴
试验裕度	4.96	4.36	3.98	3.78
理论裕度	4.34	4.15	3.47	3.74
裕度误差/%	14.29	5.06	14.70	1.07

8.5.3 侧倾工况条件下理论与试验对比

设置参数，采煤机的滚筒转速为 32 r/min、牵引速度为 5 m/min、截割深度为 0.8 m、煤岩截割阻抗 $\bar{A}=210$ N/mm，采煤机的前摇臂举升角 $\varphi_f=30°$，后摇臂的举升角为 $\varphi_b=-15°$，侧倾角 $\beta=10°$，与表 8-5 中试验方案 22［（V_5、C_3、E_2、F_3)］在滑靴 y 方向上振动加速度进行对比，得到侧倾截割工况下理论结果与试验结果对比曲线，如图 8-15 所示。

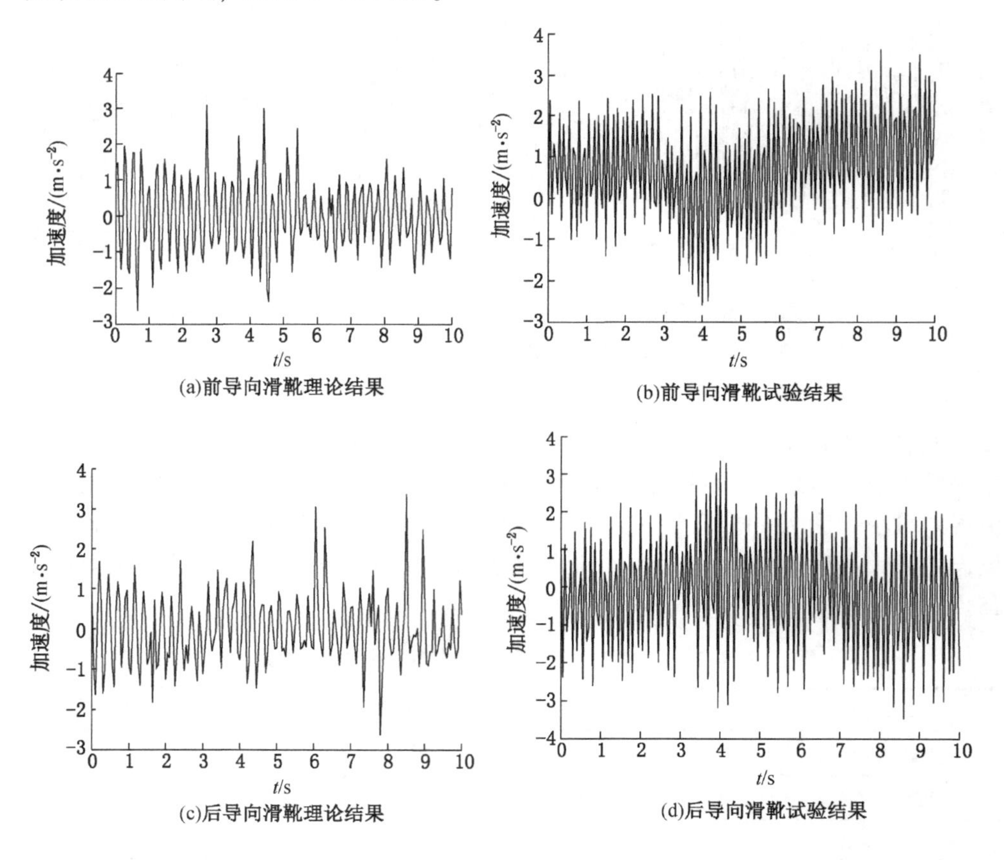

(a)前导向滑靴理论结果　(b)前导向滑靴试验结果

(c)后导向滑靴理论结果　(d)后导向滑靴试验结果

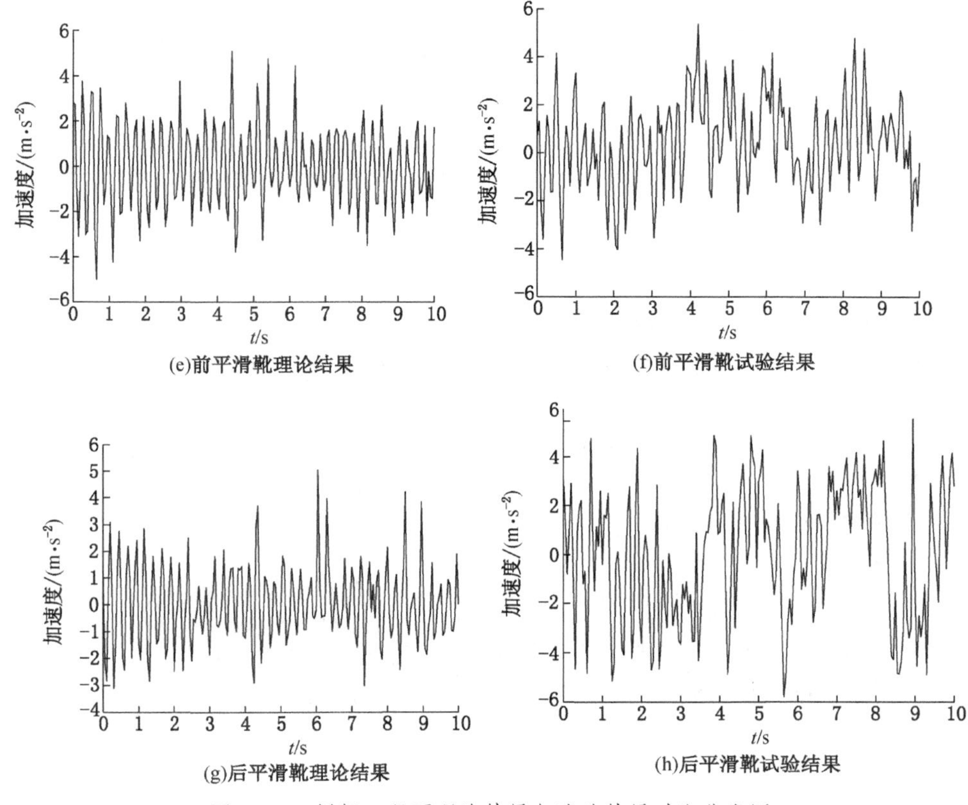

图 8-15 侧倾工况下理论结果与试验结果对比曲线图

通过对图 8-15 分析可知，理论结果与试验结果基本一致，在峰值方面理论结果要小于试验结果，前导向滑靴的峰值误差最大，为 17.15%；后导向滑靴的峰值误差最小为 2.67%。在裕度方面导向滑靴的理论结果要略大于试验结果，平滑靴的理论裕度略小于实际裕度，后导向的裕度误差最大，为 9.97%；后平滑靴的裕度误差最小，为 6.06%，整体误差小于 20%，详见表 8-8。

表 8-8 侧倾工况下试验结果与理论结果对比表

项目	前导向滑靴	后导向滑靴	前平滑靴	后平滑靴
试验峰值/($m \cdot s^{-2}$)	3.62	3.46	5.38	5.82
理论峰值/($m \cdot s^{-2}$)	3.09	3.37	5.11	5.05

表 8-8（续）

项目	前导向滑靴	后导向滑靴	前平滑靴	后平滑靴
峰值误差/%	17.15	2.67	5.28	15.25
试验裕度	3.44	2.98	4.94	4.90
理论裕度	3.67	3.31	4.52	4.62
裕度误差/%	6.27	9.97	9.29	6.06

8.5.4 斜切工况条件下理论与试验对比

设置参数，采煤机的滚筒转速为 32 r/min、牵引速度为 1 m/min、截割深度为 0.8 m、煤岩截割阻抗 $\bar{A}=210$ N/mm，采煤机的前摇臂举升角 $\varphi_f=30°$，后摇臂的举升角为 $\varphi_b=-15°$，摆角 $\gamma=5°$，与表 8-5 中试验方案 11（V_1、C_2、E_2、F_2）在滑靴 y 方向上振动加速度进行对比，得到斜切截割工况下理论结果与试验结果对比曲线图，如图 8-16 所示。

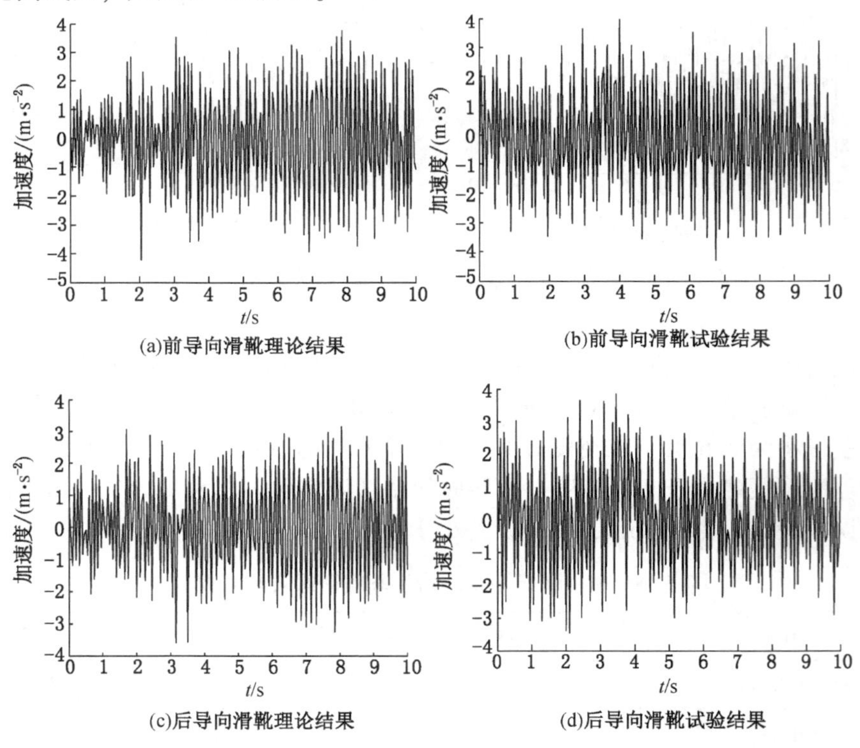

(a)前导向滑靴理论结果　(b)前导向滑靴试验结果

(c)后导向滑靴理论结果　(d)后导向滑靴试验结果

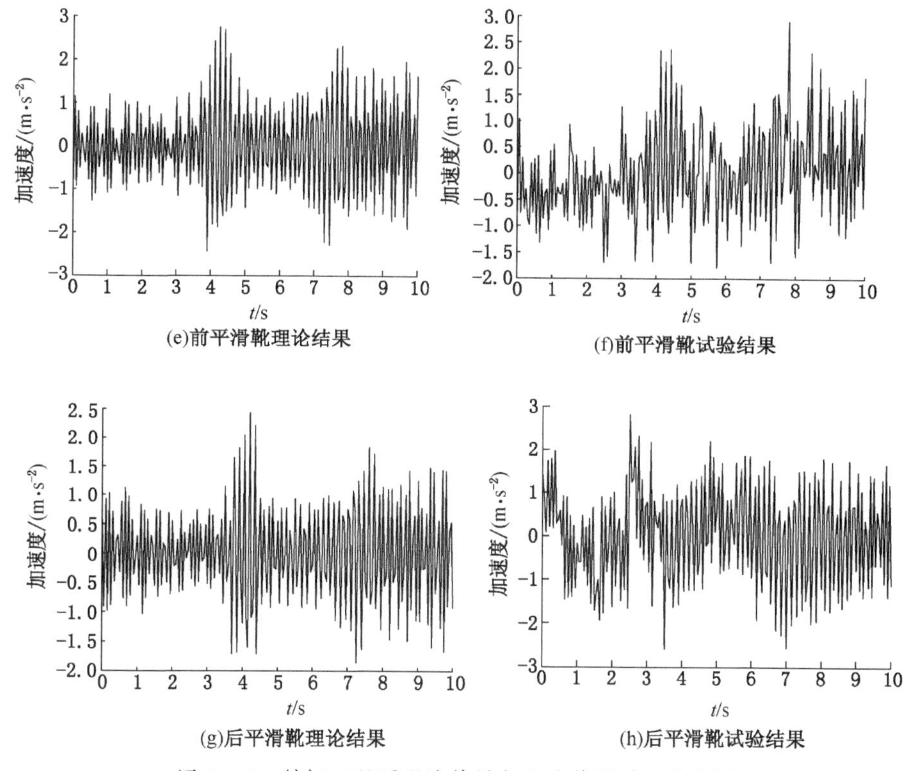

图 8-16 斜切工况下理论结果与试验结果对比曲线图

通过对图 8-16 分析可知，理论结果与试验结果基本一致，在峰值方面理论结果要小于试验结果，后平滑靴的峰值误差最大，为 15.57%，前导向滑靴的峰值误差最小，为 1.63%。在裕度方面平滑靴理论结果要略小于试验结果，前平滑靴的裕度误差最大，为 10.64%；后平滑靴的裕度误差最小，为 1.02%。整体误差小于 15%，详见表 8-9。

表 8-9 斜切工况下试验结果与理论结果对比表

项目	前导向滑靴	后导向滑靴	前平滑靴	后平滑靴
试验峰值/($m\cdot s^{-2}$)	4.30	3.87	2.91	2.82
理论峰值/($m\cdot s^{-2}$)	4.23	3.60	2.75	2.44
峰值误差/%	1.65	7.50	5.82	15.57

表 8-9（续）

项目	前导向滑靴	后导向滑靴	前平滑靴	后平滑靴
试验裕度	3.20	3.16	3.95	3.98
理论裕度	3.35	3.07	3.57	3.94
裕度误差/%	4.48	2.93	10.64	1.02

附录　变 量 注 释 表

σ_s	材料屈服强度，MPa
P_a	黏着力，N
P_f	犁沟力，N
S_a	黏着面，m^2
S_f	犁沟面，m^2
τ_b	黏着节点的剪切强度，Pa
p_f	单位面积上的犁沟力，Pa
S_{gu}	导向滑靴上端面
S_{gb}	导向滑靴下端面
S_{gr}	导向滑靴右端面
S_{gl}	导向滑靴左端面
S_{su}	销排上端面
S_{sb}	销排下端面
S_{sr}	销排右端面
S_{sl}	销排左端面
α	俯仰角，(°)
β	侧倾角，(°)
γ	摆角，(°)
δ	两个销排之间间隙，m

E_g	导向滑靴材料的弹性模量，Pa
ν_g	导向滑靴材料的泊松比
u_p、u_z	径向、法向位移量，m
σ_p、σ_φ、σ_z	径向、周向、法向正应力，Pa
τ_{zp}	切应力，Pa
S_{ps}	平滑靴侧端面
S_{pb}	平滑靴下端面
S_{cs}	铲煤板侧端面
S_{cb}	铲煤板下端面
a_{c1}	滑靴与煤粉颗粒间的接触半径，m
a_{c2}	导轨与煤粉颗粒间的接触半径，m
E_1^*	滑靴与煤粉颗粒间的等效弹性模量，Pa
E_2^*	导轨与煤粉颗粒间的等效弹性模量，Pa
r_c	煤粉颗粒半径，m
f_1	滑靴与煤粉颗粒间的作用力，N
f_2	导轨与煤粉颗粒间的作用力，N
δ_1	滑靴与煤粉颗粒间的压陷深度，m
δ_2	导轨与煤粉颗粒间的压陷深度，m
$\bar{r}_c$	煤粉颗粒半径均值，m
$\bar{z}_c$	接触表面轮廓高度的均值，m
R_a	接触表面粗糙度
δ_c	粗糙峰的压陷深度，m

E'	滑靴与导轨间粗糙峰的等效弹性模量，Pa
R	粗糙峰的曲率半径，m
R_d、R_r	驱动轮、齿轨轮的基圆半径，m
J_d、J_r	驱动轮、齿轨轮的转动惯量，kg·m^2
k_{m1}、k_{m2}	驱动轮—齿轨轮间的啮合刚度、齿轨轮—销排的啮合刚度，N/m
θ_d、θ_r	驱动轮、齿轨轮的转角，rad
c_{m1}、c_{m2}	驱动轮—齿轨轮间的阻尼系数、齿轨轮—销排的阻尼系数
T_d	作用在齿轮上的驱动力矩，N·m
e_1、e_2	驱动轮—齿轨轮间的传递误差、齿轨轮—销排间的传递误差
F	销排上的作用力，N
x_s	销排的相对位移，m
m_s	销排质量，kg
α_m	驱动轮的啮合角，rad
R'_d、R'_r	驱动轮、齿轨轮的曲率半径，m
E^*_{m1}	驱动轮与齿轨轮间的等效弹性模量，Pa
ν_d、ν_r	驱动轮、齿轨轮材料的泊松比
E_d、E_r	驱动轮、齿轨轮材料的弹性模量，Pa
E^*_{m2}	销排与齿轨轮间的等效弹性模量，Pa
E_r、E_s	齿轨轮、销排材料的弹性模量，Pa
ν_r、ν_s	齿轨轮、销排材料的泊松比
m_d、m_r	驱动轮、齿轨轮的质量，kg
k_d、k_r	驱动轮、齿轨轮轴承的支撑刚度，N/m

c_d、c_r　驱动轮、齿轨轮轴承阻尼，N·s/m

m_c　铲煤板质量，kg

m_p　平滑靴质量，kg

m_g　导向滑靴质量，kg

R_{fx}、R_{fy}、R_{fz}　前滚筒在侧向方向、垂直方向、牵引方向的载荷，N

R_{bx}、R_{by}、R_{bz}　后滚筒在侧向方向、垂直方向、牵引方向的载荷，N

l_a　摇臂长度，m

φ_f、φ_b　前、后摇臂举升角，(°)

k_{xofa}、k_{yofa}、k_{zofa}　前摇臂与机身在 x、y、z 方向上的连接刚度，N/m

c_{xofa}、c_{yofa}、c_{zofa}　前摇臂与机身在 x、y、z 方向上的阻尼，N·s/m

k_{xoba}、k_{yoba}、k_{zoba}　后摇臂与机身在 x、y、z 方向上的连接刚度，N/m

c_{xoba}、c_{yoba}、c_{zoba}　后摇臂与机身在 x、y、z 方向上的阻尼，N·s/m

k_{xofg}、k_{yofg}、k_{zofg}　前导向滑靴与机身在 x、y、z 方向上的连接刚度，N/m

c_{xofg}、c_{yofg}、c_{zofg}　前导向滑靴与机身在 x、y、z 方向上的阻尼，N·s/m

k_{xobg}、k_{yobg}、k_{zobg}　后导向滑靴与机身在 x、y、z 方向上的连接刚度，N/m

c_{xobg}、c_{yobg}、c_{zobg}　后导向滑靴与机身在 x、y、z 方向上的阻尼，N·s/m

k_{xofp}、k_{yofp}、k_{zofp}　前平滑靴与机身在 x、y、z 方向上的连接刚度，N/m

c_{xofp}、c_{yofp}、c_{zofp}　前平滑靴与机身在 x、y、z 方向上的阻尼，N·s/m

k_{xobp}、k_{yobp}、k_{zobp}　后平滑靴与机身在 x，y，z 方向上的接触刚度，N/m

c_{xobp}、c_{yobp}、c_{zobp}　后平滑靴与机身在 x、y、z 方向上的阻尼，N·s/m

f_{fg}、f_{bg}　前、后导向滑靴所受摩擦力，N

f_{fp}、f_{bp}　前、后平滑靴所受摩擦力，N

k_{fgx}、k_{fgy}	前导向滑靴与销排在 x、y 方向上的接触刚度，N/m
c_{fgx}、c_{fgy}	前导向滑靴与销排在 x、y 方向上的阻尼，N·s/m
k_{bgx}、k_{bgy}	后导向滑靴与销排在 x、y 方向上的接触刚度，N/m
c_{bgx}、c_{bgy}	后导向滑靴与销排在 x、y 方向上的阻尼，N·s/m
k_{fpx}、k_{fpy}	前平滑靴与铲煤板在 x、y 方向上的接触刚度，N/m
c_{fpx}、c_{fpy}	前平滑靴与铲煤板在 x、y 方向上的阻尼，N·s/m
k_{bpx}、k_{bpy}	后平滑靴与铲煤板在 x、y 方向上的接触刚度，N/m
c_{bpx}、c_{bpy}	后平滑靴与铲煤板在 x、y 方向上的阻尼，N·s/m
m_o	机身质量，kg
m_{fg}	前导向滑靴质量，kg
m_{bg}	后导向滑靴质量，kg
m_{fp}	前平滑靴质量，kg
m_{bp}	后平滑靴质量，kg
m_{fa}	前摇臂质量，kg
m_{ba}	后摇臂质量，kg
l_o	机身长度，m
h_o	机身高度，m
w_o	机身宽度，m
L_s、M_s、T_s	原始长度、质量、时间
L_r、M_r、T_r	缩放后的长度、质量、时间
a_L、a_M、a_T	对应的长度、质量、时间的缩放比
ρ_r	缩放后密度，kg/m^3

a_ρ	对应的密度缩放比
κ_p	峰值
κ_s	偏态系数
κ_k	峰态系数
κ_f	裕度系数

参 考 文 献

[1] 彭苏萍. 煤炭资源强国战略研究 [M]. 北京：科学出版社，2018.

[2] 谢和平，王金华，王国法，等. 煤炭革命新理念与煤炭科技发展构想 [J]. 煤炭学报，2018，43 (5)：1187-1197.

[3] 中华人民共和国国家统计局. 2017 年 12 月份能源生产情况 [EB/OL]. (2018-01-18) [2018-01-20] http：www. stats. gov. cn/tjsj/zxfb/201801/t20180118_1574957. html.

[4] Chandar K R, Hegde C, Yellishetty M, et al. Classification of Stability of Highwall During Highwall Mining: A Statistical Adaptive Learning Approach [J]. Geotechnical and Geological Engineering, 2014, 33 (3): 1-11.

[5] Tumac D, Bilgin N, Feridunoglu C, et al. Estimation of Rock Cuttability from Shore Hardness and Compressive Strength Properties [J]. Rock Mechanics and Rock Engineering, 2007, 40 (5): 477-490.

[6] 张军辉. 我国煤矿采煤机的研制回顾现状以及发展 [J]. 煤矿机械，2008，29 (3)：1-2.

[7] 王大川，于利洋. 滚筒采煤机的工作原理分析 [J]. 科技资讯，2012 (7)：89.

[9] 杨志军. 采煤机导向滑靴失效的力学分析 [J]. 科技信息，2009 (29)：499-500.

[10] 王淑平. 大型采煤机滑靴磨损机理分析 [J]. 煤矿机械，2010 (9)：71-73.

[11] 刘骅利. 外源第三体对材料摩擦性能的影响 [D]. 大连：大连交通大学，2012.

[12] Wang W, Liu X, Liu K, et al. Experimental study on the tribological properties of powder lubrication underplane contact [J]. Tribology Transactions, 2010, 53 (2): 274-279.

[13] Wang W, Liu X, Xie T, et al. Effects of sliding velocity and normal load on tribological characteristics inpowder lubrication [J]. Tribology Letters, 2011, 43 (2): 213-219.

[14] Yang B, Wang W, Liu K, et al. Observation and analysis of micro-behavior characteristics and elementcontents during boundary layer evolution under powder particulate lubrication [J]. Tribology Letters, 2016, 64 (1): 2.

[15] Iordanoff I, Khonsari M M. Granular lubr ication: toward an understanding of the transition between kinetic and quasi-fluid regime [J]. Journal of Tribology, 2004, 126 (1): 137-145.

[16] Wornyoh E Y A, III C F H. An asperity-based fractional coverage model for transfer films on a tribological surface [J]. Wear, 2011, 270 (3-4): 127-139.

[17] Horng J H, Wei C C, Tsai H J, et al. A study of surface friction and particle friction between rough surfaces [J]. Wear, 2009, 267 (5-8): 1257-1263.

[18] 朱桂庆，王伟，刘焜. 基于 FEM-DEM 的三体摩擦界面中接触行为与应力的多尺度分析 [J]. 应用力学学报，2013，(3)：316-321.

[19] Wang W, Liu Y, Zhu G, et al. Using FEM—DEM coupling method to study three-body friction behavior [J]. Wear, 2014, 318 (1-2): 114-123.

[20] Meng F, Liu K, Tang Z, et al. Multiscale mechanical research in a dense granular system be-

tween sheared parallel plates [J]. Physica Scripta, 2014, 89 (10): 57-65.

[21] Meng F, Liu K, Wang W. The force chains and dynamic states of granular flow lubrication [J]. Tribology Transactions, 2015, 58 (1): 70-78.

[22] Cao H P, Renouf M. Coupling continuous and discontinuous descriptions to model first body deformation in third body flows [J]. Journal of tribology ASME, 2011, 133 (4): 41-61.

[23] 周健，邓益兵，贾敏才，等. 基于颗粒单元接触的二维离散-连续耦合分析方法 [J]. 岩土工程，2010 32 (10): 1479-1484.

[24] 李锡夔，万柯. 颗粒材料多尺度分析的连接尺度方法 [J]. 力学学报，2010, 42 (5): 889-900.

[25] Zhou L, Meng Y Z. An approach to combining 3D discrete and finiteelement method based on penalty function method [J]. Computational mechanics, 2010, 46 (4): 609-619.

[26] Wellmann C, Wriggers P. A two-scale model of granular materials [J]. Computer methods in applied mechanics and engineering, 2012, 25 (8): 46-58.

[27] Lei Y J, Leng Y S. Stick-slip friction and energy dissipation in boundary lubrication [J]. Physical Review Letters, 2011, 107 (14): 47-58.

[28] Capozza R, Rubinstein S M, Barel I, et al. Stabilizing stick-slip friction [J]. Physical Review Letters, 2011, 107 (2): 24-31.

[29] 刘丽兰，刘宏昭，吴子英，等. 可变法向压力对质量-带系统的粘滑运动的分析 [J]. 西安理工大学学报，2010, 26 (1): 20-25.

[30] Hulten J. Brake squeal-a self-exciting mechanism withconstant friction [R]. SAE Technical Paper, 1993: 93-96.

[31] Hulten J. Friction phenomena related to drum brake squeal instabilities [C]. ASME Design Engineering Technical Conferences , Sacramento: ASME, 1997: 588-596.

[32] Byerlee J D. The mechanics of stick-slip [J]. Tectonophysics, 1970, 9 (5): 475-486.

[33] Gao C, Kuhlmann-Wilsdorf D, Makel D. The dynamic analysis of stick-slip motion [J]. Wear, 1994, 173 (1-2): 1-12.

[34] 吴圣庄. 机床爬行理论的分析及防爬设计 [J]. 吉林工业大学学报，1983 (2): 149-161.

[35] 刘丽兰，刘宏昭，吴子英，等. 机械系统中摩擦模型的研究进展 [J]. 力学进展，2008, 38 (2): 201-213.

[36] Awrejcewicz J, Olejnik P. Analysis of dynamic systems with various friction laws [J]. Applied Mechanicsreviews, 2005, 58: 389-410.

[37] Segalman D J. Modeling joint friction in structural dynamics [J]. Structural Control and Health Monitoring, 2006, 13 (1): 430-453.

[38] Liu C S, Chang W T. Frictional behavior of a belt-driven and periodically excited oscillator [J]. Journal of Sound and Vibration, 2002, 258 (2): 247- 268.

[39] Andreaus U, Casini P. Dynamics of friction oscillators excited by a moving base and / or driv-

ing force [J]. Journal of Sound and Vibration, 2001, 245 (4): 685-699.
[40] Duan C, Singh R. Dynamics of a 3dof torsional system with a dry friction controlled path [J]. Journal of Sound and Vibration, 2006, 289 (3): 657-688.
[41] 郭树起, 杨绍普. 三分之一固有频率谐激励下干摩擦振子的双 Stop 粘滑运动 [J]. 振动与冲击, 2009, 28 (4): 81- 85.
[42] Pascal M. Dynamics of coupled oscillators excited by dry friction [J]. Journal of Computational and Nonlinear Dynamics, 2008, 3 (7): 1009-1015.
[43] Zimmermann K, Zeidis I. Dynamics behavior of a mobile system with two degrees of freedom near theresonance [J]. Acta Mech Sin, 2011, 27 (1): 7-17.
[44] 阎俊, 徐超. 谐波激励下多尺度粘滑干摩擦系统混沌 [J]. 振动与冲击, 2014, 33 (14): 195-200.
[45] 杜成林, 张芝侠, 贾龙. 基于 Abaqus 的采煤机行走机构啮合动态仿真 [J]. 煤矿机电, 2013 (5): 66-67, 71.
[46] 黄康, 赵韩. 斜齿微线段齿轮刚度研究 [J]. 农业机械学报, 2005, 4: 119-122.
[47] 张军, 路仲绩. 采煤机牵引行走机构的接触应力分析 [J]. 煤矿机电, 2005, 10: 40-4.
[48] 成凤凤. 采煤机牵引轮与刮板输送机销轨的啮合仿真 [J]. 煤矿机械, 2013, 34 (7): 55-57.
[49] 杨鑫. 基于 ABAQUS 的采煤机齿轨轮啮合特性的研究 [J]. 机械管理开发, 2019, 34 (11): 89-90, 93.
[50] 范庆刚. 关于采煤机行走轮与销排之间的啮合特性分析 [J]. 煤, 2019, 28 (11): 41-43.
[51] 史宏伟. 重型采煤机齿轨轮啮合特性的分析 [J]. 机械管理开发, 2019, 34 (10): 136-138.
[52] 张鑫, 马德建, 赵吉龙, 等. 采煤机行走机构齿销啮合特性分析 [J]. 煤矿机械, 2019, 40 (9): 69-71.
[53] 马胜利, 晋继伟, 索蓓蓓, 等. 基于 ABAQUS 的齿轨轮特定工况下啮合分析 [J]. 煤炭技术, 2018, 37 (2): 236-239.
[54] 索蓓蓓. 国产采煤机行走机构齿轨轮不同工况下的啮合特性研究 [J]. 煤矿机械, 2017, 38 (8): 47-49.
[55] 索蓓蓓. 采煤机行走机构齿轨轮啮合特性分析研究 [D]. 西安: 西安科技大学, 2017.
[56] 赵轲. 齿轨轮与销排啮合过程中应力变化规律研究 [D]. 阜新: 辽宁工程技术大学, 2017.
[57] 张永权. 重型采煤机齿轨轮啮合研究 [D]. 西安: 西安科技大学, 2015.
[58] 张永权, 王薇, 刘朝辉, 等. 重型采煤机齿轨轮齿形优化与啮合仿真 [J]. 煤矿机电, 2016 (2): 37-40.
[59] 梁景龙. 采煤机行走部齿轨轮与销轨多角度啮合刚柔耦合特性分析 [D]. 阜新: 辽宁工程技术大学, 2015.

[60] 周甲伟，刘瑜，刘送永，等. 采煤机行走机构动态啮合特性分析 [J]. 工程设计学报，2013，20 (3)：230-235.

[61] Liu C C, Tsay C B. Contact characteristics of beveloid gears [J]. Mechanism and Machine Theory, 2002, 37 (4): 333-350.

[62] Wu Y, Wang J, Han Q. Contact finite element method for dynamic meshing characteristics analysis of continuous engaged gear drives [J]. Journal of Mechanical Science and Technology, 2012, 26 (6): 1671-1685.

[63] Yao L, Dai J S, Wei G, et al. Comparative analysis of meshing characteristics with respect to different meshing rollers of the toroidal drive [J]. Mechanism and machine theory, 2006, 41 (7): 863-881.

[64] Nalluveettil S J , Muthuveerappan G . Finite element modelling and analysis of a straight bevel gear tooth [J]. Computers and Structures, 1993, 48 (4): 739-744.

[65] SubbaRao B, Shunmugam M S. Mathematical model for generation of spiral bevel gears [J]. Journal of Materials Processing Technology, 1994, 44 (3): 771-183.

[66] Wang J, Howard I. The torsional stiffness of involute spurgears [J]. Mechanical engineering Science, 2004, 3: 131-142.

[67] Zhou D, Zhang X, Zhang Y. Dynamic reliability analysis for planetary gear system in shearer mechanisms [J]. Mechanism and Machine Theory, 2016, 105: 244-259.

[68] Zhao L J, Duong L T, Liu X N, et al. Analysis of Shearer's Gear Based on Multi-Field Coupling and Neural Network [M]. Material Engineering and Mechanical Engineering: Proceedings of Material Engineering and Mechanical Engineering (MEES2015), 2016: 310-319.

[69] Chen J, Li W, Sheng L, et al. Study on reliability of shearer permanent magnet semi-direct drive gear transmission system [J]. International Journal of Fatigue, 2019, 132: 105-387.

[70] Ling-li L, Long J. Finite Element Analysis of Shearer Rack Rail Gear Optimization [J]. Colliery Mechanical and Electrical Technology, 2013 (1): 85-86.

[71] Li Z, Peng Z. Nonlinear dynamic response of a multi-degree of freedom gear system dynamic model coupled with tooth surface characters: a case study on coal cutters [J]. Nonlinear Dynamics, 2016, 84 (1): 271-286.

[72] 刘春生，李德根，戴淑芝. 随机载荷对双滚筒采煤机整机力学特性的影响 [J]. 煤矿机电，2012，6：45-49.

[73] 刘春生. 滚筒式采煤机理论设计基础 [M]. 徐州：中国矿业大学出版社，2003.

[74] 廉自生，刘楷安. 采煤机摇臂虚拟样机及其动力学分析 [J]. 煤炭学报，2005，30 (6)：801-804.

[75] 赵丽娟，马永志. 基于多体动力学的采煤机截割部可靠性研究 [J]. 煤炭学报，2009，34 (9)：1271-1276.

[76] 赵丽娟，田震. 薄煤层采煤机截割部动态特性仿真研究 [J]. 机械科学与技术，2014，

33 (9): 1329-1334.

[77] 李晓豁，李萍，刘春生. 采煤机在牵引方向上的动力学行为研究 [J]. 黑龙江科技学院学报，2002，12 (4): 1-4.

[78] 焦丽，李晓豁，姚继权. 双滚筒采煤机动力学分析及力学模型建立 [J]. 辽宁工程技术大学学报，2007，4 (26): 602-603.

[79] Liu Song-yong. Model test of the cutting properties of a shearer drum [J]. Mining Science and Technology, 2009, 19 (1): 74-78.

[80] 陈洪月，白杨溪，刘占胜，等. 随机激励下采煤机行走方向的振动特性分析 [J]. 机械设计，2017，34 (2): 39-44.

[81] 陈洪月，白杨溪，毛君，等. 工况激励下采煤机 7 自由度非线性振动分析 [J]. 机械强度，2017，39 (1): 1-6.

[82] 陈洪月，刘烈北，毛君，等. 激励与滚筒振动耦合下采煤机动力学特性分析 [J]. 工程设计学报，2016，23 (3): 228-234.

[83] 陈洪月，张坤，王鑫，等. 基于滚筒实验载荷的采煤机滑靴动力学特性分析 [J]. 煤炭学报，2017，42 (12): 3313-3322.

[84] 陈洪月，王鑫，毛君，等. 采煤机整机非线性静力学特性研究 [J]. 煤炭学报，2017，42 (11): 3051-3058.

[85] 张丹，刘春生，王爱芳，等. 分布质量模型下的采煤机牵引部扭振系统动态特性及优化 [J]. 黑龙江科技大学学报，2017，27 (2): 109-113，164.

[86] 张丹，田操，孙月华，等. 销轨弯曲角对采煤机行走机构动力学特性的影响 [J]. 黑龙江科技大学学报，2014，24 (3): 262-266，276.

[87] 毛清华，张旭辉，马宏伟，等. 采煤机摇臂齿轮传动系统振源定位分析方法 [J]. 振动. 测试与诊断，2016，36 (3): 466-470.

[88] 申建朝. 采煤机滑靴的优化研究 [J]. 机械管理开发，2019，34 (11): 112-113，118.

[89] 张东升，李岩，宋秋爽. 采煤机刚柔耦合动力学仿真及实验研究 [J]. 机械强度，2019，41 (4): 921-926.

[90] 蒲志新，周淑烨，丁丹丹. 基于 RecurDyn 软件的采煤机牵引部传动系统动力学仿真 [J]. 机械强度，2016，38 (5): 1130-1134.

[91] 曹艾芳. MG300/700-AWD1 型采煤机滑靴支腿的强化设计 [J]. 煤炭科技，2016 (1): 61-62.

[92] 郝乐，王淑平，杨兆建. 采煤机导向滑靴运动学仿真分析 [J]. 煤矿机械，2013，34 (9): 46-48.

[93] 杨丽伟. 滚筒式采煤机整机力学模型理论和分析方法的研究 [D]. 北京：煤炭科学研究总院，2006.

[94] Liu S Y, Luo C X. Vibration experiment of shearer walking unit [C] //Applied Mechanics and Materials. Trans Tech Publications Ltd, 2013, 268: 1257-1261.

[95] Chen H, Zhang K, Piao M, et al. Virtual simulation analysis of rigid-flexible coupling dynamics of shearer with clearance [J]. Shock and Vibration, 2018, 18 (1): 1-18.

[96] Zhang D, Hu S H, Liu C S, et al. Modeling and kinematics simulation of shearer' s travelling mechanism based on virtual prototyping technology [C] //Advanced Materials Research. Trans Tech Publications Ltd, 2013, 655: 396-399.

[97] Zhang D J, Liu D, Zhao X Y, et al. Research on State Monitoring Method of Coal Shearer Vibration [C] //Advanced Materials Research. Trans Tech Publications Ltd, 2013, 694: 449-452.

[98] Shu R, Liu Z, Liu C, et al. Load sharing characteristic analysis of short driving system in the long-wall shearer [J]. Journal of Vibroengineering, 2015, 17 (7): 3572-3585.

[99] Lei S , Zhongbin W , Xinhua L , et al. Cutting state diagnosis for Shearer through the vibration of rocker transmission part with an improved probabilistic neural network [J]. Sensors, 2016, 16 (4): 479-496.

[100] Chen J, Li W, Xin G, et al. Nonlinear dynamic characteristics analysis and chaos control of a gear transmission system in a shearer under temperature effects [J]. Proceedings of the Institution of Mechanical Engineers, Part C: Journal of Mechanical Engineering Science, 2019, 233 (16): 5691-5709.

[101] Tong H L, Liu Z H, Yin L, et al. The dynamic finite element analysis of shearer's running gear based on LS-DYNA [C] //Advanced Materials Research. Trans Tech Publications Ltd, 2012, 402: 753-757.

[102] Zhao L J, Tian Z. Application of Co-Simulation in Noise and Vibration Analysis of Shearer [C] //Advanced Materials Research. Trans Tech Publications Ltd, 2013, 619: 172-175.

[103] Hertz H. On the contact of elastic solids. für die reine und angewandte Mathematik, 1880, 92 (156): 1: 18.

[104] Lei Y, Adhikari S, Friswell M I. Vibration of nonlocal Kelvin - Voigt viscoelastic damped Timoshenko beams [J]. International Journal of Engineering Science, 2013, 66: 1-13.

[105] Hunt K H, Crossley F R E. Coefficient of restitution interpreted as damp-ing in vibroimpact [J]. Journal of applied mechanics, 1975, 42 (2): 440-445.

[106] Lankarani H M, Nikravesh P E. A Contact Force Model With Hysteresis Damping for Impact Analysis of Multibody Systems [J]. Journal of Mechanical Design, 1990, 112 (3): 369-376.

[107] Flores P, Ambrósio J. On the contact detection for contact-impact analysis in multibody systems [J]. Multibody System Dynamics, 2010, 24 (1): 103-122.

[108] Flores P, Ambrósio J, Claro J C P, et al. Contact-Impact Force Models for Mechanical Systems [J]. Lecture Notes in Applied and Computational Mechanics, 2008, 34: 47-66.

[109] Rogers R J, Andrews G C. Dynamic Simulation of Planar Mechanical Systems With Lubricated Bearing Clearances Using Vector-Network Methods [J]. Journal of Manufacturing Science and Engineering, 1977, 99 (1): 131-137.

[110] Wang D, Xu C, Wang D. A Tangential Stick-Slip Friction Model for Rough Interface [J]. Chinese Journal of Mechanical Engineering, 2014, 50 (13): 129-134.

[111] Stronge W J. Contact Problems for Elasto Plastic Impact in Multi-Body Systems [J]. Lecture Notes in Physics, 2000, 551: 189-234.

[112] Flores. A parametric study on the dynamic response of planar multibody systems with multiple clearancejoints [J]. Nonlinear Dynamics, 2010, 61: 633-653.

[113] Flores, Lankarani H M. Spatial rigid-multibody systems with lubricated spherical clearance joints: modeling and simulation [J]. Nonlinear Dynamics, 2010, 60: 99-114.

[114] Varedi S M, Daniali H M, Dardel M, et al. Optimal dynamic design of a planar slider-crank mechanism with a joint clearance [J]. Mechanism and Machine Theory, 2015, 86: 191-200.

[115] Muvengei O, Kihiu J, Ikua B. Dynamic analysis of planar rigid-body mechanical systems with two-clearance revolute joints [J]. Nonlinear Dynamics, 2013, 73 (1-2): 259-273.

[116] Ma J, Qian L, Chen G, et al. Dynamic analysis of mechanical systems with planar revolute joints withclearance [J]. Mechanism and Machine Theory, 2015, 94: 148-164.

[117] Soong K, Thompson B S. A theoretical and experimental investigation of the dynamic response of aslider-crank mechanism with radial clearance in the gudgeon-pin joint [J]. ASMEJ. Mech. Des , 1990 , 112 (2): 183-189.

[118] Liu C, Zhang K, Yang L. Normal Force-Displacement Relationship of Spherical Joints with Clearances [J]. Journal of Computational and Nonlinear Dynamics, 2006, 1 (2): 160-167.

[119] Liu C, Zhang K, Yang R. The FEM Analysis and Approximate Model for Cylindrical Joints with Clearances [J]. Mechanism and Machine Theory, 2007, 42 (2): 183-197.

[120] Zhao Y, Bai Z. Effects of Clearance on Deployment of Solar Panels on Spacecraft System [J]. Transactions of the Japan Society for Aeronautical and Space Sciences, 2011, 53 (182): 291-295.

[121] Bai Z, Zhao Y. Research on Dynamic Wear of Revolution Joint with Clearance for Mechanical System [J]. Applied Mechanics and Materials, 2011, 55 (57): 488-493.

[122] 赵刚练，姜毅，郝继光，等. 考虑圆柱铰链间隙的多刚体系统动力学计算方法 [J]. 振动与冲击，2013，32 (17)：171-176.

[123] 赵刚练，姜毅，陈余军，等. 考虑导轨间隙的在轨分离动力学计算方法 [J]. 力学学报，2013，45 (6)：948-956.

[124] Flores P, Lankarani H M. Dynamic Response of Multibody Systems with Multiple Clearance Joints [J]. Journal of Computational and Nonlinear Dynamics, 2012, 7 (3): 31-43.

[125] 杨芳，陈渭，李培. 接触力模型对含间隙铰接副多体系统分析的影响 [J]. 西安交通大学学报，2017，51 (11)：106-117.

[126] 唐斌斌，张艳龙，崇富权，等. 含间隙及摩擦的振动系统动力学分析 [J]. 机械科学与技术，2017，36 (9)：1362-1366.

[127] 张艳龙，唐斌斌，王丽，等. 动摩擦作用下含间隙碰撞振动系统的动力学分析 [J]. 振动与冲击，2017，36 (24)：58-63.

[128] 陈洪月，张瑜，宋秋爽，等. 含侧向间隙刨煤机刨头接触碰撞动态特性研究 [J]. 机械设计，2016，33 (11)：44-48.

[129] 朱喜锋，罗冠炜. 两自由度含间隙弹性碰撞系统的颤碰运动分析 [J]. 振动与冲击，2015，34 (15)：195-200.

[130] 朱喜锋，曹兴潇. 两自由度弹性碰撞系统的颤振运动及转迁规律 [J]. 兰州交通大学学报. 2014，33 (4)：191-195.

[131] 朱喜锋. 含间隙机械系统的动力学特性及参数匹配规律研究 [D]. 兰州：兰州交通大学，2016.

[132] 吴少培，李国芳，丁旺才. 含间隙运动副模型的机械动力学分析 [J]. 兰州交通大学学报，2016，35 (4)：111-116.

[133] Bauchau O A，Ju C. Modeling friction phenomena in flexible multibody dynamics [J]. Computer Methods in Applied Mechanics and Engineering，2006，195 (50)：6909-6924.

[134] Venanzi S，Parenti-Castelli V. A new technique for clearance influence analysis in spatial mechanisms [J]. Journal of Mechanical Design，2005，127 (3)：446-455.

[135] 尉立肖，刘才山. 圆柱铰间隙运动学分析及动力学仿真 [J]. 北京大学学报 (自然科学版). 2005，41 (5)：679-687.

[136] 张跃明，唐锡宽，张兆东，等. 空间机构间隙转动副模型的建立 [J]. 清华大学学报 (自然科学版)，1996，36 (8)：105-109.

[137] 唐锡宽，张跃明. 用连续接触模型进行含间隙转动副的空间机构动力学分析 [J]. 机械设计，1997 (9)：2，5-6，31，46.

[138] 张跃明，唐锡宽，傅蕾，等. 含间隙运动副的空间机构的实验研究 [J]. 机械科学与技术，1997 (2)：126-130.

[139] 杨洋，魏静，孙伟. 齿轮轴承转子系统支撑刚度特性研究 [J]. 机械设计与制造，2013 (10)：13-16.

[140] 吴昊，王建文，安琦. 圆柱滚子轴承阻尼的计算方法 [J]. 轴承，2008 (9)：1-5.

[141] 李贵轩，李晓豁. 采煤机械设计 [M]. 沈阳：辽宁大学出版社，1994.

图书在版编目（CIP）数据

采煤机行走部粘滑摩擦动力学特性研究/王鑫，白杨溪，陈洪月著．--北京：应急管理出版社，2021

ISBN 978-7-5020-8746-3

Ⅰ．①采… Ⅱ．①王… ②白… ③陈… Ⅲ．①采煤机—机械动力学—研究 Ⅳ．①TD421

中国版本图书馆 CIP 数据核字(2021)第 099680 号

采煤机行走部粘滑摩擦动力学特性研究

著　　者　王　鑫　白杨溪　陈洪月
责任编辑　尹燕华
责任校对　孔青青
封面设计　于春颖

出版发行　应急管理出版社（北京市朝阳区芍药居 35 号　100029）
电　　话　010-84657898（总编室）　010-84657880（读者服务部）
网　　址　www. cciph. com. cn
印　　刷　北京建宏印刷有限公司
经　　销　全国新华书店

开　　本　710mm×1000mm $^{1}/_{16}$　**印张**　13　**字数**　236 千字
版　　次　2021 年 7 月第 1 版　2021 年 7 月第 1 次印刷
社内编号　20210075　**定价**　58.00 元